Cornelia Endler-Schuck

Alterungsverhalten mischleitender LSCF Kathoden für Hochtemperatur-Festoxid-Brennstoffzellen (SOFCs)

Schriften des Instituts für Werkstoffe der Elektrotechnik,
Karlsruher Institut für Technologie
Band 19

Alterungsverhalten mischleitender LSCF Kathoden für Hochtemperatur-Festoxid-Brennstoffzellen (SOFCs)

von
Cornelia Endler-Schuck

Dissertation, Karlsruher Institut für Technologie
Fakultät für Elektrotechnik und Informationstechnik, 2010

Impressum

Karlsruher Institut für Technologie (KIT)
KIT Scientific Publishing
Straße am Forum 2
D-76131 Karlsruhe
www.ksp.kit.edu

KIT – Universität des Landes Baden-Württemberg und nationales
Forschungszentrum in der Helmholtz-Gemeinschaft

KIT Scientific Publishing 2011
Print on Demand

ISSN 1868-1603
ISBN 978-3-86644-652-6

Alterungsverhalten mischleitender LSCF Kathoden für Hochtemperatur – Festoxid – Brennstoffzellen (SOFCs)

Zur Erlangung des akademischen Grades eines

DOKTOR-INGENIEURS (DR.-ING.)

von der Fakultät für

Elektrotechnik und Informationstechnik

des Karlsruher Instituts für Technologie (KIT)

genehmigte

DISSERTATION

von

Dipl.-Ing. Cornelia Endler-Schuck

aus Kaiserslautern

Tag der mündlichen Prüfung: 09. 12. 2010

Hauptreferent: Prof. Dr.-Ing. Ellen Ivers-Tiffée

Korreferent: Prof. Dr. rer. nat. Detlev Stöver

meiner Schwester Claudia und meinen Eltern

Danke

An erster Stelle möchte ich mich bei Frau Prof. Ellen Ivers-Tiffée für die stete Betreuung meiner Arbeit und die große Unterstützung während meiner Assistentenzeit am IWE bedanken. Danke auch für die Ermöglichung meines Auslandsaufenthaltes am NRC in Vancouver.

Für die Übernahme des Korreferats bedanke ich mich vielmals bei Herrn Prof. Detlev Stöver vom Forschungszentrum Jülich.

Liliane Gasse, Nina Schweikert, Kei Hirose, Lukas Holzer und Vincent Weynandt danke ich für ihre Studien - und Diplomarbeiten, sowie die umfangreichen Tätigkeiten als Hiwis.

Der gesamten Brennstoffzellengruppe, vor allem André Leonide, André Weber und Bernd Rüger danke ich für die bereichernden Gespräche und die Kollegialität, die sehr zum Erfolg dieser Arbeit beigetragen haben. Allen Mitarbeitern des IWE, meiner Zimmernachbarin Annika Utz, sowie den Ehemaligen danke ich für die Zusammenarbeit und das gute Arbeitsklima.

Für die XRD Messungen möchte ich mich bei Frank Tietz und den Mitarbeitern am Forschungszentrum Jülich, für die TEM Untersuchungen bei Heike Störmer und Levin Dieterle vom Laboratorium für Elektronenmikroskopie bedanken.

Der Auslandsaufenthalt am NRC in Vancouver wurde vom Karlsruher House of Young Scientists (KHYS) gefördert. Für die gute Betreuung danke ich Frau Weick.

Mein herzlichster Dank gilt meiner Familie und meinem Mann Christian, die mich immer unterstützt und motiviert haben. Danke Frederike für die wirklich wichtigen Dinge im Leben.

Cornelia Endler-Schuck

Karlsruhe, im März 2011

Inhaltsverzeichnis

1 Einleitung

1.1 Einleitung

Die bisherige Erderwärmung ist vor allem auf die Industrialisierung der entwickelten Länder in den letzten 150 Jahren zurückzuführen. Die Energiegewinnung durch die Verbrennung fossiler Energieträger wie Kohle, Gas und Öl hat dazu geführt, dass die Konzentration von Kohlendioxid in der Atmosphäre seit Beginn der Industrialisierung um 30 % gestiegen ist [1]. Der G-8-Gipfel unter deutschem Vorsitz im Juni 2007 hat erstmals unter allen Industriestaaten der Welt Einigkeit erzielt, dass die Erderwärmung nicht mehr als maximal 1,5 – 2,5 Grad Celsius betragen darf [2]. Um dies zu erreichen ist es notwendig, fossile Primärenergieträger mit hohem Wirkungsgrad in elektrische Energie umzuwandeln.

Mit der Brennstoffzelle lassen sich aufgrund der direkten Umwandlung von chemischer in elektrische Energie - unter Umgehung der herkömmlichen Zwischenschritte über thermische und mechanische Energie - deutlich höhere Wirkungsgrade erzielen.

Brennstoffzellen gehören zu den galvanischen Elementen. Es gibt drei Klassen dieser elektrochemischen Energiewandler, die primären, sekundären und tertiären Zellen. Primäre Zellen verbrauchen bei der Entladung die in ihnen enthaltenen Reaktionsstoffe. Sekundäre Zellen, auch Akkumulatoren genannt, können nach der Entladung wieder aufgeladen werden. Brennstoffzellen sind tertiäre Zellen, bei denen die Reaktionspartner während des Betriebs kontinuierlich von außen zugeführt und die Reaktionsprodukte kontinuierlich abgeführt werden [1].

Es gibt verschiedene Arten von Brennstoffzellen für unterschiedliche Anwendungen. Eingeteilt werden Brennstoffzellen z.B. nach ihrer Betriebstemperatur. Während Niedertemperaturbrennstoffzellen wie die alkalische Brennstoffzelle (AFC) oder die Polymer-Elektrolyt-Membran-Brennstoffzelle (PEM) mehr für den mobilen Einsatz entwickelt werden, eignen sich die Hochtemperaturbrennstoffzellen wie Schmelz- Karbonat- Brennstoffzelle (MCFC)

---

[1] GLOBALER KLIMAWANDEL Klimaschutz 2004, Umweltbundesamt

[2] Quelle: http://www.bundesregierung.de/Webs/Breg/un-klimakonferenz/DE/Kyoto-Protokoll/kyoto-protokoll.html

oder Festoxid - Brennstoffzelle (Solid Oxide Fuel Cell, SOFC) für den stationären Einsatz als Kraftwerke oder Blockheizkraftwerke.

Eine wichtige Aufgabe, um die Brennstoffzellen auf den Markt zu bringen, ist die Materialentwicklung. Am Institut für Werkstoffe der Elektrotechnik (IWE) am Karlsruher Institut für Technologie (KIT) werden Hochtemperatur - Festoxid - Brennstoffzellen elektrochemisch charakterisiert. Ziel ist es, auftretende Verlustphänomene und Prozesse zu erkennen und zu quantifizieren. Abhängig von den Materialien und vom Aufbau des Schichtverbundes werden unterschiedliche Leistungen erreicht. Seit 1997 wird an dem Kathodenmaterial $(La,Sr)(Co,Fe)O_3$ (LSCF) für den Einsatz in anodengestützten SOFCs (ASCs) geforscht. Gegenüber herkömmlichen Kathodenmaterialien wie $(La,Sr)MnO_3$ (LSM) können Brennstoffzellen mit LSCF Kathoden aufgrund ihrer um mehrere Zehnerpotenzen größeren Sauerstoffionenleitfähigkeit bei bis zu 50 K geringeren Betriebstemperaturen eingesetzt werden, ohne dass deren Leistungsfähigkeit sinkt [2]. Da die Gesamtleistung der Brennstoffzelle bei Absenken der Temperatur hauptsächlich durch den Kathodenprozess bestimmt wird, ist eine hohe Leistungsfähigkeit der Kathode auch bei Temperaturen zwischen $T = 500 - 800\ °C$ erforderlich. Abbildung 1.1 zeigt die Degradationsuntersuchungen dreier anodengestützten Zellen über $t = 4000 - 7000$ h am Forschungszentrum Jülich (FZJ). Abbildung 1.2 stellt die Leistungswerte der beiden Zellen, die bei $T = 750\ °C$ vermessen wurden, bei $t = 0$ h und $t = 2000$ h grafisch dar. Leistung und Degradation sind bei ASCs mit herkömmlicher $La_{0.65}Sr_{0.3}MnO_{3-\delta}$ – Yttrium dotiertem Zirkonoxid (LSM-YSZ) Kompositkathode bei $T = 750\ °C$ kleiner ($\Delta V/V = 0.9$ %/1000 h) [3] als bei Zellen mit LSCF Kathode und gesinterter GCO Schicht ($\Delta V/V = 1.0 - 1.5$ %/1000 h) bei $T = 750\ °C$ [4], [5], [6].

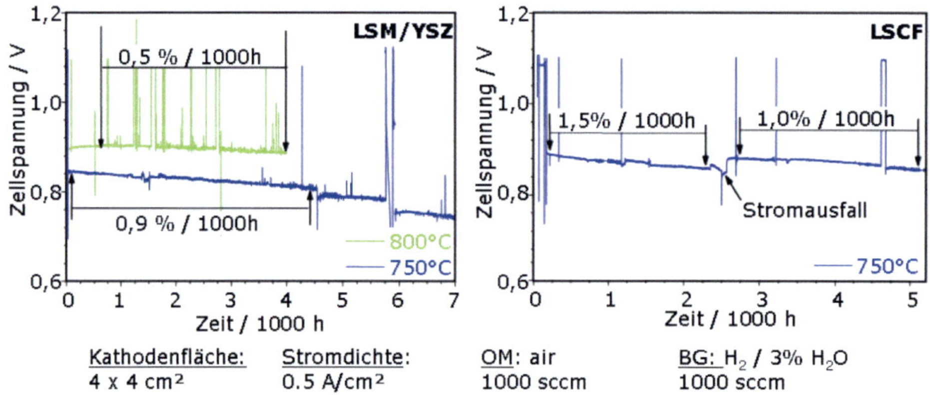

Abbildung 1.1 Degradationsuntersuchungen dreier anodengestützter Zellen am Forschungszentrum Jülich (FZJ) [3]

Leistung und Degradation sind bei ASCs mit LSM/YSZ Kompositkathode geringer als bei Zellen mit LSCF Kathode und gesinterter GCO Schicht. Anodensubstrat, Anode und 8YSZ Elektrolyt sind bei den Zellen identisch.

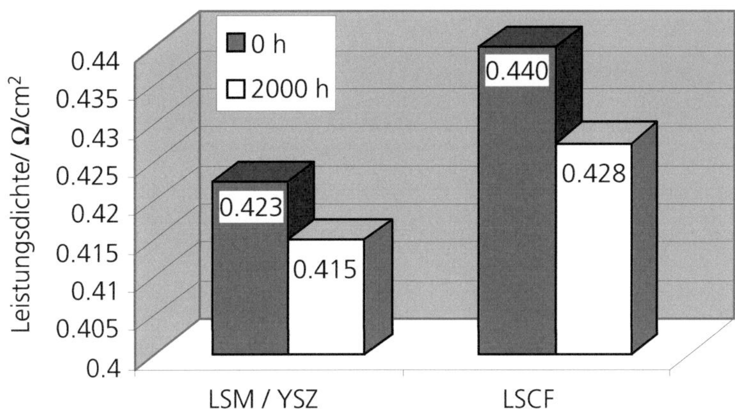

Abbildung 1.2 Leistungsdichte bestimmt aus den Spannungswerten der Zellen für T = 750 °C aus Abbildung 1.1 bei t = 0 h und t = 2000 h

Die Leistungsdichte der Zellen mit LSCF Kathode ist höher als die der Zellen mit LSM/YSZ Kathode. Nach t = 2000 h ist die Leistung der Zellen mit LSCF Kathode gegenüber der Vergleichszelle jedoch wesentlich stärker gesunken.

Daraus ergibt sich die Notwendigkeit, das Material bzw. den Schichtverbund hinsichtlich der Langzeitstabilität zu charakterisieren, um die Mechanismen, die vor allem für die Alterung der LSCF Kathode verantwortlich sind, zu benennen. Als Alterung bzw. Degradation der Kathode wird in dieser Arbeit die Zunahme des Kathodenpolarisationswiderstandes R_{2C} bezeichnet.

1.2 Ziele der Arbeit

In dieser Arbeit soll das temperaturabhängige Alterungsverhalten von mischleitenden LSCF Kathoden für Hochtemperatur-Festoxid-Brennstoffzellen untersucht werden. Dazu wird die folgende Vorgehensweise angewendet:

1. Am Forschungszentrum Jülich hergestellte anodengestützte Zellen werden über einen Zeitraum von t = 200 − 1000 h bei Temperaturen von T = 600 °C, 750 °C und 900 °C mittels Impedanzspektroskopie elektrochemisch charakterisiert. Die Zuordnung der Polarisationsverluste auf Anode und Kathode war bisher im Rahmen von Impedanzmessungen mit Standard-Auswertemethoden nicht möglich. In der Dissertation Leonide [7] wurde in einer umfassenden Impedanzstudie durch die Kombination aus der Methode der verteilten Relaxationszeiten (Distribution of Relaxation Times, DRT) und einem Complex Nonlinear Least Square (CNLS) Fit ein physikalisch begründetes Ersatzschaltbild entwickelt, das eine Separation der einzelnen Polarisationsverluste ermöglicht. In der vorliegenden Arbeit wird auf Basis dieser Studie das temperaturabhängige Langzeitverhalten der anoden- als auch kathodenseitigen Polarisationsverluste *in-situ* identifiziert und quantifiziert. Die Betriebsbedingungen an

Kathode und Anode werden dabei so gewählt, dass eine Separation der kathodenseitigen Verluste möglich ist.

2. Die aus den Impedanzmessungen gewonnenen Verluste der Kathode werden mittels eines elektrochemischen Modells in die Koeffizienten für Oberflächenaustausch k^δ und Festkörperdiffusion D^δ umgerechnet. Mit diesen k^δ - und D^δ- Werten lässt sich die Sauerstoffreduktionsreaktion im Kathodenmaterial beschreiben. Die Verläufe der k^δ - und D^δ- Werte können in Korrelation mit dem Verlauf der Kathodenverluste Hinweise auf mögliche Ursachen der Kathodenalterung liefern.

3. Die Mikrostruktur der LSCF Kathoden wird vor und nach der Langzeitmessung mittels Rasterelektronenmikroskop und Transmissionselektronenmikroskop untersucht. Die Bilder können Aufschluss über Veränderungen der Kathodenmikrostruktur geben, die das beobachtete Alterungsverhalten der Kathode verursachen.

4. Die Phasen der LSCF Kathoden werden mittels Röntgendiffraktometrie analysiert. Aus den charakteristischen Änderungen der Diffraktogramme können Rückschlüsse auf mögliche Phasenumwandlungen des Materials gezogen werden.

Die beschriebene Vorgehensweise ist darauf ausgerichtet, die folgenden Ziele zu erreichen:

Zunächst soll geklärt werden, welche **Zellkomponente** in Abhängigkeit der Temperatur den Gesamtwiderstand der Zelle bestimmt. Mit den gewonnenen Ergebnissen soll ein Vorschlag erarbeitet werden, welche Komponente der Zelle abhängig von der Temperatur bei der Entwicklung vorrangig optimiert werden muss, um i) die Gesamtverluste der Zelle und ii) die Degradation der Zellleistung zu reduzieren.

Mit den Ergebnissen aus den Impedanzmessungen, der Betrachtung der k^δ - und D^δ- Werte sowie der Mikrostruktur und Phasenanalyse soll der für die Kathodenalterung verantwortliche **Mechanismus** bestimmt werden.

1.3 Gliederung der Arbeit

Die Arbeit ist in 6 Kapitel gegliedert. Zunächst werden die Grundlagen der Brennstoffzelle, sowie die in der Literatur erzielten Erkenntnisse zur Alterung von LSCF bzw. anodengestützten Zellen in Kapitel 2 erklärt. Dazu zählen auch die Materialien der einzelnen Komponenten und die detaillierte Betrachtung der Sauerstoffreduktion der Kathode. Kapitel 3 beschreibt Proben, Messtechnik und Messablauf. Kapitel 4 erläutert Analyse- und Auswertemethoden. Hier wird vor allem auf das elektrische Ersatzschaltbild zur Bestimmung der anoden- und kathodenseitigen Verlustanteile und die Berechnung der k^δ - und D^δ - Werte auf Basis des Kathodenpolarisationswiderstandes eingegangen. Die Ergebnisse einschließlich Diskussion werden in Kapitel 5 behandelt. Dabei bilden die temperatur- und zeitabhängigen Veränderungen der einzelnen Polarisationsmechanismen der ASCs einen Schwerpunkt. Erste Erklärungsansätze für die an der Kathode gefundenen Degradationsverläufe werden durch die Bestimmung der k^δ - und D^δ - Werte in Kapitel 5.3 ermöglicht. Die Erkenntnisse aus der reversiblen Alterung sind in Kapitel 5.4, die XRD Ergebnisse in Kapitel 5.5 und die Mikrostrukturuntersuchungen in Kapitel 5.6 beschrieben. Die Arbeit schließt mit einer Zusammenfassung der Ergebnisse und der wichtigsten Aussagen sowie einem Ausblick in Kapitel 6.

2 Die Hochtemperatur-Festoxid-Brennstoffzelle

2.1 Funktionsprinzip

Die Hochtemperatur-Festoxid-Brennstoffzelle SOFC (Solid Oxide Fuel Cell, im Folgenden „Brennstoffzelle" genannt) besteht aus einer keramischen Verbundstruktur dreier Komponenten: Anode, Elektrolyt und Kathode, siehe Abbildung 2.1. Die Anode und die Kathode werden durch den ionenleitenden Elektrolyten räumlich voneinander getrennt. Sie befinden sich in zwei gegeneinander abgedichteten Gasräumen. Zwischen Brenngas und Oxidationsmittel läuft eine kontrollierte, räumlich aufgeteilte Redox - Reaktion ab. Die Sauerstoffionen wandern aufgrund der chemischen Potentialdifferenz durch den Elektrolyten und reagieren auf der Anodenseite mit dem entsprechenden Reaktionspartner.

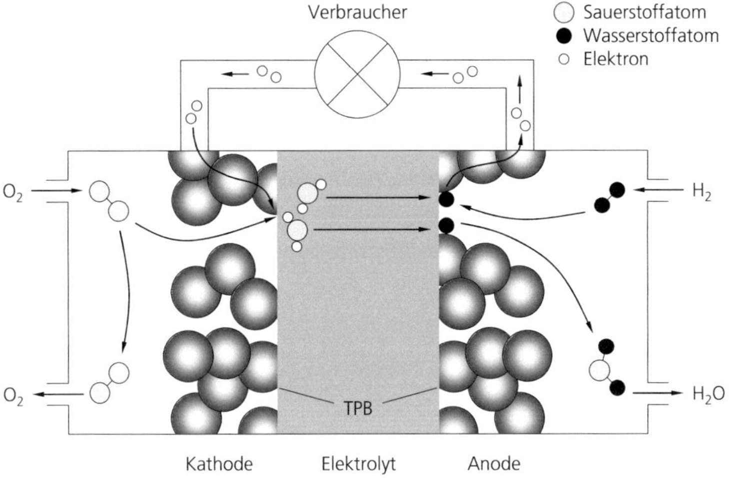

Abbildung 2.1: Prinzip der Hochtemperatur-Festoxid-Brennstoffzelle verdeutlicht am Beispiel der SOFC [8]

Wasserstoff und Sauerstoff sind durch einen gasdichten, ionenleitenden Festelektrolyten räumlich voneinander getrennt. Unter Aufnahme von Elektronen aus dem äußeren Stromkreis bilden sich an der Grenzfläche zur Kathode Sauerstoffionen, die durch den Festelektrolyten diffundieren und an der Anode unter Abgabe der Elektronen mit dem dort vorhandenen Wasserstoff reagieren. Die Elektronen fließen über den externen Stromkreis zurück zur Kathode und verrichten dabei nutzbare elektrische Arbeit.

Die Gleichungen 2:1 - 2:3 beschreiben die Gesamtreaktionen sowie die Teilreaktionen an Kathode und Anode für den Fall, dass die SOFC mit Sauerstoff als Oxidationsmittel und Wasserstoff als Brenngas betrieben wird. Auf der Kathodenseite reagiert Sauerstoff unter Aufnahme zweier Elektronen zu Sauerstoffionen O^{2-}, die durch den Elektrolyten auf die Anodenseite diffundieren. An der Grenzfläche Elektrolyt / Anode geben die Sauerstoffionen Elektronen ab und reagieren mit H_2 aus dem Brenngas zu Wasser. Aufgrund des Sauerstoffpartialdruckgradienten zwischen Anode ($10^{-10} < pO_2 < 10^{-25}$ atm [9]) und Kathode ($pO_2 \sim 0.21$ atm) stellt sich im Leerlauf die Nernst-Spannung U_N (auch theoretische Zellspannung U_{th} genannt) ein, siehe Gleichung 2:4.

$$\text{Gesamtreaktion:} \qquad \tfrac{1}{2}O_2 + H_2 \leftrightarrow H_2O \qquad\qquad 2:1$$

$$\text{Kathodenseite:} \qquad \tfrac{1}{2}O_2 + 2e^- \leftrightarrow O^{2-} \qquad\qquad 2:2$$

$$\text{Anodenseite:} \qquad O^{2-} + H_2 \leftrightarrow H_2O + 2e^- \qquad\qquad 2:3$$

$$U_N = U_{th} = \frac{RT}{2F} \cdot \ln\sqrt{\frac{pO_{2\_Kathode}}{pO_{2\_Anode}}} \qquad\qquad 2:4$$

Dabei ist R die allgemeine Gaskonstante, T die absolute Temperatur F die Faradaykonstante und pO_2 der Sauerstoffpartialdruck an Anode und Kathode. Neben den Partialdrücken ist die Zellspannung auch abhängig von der freien Reaktionsenthalpie ΔG_0. Aus der Überlegung, dass die in der Zelle erzeugte elektrische Arbeit gleich der bei der chemischen Reaktion freigesetzten freien Reaktionsenthalpie ΔG_0 sein muss, ergibt sich die theoretisch erreichbare Zellspannung

$$U_{th} = \frac{-\Delta G_0}{nF} \qquad\qquad 2:5$$

Dabei ist nF die Ladungsmenge, die gegen das Potential U_{th} bewegt wird [1].

2.2 Die Verluste im Betrieb

Die Zellspannung oder Arbeitsspannung U_a, die sich im Betrieb der Brennstoffzelle einstellt, liegt deutlich unter der theoretischen Zellspannung U_{th} und wird von verschiedenen Faktoren beeinflusst. Abbildung 2.2 zeigt den Verlauf der Zellspannung U_a über den Laststrom und die für die Spannungsverringerung verantwortlichen Verluste in einer Brennstoffzelle.

Im verlustfreien, idealen Fall stellt sich die theoretische Zellspannung U_{th} (vgl. Gleichung 2:4) zwischen den Elektroden der Brennstoffzelle ein. Ohne elektrische Belastung kann die Leerlaufspannung U_L zwischen den Elektroden abgegriffen werden. Diese entsteht aufgrund von Undichtigkeiten im Zellaufbau oder im Elektrolyten und der daraus resultierenden direkten Reaktion zwischen Brenngas und Oxidationsmittel [1]. Ein interner Kurzschluss der Zelle durch eine elektronische Teilleitfähigkeit des Elektrolyten, bei dem Elektronen von der Anode zur Kathode gelangen können, kann ebenfalls zu einer verringerten Leerlaufspannung führen, die nicht der erwarteten theoretischen Zellspannung entspricht [1].

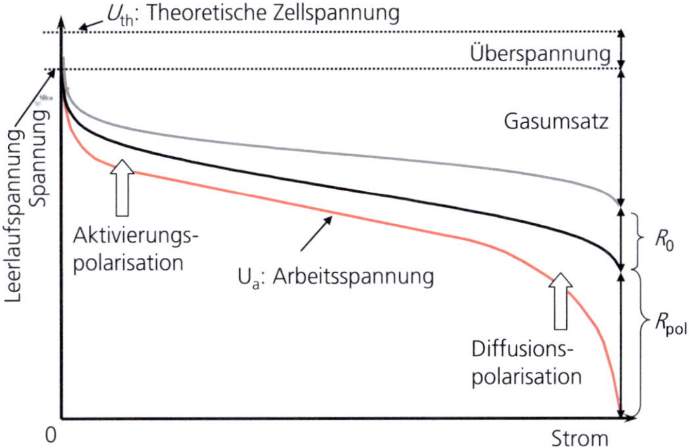

Abbildung 2.2 Prinzipieller Verlauf der Strom- Spannungslinie einer Brennstoffzelle [1]

Mit steigender elektrischer Belastung kommt es zu einer Abnahme der Zellspannung durch verschiedene Verlustanteile. Der Umfang der verschiedenen Verlustanteile in der Skizze ist frei gewählt.

Bei Belastung der Zelle mit einem Laststrom wird die Leerlaufspannung U_L aufgrund einer Veränderung der Gaszusammensetzung an den Elektroden sowie ohmscher und polarisationsbedingter Spannungsverluste herabgesetzt. Die ohmschen Verluste beinhalten neben dem ohmschen Verlust des Elektrolyten auch die ohmschen Verluste der Elektroden. Letztere können allerdings bei den hier betrachteten Materialien wie LSCF als Kathodenmaterial und Ni/8YSZ als Anodenmaterial aufgrund einer um mehrere Zehnerpotenzen größeren elektrischen Leitfähigkeit als vernachlässigbar klein betrachtet werden. D.h. der ohmsche Verlust ist vor allem durch den Ionentransport im Elektrolyten bestimmt. Die Entwicklung von anodengestützten Zellen mit einer Elektrolytdicke von nur ca. 10 µm im Gegensatz zu einer Elektrolytdicke von ca. 200 µm bei elektrolytgestützten Zellen hat wesentlich zur Reduzierung des ohmschen Widerstandes beigetragen. Polarisationsverluste können ihrerseits in Aktivierungs- oder Durchtrittspolarisation, Diffusionspolarisation und Konzentrationspolarisation aufgeteilt werden. Unter Aktivierungspolarisation versteht man den Elektrodenverlust, der durch die Dissoziierung und Ionisierung der Gase verursacht wird. Dieser

Verlustprozess spielt sich hauptsächlich an den Phasengrenzen zwischen Elektrolyt und Elektroden ab, da hier ein Wechsel von ionischer zu elektronischer Leitung und umgekehrt stattfindet. Auch die beim Ein- und Ausbau von Sauerstoff in den Elektrolyten ablaufenden Prozesse können den Ladungstransport behindern. Die Diffusionspolarisation entsteht durch die Unterversorgung der elektrochemisch aktiven Zonen in der Kathode mit dem Oxidationsgas und dem verzögerten Abtransport des Reaktionsproduktes Wasser vom Reaktionsort in der Anode. Abhängig vom Laststrom, mit dem die Zelle belastet wird, entsteht die Konzentrationspolarisation. Durch die Strombelastung nimmt der Sauerstoffpartialdruck auf der Kathodenseite ab und gleichzeitig steigt der Sauerstoffpartialdruck auf der Anodenseite an, so dass sich gemäß der Nernstgleichung (vgl. Gleichung 2:4) die Zellspannung verringert. Aufgrund des großen Anteils der Polarisationsverluste am Gesamtverlust der Zelle liegt ein Hauptaugenmerk bei der Entwicklung und Optimierung von Materialien für die Brennstoffzelle auf der Reduktion der Polarisationsverluste. Im Folgenden sollen zunächst die für Hochtemperaturbrennstoffzellen typischen Materialien vorgestellt werden.

2.3 Elektrolytwerkstoffe

Die Aufgabe des Elektrolyten im Betrieb der SOFC ist die Leitung der Sauerstoffionen und die Separation der anoden- und kathodenseitigen Gasräume. Daher soll der Elektrolyt über eine hohe ionische Leitfähigkeit (σ_{ion}) im Temperaturbereich von $T = 500 - 900\ °C$, gleichzeitig über möglichst geringe elektronische Leitfähigkeit (σ_{el}) und geringe Schichtdicke verfügen, um den Elektrolytwiderstand zu minimieren. Aufgrund der oxidierenden und reduzierenden Atmosphären muss der Elektrolyt diesen Betriebsbedingungen gegenüber chemisch stabil sein.

8 mol% Y_2O_3 stabilisiertes ZrO_2 (8YSZ) hat sich als Elektrolyt-Standard-Material etabliert. Zirkonoxid ist ein keramischer Werkstoff mit kubischer Kristallstruktur, der bei den Betriebstemperaturen der SOFC Sauerstoffionen leitet. Die Sauerstoffionenleitfähigkeit steigt dabei mit steigender Temperatur. Demnach ist es wichtig, die Elektrolytdicke für Anwendungen bei niederen Temperaturen z.B. von 600 - 700 °C aufgrund der sinkenden Ionenleitfähigkeit zu reduzieren um den temperaturbedingten Anstieg des ohmschen Widerstands zu kompensieren. Die Dotierung mit Yttrium führt zur Erhöhung der Sauerstoffionenleitfähigkeit und zur Erhaltung der kubischen Fluoridstruktur über den gesamten Temperaturbereich von Raumtemperatur bis Betriebstemperatur der Zelle. Die Yttriumdotierung für höchste Sauerstoffionenleitfähigkeit und Erhaltung der kubischen Struktur von $T = 0\ °C$ bis $\sim T = 2500\ °C$ beträgt 8 mol % [10]. Für den thermischen Ausdehnungskoeffizienten des Materials wird ein Wert von $10,5 \times 10^{-6}\ K^{-1}$ [11] angegeben. Neben 8YSZ existiert als Elektrolytmaterial auch das mechanisch stabilere 3YSZ, das als tetragonal stabilisiertes Zirkonoxid (TZP, Tetragona Zirconia Polycristals) vorliegen muss. Um eine höhere Bruchfestigkeit zu erzielen, wird Zirkondioxid dazu mit nur 3 mol% Yttrium dotiert. Dadurch kommt es allerdings zu einer geringeren Sauerstoffionenleitfähigkeit des Materials, was nur für eine

Anwendung bei hohen Betriebstemperaturen toleriert werden kann. Durch die Dotierung von Zirkonoxid mit Scandium kann eine höhere ionische Leitfähigkeit im Vergleich zu der Dotierung mit Yttrium erzielt werden, da der Ionenradius der Sc^{3+}-Ionen (81 pm) im Vergleich zu Y^{3+}-Ionen (92 pm) näher an dem des Zr^{4+} (79 pm) liegt. Sauerstoffionen bzw. Leerstellen haben aufgrund der geringeren Verzerrung des Kristallgitters durch die kleinen Sc^{3+} Ionen eine höhere Beweglichkeit [12]. Abbildung 2.3 zeigt die Leitfähigkeit von 4ScSZ, 6ScSZ, 10ScSZ, 3YSZ, 8YSZ, 10GCO und LSGM8282 in Abhängigkeit der Temperatur. Dargestellt ist auch der typische Temperaturbereich für elektrolytgestützte Zellen (ESC) und anodengestützte Zellen (ASC) sowie die Werte für den flächenspezifischen Widerstand (area specific resistance), der für die gegebene Elektrolytdicke nicht überschritten werden sollte. Der flächenspezifische Widerstand ASR einer Brennstoffzelle ist ihr Widerstand R bezogen auf die Querschnittsfläche A: $ASR = R \times A$.

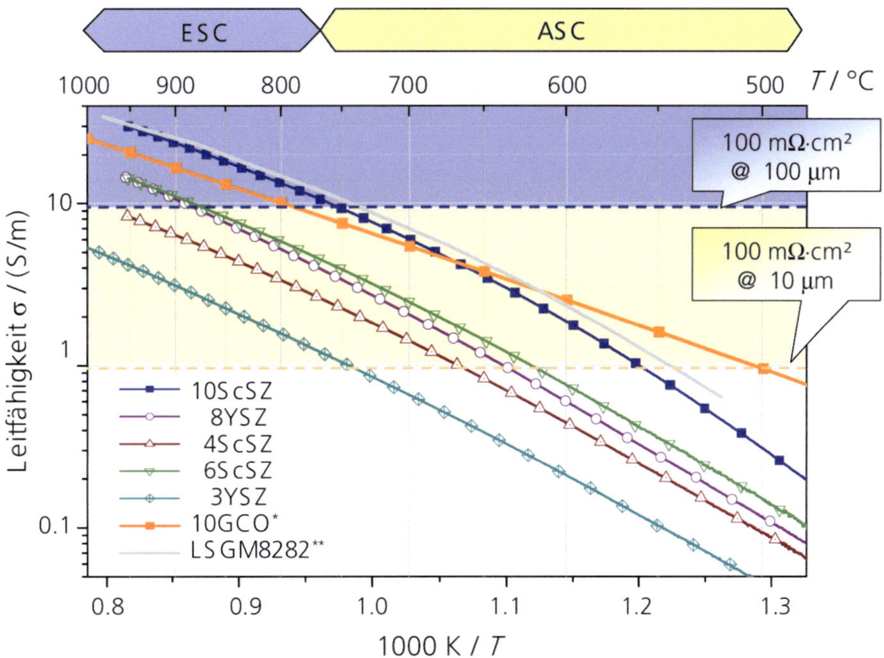

Abbildung 2.3 Sauerstoffionenleitfähigkeit von Elektrolytmaterialien [13]

Die Daten für 10GCO *) [14] und LSGM8282 **) [15] wurden aus der Literatur entnommen. xScSZ und xYSZ bedeutet x mol% Sc_2O_3 dotiertes ZrO_2 und x mol% Y_2O_3 dotiertes ZrO_2, 10GCO steht für $Ce_{0.9}Gd_{0.1}O_{1.95}$, und LSGM8282 für $La_{0.8}Sr_{0.2}Ga_{0.8}Mg_{0.2}O_3$. ESC ist die Abkürzung für Elektrolytgestützte Zellen (electrolyte-supported cell), ASC für anodengestützte Zellen (anode-supported cell). Die Werte in der rechten oberen Ecke des Diagramms geben den flächenspezifischen Widerstand (area specific resistance) an, der für die gegebene Elektrolytdicke nicht überschritten werden sollte. Der flächenspezifische Widerstand ASR einer Brennstoffzelle ist ihr Widerstand R bezogen auf die Querschnittsfläche A: $ASR = R \times A$.

In Temperaturbereichen von $T = 600 - 700\ °C$ hat Gadolinium dotiertes Ceroxid eine deutlich höhere ionische Leitfähigkeit als die bisher vorgestellten Elektrolytwerkstoffe [12]. Ceroxid ist ebenfalls ein Metalloxid wie Zirkonoxid, gehört aber zu den Lanthaniden, genauso wie Gadolinium (Gd) und Samarium (Sm). Ceroxid wird als Elektrolytmaterial mit Gadolinium (Gd), Samarium (Sm) oder Yttrium (Y) dotiert. Eine Eigenschaft des Ceroxids ist die zusätzliche elektronische Leitfähigkeit bei niederen Sauerstoffpartialdrücken abhängig von der Temperatur [16], siehe Abbildung 2.4 im Gegensatz zu den Materialien LSGM und YSZ. Eine Zelle mit Ceroxid-Elektrolyt erreicht aufgrund des internen Kurzschlusses durch die elektronische Leitfähigkeit niemals die theoretische Zellspannung entsprechend der Sauerstoffpartialdruckdifferenz und wird aus diesem Grund auch nicht als Elektrolytmaterial für leistungsfähige Brennstoffzellen verwendet. Aufgrund seiner hohen chemischen Stabilität, z.B. mit LSCF wird es aber in Kombination mit 8YSZ als Sr- Diffusionsbarriere bzw. Zwischenschicht verwendet. Das Alternativmaterial $(La,Sr)(Ga,Mg)O_3$ (LSGM) mit den im Vergleich höchsten ionischen Leitfähigkeiten zeigt bei Langzeitexperimenten eine Ga Evaporation [17], was den Einsatz in der Brennstoffzelle in Frage stellt.

Abbildung 2.4 zeigt die Leitfähigkeit der vorgestellten Elektrolytmaterialien LSGM, GCO und YSZ über dem Sauerstoffpartialdruck bei $T = 650\ °C$ und $T = 1000\ °C$. Obwohl die Leitfähigkeit für YSZ bei beiden Temperaturen am geringsten ist, zeigt das Material über den gesamten $p(O_2)$ Bereich das stabilere Verhalten im Gegensatz zu LSGM und GCO.

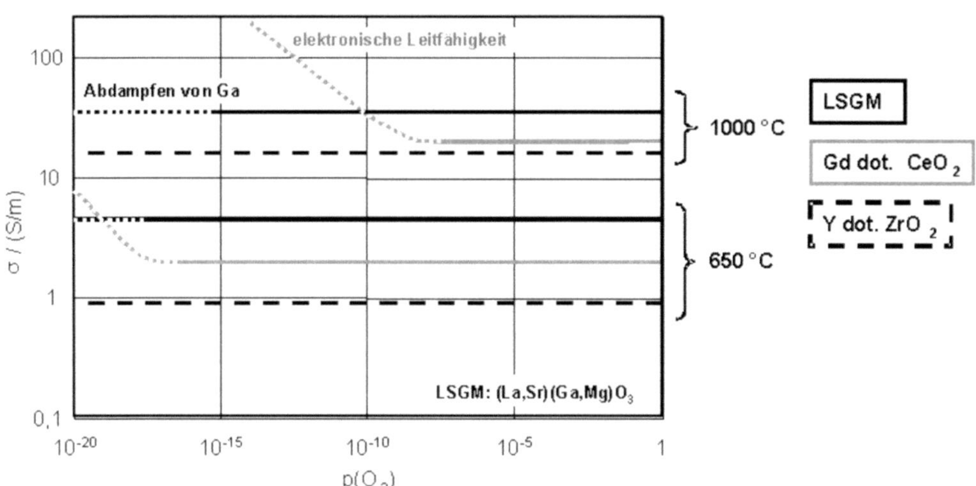

Abbildung 2.4 Leitfähigkeit von LSGM $((La,Sr)(Ga,Mg)O_3)$, GCO $(Ce_{0.9}Gd_{0.1}O_{1.95})$ und YSZ (8 mol% Y_2O_3 stabilisiertes ZrO_2) über dem Sauerstoffpartialdruck [18]

Obwohl die Leitfähigkeit für YSZ (Y dot. ZrO_2) bei beiden Temperaturen am geringsten ist, zeigt das Material über den gesamten $p(O_2)$ Bereich das stabilere Verhalten im Gegensatz zu LSGM und GCO.

2.4 Anodenwerkstoffe

An der Grenzfläche Anode/ Elektrolyt/ Gasraum werden Sauerstoffionen unter Abgabe zweier Elektronen reduziert. Wasserstoff aus dem Gasraum reagiert an den Dreiphasengrenzen mit dem reduzierten Sauerstoff zu Wasser, das über die Poren vom Reaktionsort als Wasserdampf abtransportiert wird. Über die möglichen Reaktionsschritte beim Ausbau der Sauerstoffionen aus dem Elektrolyten, bzw. den genauen Ablauf des Ladungsübertrittes werden in der Literatur verschiedene Mechanismen vorgeschlagen, eine gute Übersicht dazu findet sich in Adler [19]. Das Material für die Anode sollte elektronisch und ionisch leitfähig sein, in oxidierenden sowie reduzierenden Atmosphären chemisch stabil sowie chemisch und thermomechanisch kompatibel zum Elektrolytmaterial sein. Um eine Veränderung der Mikrostruktur und eine Anlagerung von Kohlenstoff während des Betriebs zu verhindern, ist eine Beständigkeit gegenüber höheren Kohlenwasserstoffen und Verunreinigungen (Aufkohlungsbeständigkeit) notwendig.

In der reduzierenden Atmosphäre des Anodenraums können bei der Hochtemperaturbrennstoffzelle SOFC bisher nur Metalle als Elektrodenmaterial eingesetzt werden. Neben teuren Edelmetallen eignet sich Nickel aufgrund seiner metallischen Leitfähigkeit von $\sigma > 10^5$ S/m bei $T = 1000$ °C. Der Nachteil dieses Materials ist sein hoher thermischer Ausdehnungskoeffizient von $\alpha = 18 \times 10^{-6}$ 1/K. Um diesen Nachteil auszugleichen, werden Nickel – Cermet- (**Cer**amic-**Met**al) Anoden eingesetzt wie z.B. Ni - YSZ, Ni - ScSZ und Ni - GCO. Wichtig für die elektrische Leitfähigkeit ist eine durchgehende Ni-Matrix in der Anode. Untersuchungen zur sog. Perkolationsschwelle[3] zeigen, dass eine Zusammensetzung aus 75 mol% Nickel und 25 mol% YSZ einen Kompromiss zwischen hoher Leitfähigkeit und angepasstem thermischen Ausdehnungskoeffizienten für die Anode darstellt [1, 20]. Für Ni/8YSZ wird bei $T = 950$ °C eine Leitfähigkeit von 10^5 S/m [21] und ein thermischer Ausdehnungskoeffizient von ca. 13.5×10^{-6} K^{-1} [22] angegeben. Um den Polarisationswiderstand möglichst gering zu halten, müssen viele elektrochemisch aktive Dreiphasengrenzen vorhanden sein, d.h. möglichst feine Ni- und YSZ- Partikel.

Das Anodensubstrat der in dieser Arbeit verwendeten anodengestützten Zellen besteht aus Ni/8YSZ. Zur Erhöhung der Dreiphasengrenzen in der elektrochemisch aktiven Zone an der Grenzfläche zum Elektrolyten weist die sogenannte Anodenfunktionsschicht feine Ni- und YSZ- Partikel auf. Das stabile Substrat hat eine wesentlich gröbere Ni/8YSZ Struktur, um genügend große Poren für die Gasdiffusion durch das ca. 1mm dicke Substrat bereitzustellen, siehe Kapitel 3.1.

---

[3] Perkolationsschwelle: Anteil von Ni in vol% im Ni/YSZ Cermet unterhalb dessen keine durchgängige Ni-Matrix im Material vorhanden ist, was einen starken Abfall der Leitfähigkeit zur Folge hat.

2.5 Kathodenwerkstoffe

Die Kathode der Brennstoffzelle hat die Aufgabe, Elektronen aus dem äußeren Stromkreis und Sauerstoff an die Dreiphasengrenze Gas/ Ionenleiter/ Elektronenleiter zu transportieren und den Einbau von Sauerstoffionen in den Elektrolyten zu ermöglichen. Die grundlegenden Anforderungen sind daher neben gasdurchlässiger, offener Porosität die chemische und strukturelle Stabilität bei hohen Temperaturen in oxidierenden Atmosphären, hohe elektronische Leitfähigkeit sowie chemische und thermomechanische Kompatibilität mit dem Elektrolytmaterial. Um den Bereich des Sauerstoffioneneinbaus nicht nur auf die Dreiphasengrenze (triple phase boundary, tpb) zu beschränken, ist eine zusätzliche ionische Leitfähigkeit der Kathode wünschenswert.

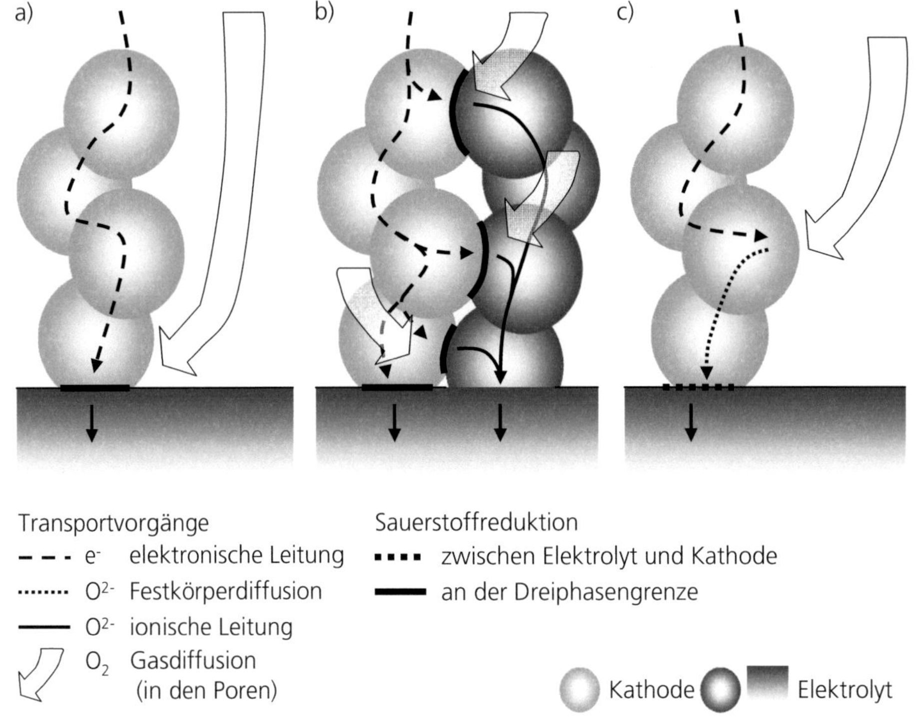

Abbildung 2.5 Beschreibung der Sauerstoffeinbau- und Transportvorgänge in verschiedenen Kathodenmaterialien [23]

Im Gegensatz zum rein elektronenleitenden Material a) kann die elektrochemisch aktive Zone der Kathode bei Verwendung einer Kompositelektrode aus elektronenleitenden und Elektrolyt Material b) oder von gemischtleitendem Material c) ausgedehnt werden.

Es gibt drei Klassen von Kathodenmaterialien, die in Abbildung 2.5 dargestellt sind: (a) reine Elektronenleiter (electronic conductors EC), Metalle oder Metalloxide wie $(La_{0.8}Sr_{0.2})MnO_3$ (LSM) , (b) Kompositkathoden, die eine elektronenleitende und eine ionenleitende Phase besitzen, z.B. $(La_{0.8}Sr_{0.2})MnO_3$ / 8YSZ (LSM/YSZ) und (c) mischleitende Werkstoffe (mixed ionic-electronic conductors MIEC), ausschließlich Metalloxide, wie das in dieser Arbeit untersuchte $La_{0.58}Sr_{0.4}Co_{0.2}Fe_{0.8}O_{3-\delta}$ (LSCF). Im Falle von reinen Elektronenleitern bleiben die elektrochemischen Teilreaktionen auf die Grenzfläche zwischen Elektrolyt und Elektroden (Dreiphasengrenze) beschränkt. In Kompositkathoden ist die Dreiphasengrenze auf die 8YSZ Matrix im Kathodenmaterial ausgedehnt. Somit können gleichzeitig mehr Sauerstoffionen in das ionenleitende Material eingebaut werden, was den Polarisationswiderstand der Kompositkathode gegenüber der rein elektronenleitenden Kathode reduziert. In MIEC Kathoden können Sauerstoffionen theoretisch an der gesamten Kathodenoberfläche eingebaut werden. Neben der elektronischen Leitung existiert auch eine ionische Leitung im Material, die es den Sauerstoffionen ermöglicht, durch den Kathodenbulk zu diffundieren. Praktisch wird die Eindringtiefe[4] δ, abgeschätzt aus dem Verlauf der ionischen Stromdichte im Bulkmaterial, mit ca. 2-10 µm angegeben [23].

Als geeignete Kathodenmaterialen für die Brennstoffzelle haben sich Perowskite mit der Struktur ABO_3 etabliert, siehe Abbildung 2.6. Je nach Besetzung der A- und B- Plätze kann das Material dadurch rein elektronisch leitend oder auch mischleitend sein.

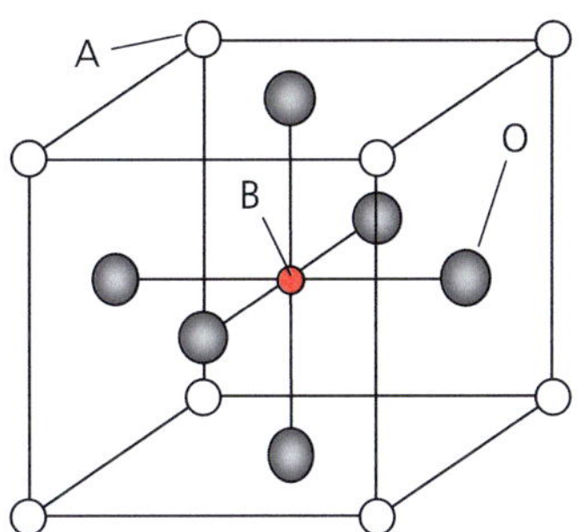

Abbildung 2.6 Perowskitstruktur [1] des Kathodenmaterials für die SOFC

Für das hier verwendete LSCF befinden sich auf den A-Plätzen La und Sr, auf den B-Plätzen Co und Fe.

Während der A-Platz meist von Lanthaniden oder Erdalkalimetallen mit einer Dotierung (Sr oder Ca) besetzt wird, finden sich Nebengruppenelemente (Mn, Fe, Co, Ni) auf dem B-Platz wieder. Da die Kristallstruktur von den Ionenradien der A- und B-Platz Elemente abhängt, kommt es je nach Zusammensetzung des Kristalls zu einer Abweichung von der idealen perowskitschen Struktur und zur Ausbildung einer orthorhombischen oder rhomboedrischen Kristallstruktur [24, 25]. Temperaturänderungen, Valenzänderungen der Ionen oder eine Änderung der Fehlstellenkonzentration können zu einem Übergang der Kristallstruktur führen [26]. So wurde für einen Sr-Anteil von 0.4 in $La_{0.6}Sr_{0.4}Co_{0.2}Fe_{0.8}O_{3-\delta}$ die rhomboedrische [24, 27, 28] und für einen Sr-Anteil von 0.6 in $La_{0.4}Sr_{0.6}Co_{0.2}Fe_{0.8}O_{3-\delta}$ die kubische [29]

---

[4] Eindringtiefe: Charakteristische Entfernung von der Kathode/Elektrolyt-Grenzfläche, bei der 36% der maximalen Stromdichte erreicht werden [23].

Struktur ermittelt. Zudem lassen sich die ionische sowie die elektronische Leitfähigkeit, die Sauerstoffleerstellenkonzentration, der Temperaturausdehnungskoeffizient des Perowskiten sowie die chemische Kompatibilität mit dem Elektrolytmaterial durch eine gezielte Veränderung der Zusammensetzung der Elemente beeinflussen. Betrachtet man das hier verwendete $La_{0.58}Sr_{0.4}Co_{0.2}Fe_{0.8}O_{3-\delta}$, so wirkt sich die A-Platz Unterstöchiometrie auf Sinterverhalten und Leistungsfähigkeit des Kathodenmaterials aus. Im Gegensatz zu $La_{0.6}Sr_{0.4}Co_{0.2}Fe_{0.8}O_{3-\delta}$ schrumpft das unterstöchiometrische Material bei T_{Sinter} = 1160 °C stärker [6]. Daher wird $La_{0.58}Sr_{0.4}Co_{0.2}Fe_{0.8}O_{3-\delta}$ bei T_{Sinter} = 1080 °C gesintert. In elektrochemischen Messungen zeigt sich, dass Zellen mit $La_{0.6}Sr_{0.4}Co_{0.2}Fe_{0.8}O_{3-\delta}$ Kathode immer geringere Leistung gegenüber Zellen mit $La_{0.58}Sr_{0.4}Co_{0.2}Fe_{0.8}O_{3-\delta}$ Kathode zeigen. Grund hierfür kann die in Kapitel 2.6.1 beschriebene $SrZrO_3$ Bildung bei höheren Sintertemperaturen von T_{Sinter} = 1160 °C für $La_{0.6}Sr_{0.4}Co_{0.2}Fe_{0.8}O_{3-\delta}$ sein. Eine Reduzierung des Sr-Gehaltes, sowohl in Kombination mit höherem La-Gehalt, als auch als zusätzliches A-Platz Defizit, reduziert dagegen die elektrochemische Leistung [30]. Seit ca. 30 Jahren beschäftigen sich viele Gruppen mit den Eigenschaften der unterschiedlichen Zusammensetzungen des Materialsystems $La_{1-x}Sr_xCo_{1-s}Fe_sO_{3-\delta}$. Abbildung 2.7 zeigt eine Auswahl der untersuchten Materialien im Materialsystem LSCF ausgehend von den vier Endgliedern, den undotierten ABO_3 Perowskit-Strukturen $LaFeO_3$, $LaCoO_3$, $SrFeO_3$ und $SrCoO_3$ sowie die Eigenschaften abhängig von der Zusammensetzung. Die Kreise geben jeweils die „Zusammensetzungs-Lage" des untersuchten Materials an, die Ziffern referenzieren auf die in der Bildunterschrift verwiesene Literaturstelle.

$La_xSr_{1-x}FeO_3$: Die elektrische Leitfähigkeit abhängig von Temperatur und Sauerstoffpartialdruck von $La_xSr_{1-x}FeO_3$ mit La und Sr auf dem A-Platz und Fe auf dem B-Platz in verschiedenen Zusammensetzungen wurde zunächst von Mizusaki [31], [32, 33] untersucht.

$La_xSr_{1-x}CoO_3$: Für das leistungsfähige mischleitende Material LSC in unterschiedlichen Sr/Co Verhältnissen gibt es eine Vielzahl von Veröffentlichungen. O_2-Nichtstöchiometrie in Abhängigkeit von Temperatur, pO_2 und Sr-Gehalt von $La_xSr_{1-x}CoO_3$ mit La und Sr auf dem A-Platz und Co auf dem B-Platz [37] sowie k^δ - und D^δ - Werte von $La_xSr_{1-x}CoO_3$ [34], [40], [42]. Aufgrund seines relativ hohen Temperaturausdehnungskoeffizienten von 20.5 x 10^6 1/K [46] wird $La_{0.6}Sr_{0.4}CoO_3$ vorwiegend in Dünnschichtanwendungen [49], [48], [50] oder als Kompositkathode $La_{0.6}Sr_{0.4}CoO_3$-$Ce_{0.9}Gd_{0.1}O_{1.95}$ [51] für SOFCs verwendet.

$La_{1-x}Sr_xCo_{1-s}Fe_sO_{3-\delta}$: Bei dem in dieser Arbeit verwendeten Material $La_{0.58}Sr_{0.4}Co_{0.2}Fe_{0.8}O_3$ ist sowohl der A-Platz als auch der B-Platz des ABO_3-Perowskiten mit 2 Elementen besetzt. Für die Zusammensetzungen $La_xSr_{1-x}Co_{0.2}Fe_{0.8}O_{3-\delta}$ und speziell $La_{0.58}Sr_{0.4}Co_{0.2}Fe_{0.8}O_{3-\delta}$ sowie $La_{0.6}Sr_{0.4}Co_{0.2}Fe_{0.8}O_{3-\delta}$ gibt es sehr viele Studien in der Literatur zum Thema Leitfähigkeit, Kristallstruktur, thermische Ausdehnungskoeffizienten [24, 25], [27], [28], [41], [44], [45], [46], [47], [53], sowie k^δ - und D^δ - Werte [52], zu LSCF Dünnschichten [54], [56] sowie LSCF Leistung in Abhängigkeit der Sintertemperatur [55]. Die Untersuchungen zu Leistungsfähigkeit, Alterung, Impedanzanalysen von ASCs mit LSCF Kathoden wurden in der

Übersicht nicht berücksichtigt und sind in den nachfolgenden Kapiteln zitiert. Neben $La_{0.58}Sr_{0.4}Co_{0.2}Fe_{0.8}O_{3-\delta}$ gibt es Leitfähigkeitsuntersuchungen zu $La_xSr_{1-x}Co_{0.8}Fe_{0.2}O_{3-\delta}$ [29, 35, 36, 44, 57]. Das Material besitzt aufgrund seines hohen Co Anteils von 0.8 (im Vergleich zu 0.2 bei dem hier verwendeten LSCF) eine größere elektrische Leitfähigkeit ($\sigma_{el(La0.6Sr0.4Co0.2Fe0.8O3-\delta)}$ = 219 S/cm $\sigma_{el(La0.2Sr0.8Co0.8Fe0.2O3-\delta)}$= 310 S/cm) [44]. Mit steigendem Co- wie auch Sr- Anteil steigt allerdings auch der thermische Ausdehnungskoeffizient ($TEC_{(La0.6Sr0.4Co0.2Fe0.8O3-\delta)}$ = 17.5 x 10^{-6} K^{-1}; $TEC_{(La0.3Sr0.7Co0.8Fe0.2O3-\delta)}$= 21 x 10^{-6} K^{-1}) [46].

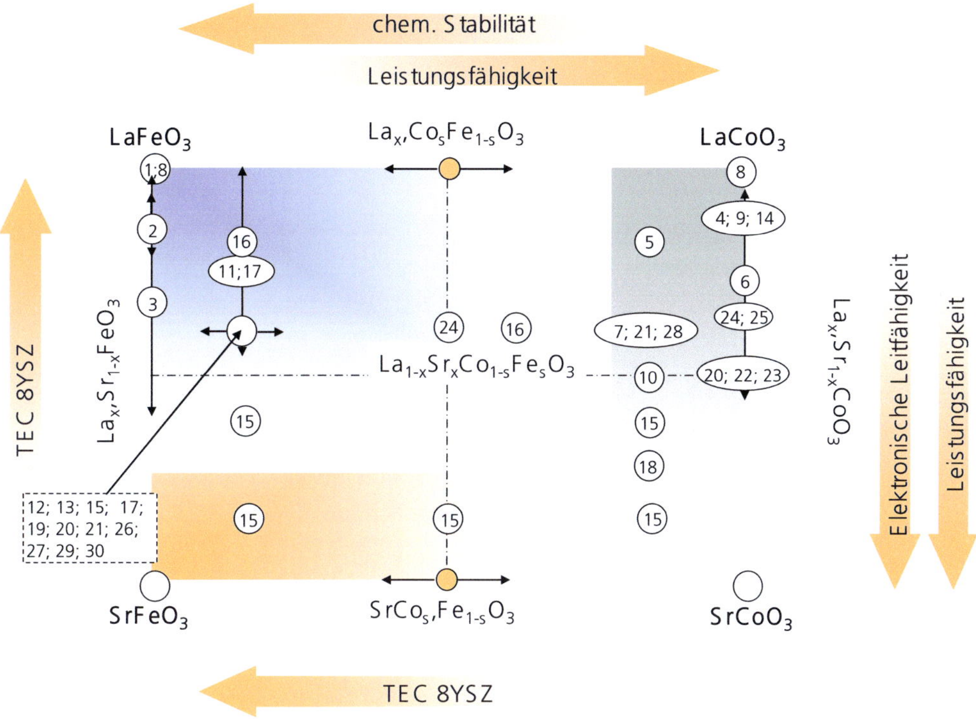

Abbildung 2.7 Zusammenstellung einer Auswahl der untersuchten Materialien im Materialsystem $La_{1-x}Sr_xCo_{1-s}Fe_sO_{3-\delta}$

[1] $LaFeO_3$ [31] [2]$La_{1-x}Sr_xFeO_3$ (x=0.1; 0.25) [32] [3]$La_{1-x}Sr_xFeO_3$ (x = 0; 0.1; 0.25; 0.4; 0.6) [33] [4] $La_{0.9}Sr_{0.1}CoO_3$ [34] [5] $La_{1-x}Sr_xCo_{1-s}Fe_sO_3$ ($0 \leq x \leq 1$; $0 \leq s \leq 1$) [35, 36] [6] $La_{1-x}Sr_xCoO_3$ (x = 0; 0.1; 0.3; 0.5; 0.7) [37] [7] $La_{0.6}Sr_{0.4}Co_{0.8}Fe_{0.2}O_3$ [35, 36] [8] $LaBO_3$ [38, 39] [9] $La_{0.8}Sr_{0.2}CoO_3$ [40] [10] $La_{0.5}Sr_{0.5}Co_{0.8}Fe_{0.2}O_3$ [40] [11]$La_{1-x}Sr_xCo_{0.2}Fe_{0.8}O_3$ ($0 \leq x \leq 0.6$) [24] [12] $La_{0.6}Sr_{0.13}Co_{0.2}Fe_{0.8}O_{2.52}$ [28] [13] $La_{0.6}Sr_{0.4}Co_{0.2}Fe_{0.8}O_3$ [41] [14] $La_{0.8}Sr_{0.2}CoO_3$ [42] [15] $La_{1-x}Sr_xCo_{1-s}Fe_sO_3$ (x = 0.4; 0.6; 0.8, s = 0.2; 0.5; 0.8) [44] [16] $La_{0.6}Sr_{0.4}Co_{0.6}Fe_{0.4}O_3$ [43] [17] $La_{0.6}Sr_{0.4}Co_{0.2}Fe_{0.8}O_3$ [45] [18] $La_{0.4}Sr_{0.6}Co_{0.8}Fe_{0.2}O_3$ [29] [19] $La_{0.6}Sr_{0.4}Co_{0.2}Fe_{0.8}O_3$ [27] [20] $La_{1-x}Sr_xCoO_3$, $La_{0.3}Sr_{0.7}Co_{1-s}Fe_sO_3$ und $La_{1-x}Sr_xCo_{0.2}Fe_{0.8}O_3$ [46] [21] $La_{0.6}Sr_{0.4}Co_{0.8}Fe_{0.2}O_3$ [47] [22] $La_{0.5}Sr_{0.5}CoO_3$ [48] [23] $La_{0.5}Sr_{0.5}CoO_3$ [49] [24] $La_{0.6}Sr_{0.4}CoO_3$ [50] [25] $La_{0.6}Sr_{0.4}CoO_3 - Ce_{0.9}Gd_{0.1}O_{1.95}$ [51] [26] $La_{0.6}Sr_{0.4}Co_{1-s}Fe_sO_3$ (s = 0.2; 0.5; 0.8) [52] [27] $La_{0.6}Sr_{0.4}Co_{0.2}Fe_{0.8}O_3$ [53] [28] $La_{0.6}Sr_{0.4}Co_{0.8}Fe_{0.2}O_3$ [54] [29] $La_{0.58}Sr_{0.4}Co_{0.2}Fe_{0.8}O_3$ [55] [30] $La_{0.6}Sr_{0.4}Co_{0.2}Fe_{0.8}O_3$ [56]

2.5.1 Leitfähigkeit

Im Gegensatz zur elektrischen Leitfähigkeit bei Metallen, bei der eine Erhöhung der Temperatur durch die Gitterschwingungen eine Abnahme der Beweglichkeit der Ladungsträger bewirkt und damit zu einem steigenden Widerstand führt, ist die Leitfähigkeit der Metalloxide auf den sogenannten Hopping-Mechanismus zurückzuführen. Eine Dotierung des Kristalls durch Substitution des dreiwertigen A-Ions z.B. La durch ein zweiwertiges Erdalkali-Ion (A^*) z.B. Sr führt zu einem Ungleichgewicht der Ladungsträger und damit zu einer Ladungskompensation, die einerseits durch Valenzänderung des B-Kations [25] und andererseits durch die Bildung von Sauerstoffleerstellen δ erreicht wird [25], [26] und eine Erhöhung der ionischen Leitfähigkeit mit sich bringt [52].

$$A^{3+}B^{3+}O_3 \xrightarrow{xA^*} A^{3+}_{1-x}A^{*2+}_{x}B^{3+}_{1-x+2\delta}B^{4+}_{x-2\delta}O_{3-\delta} + \frac{\delta}{2}O_2 \qquad 2{:}6$$

Eine Valenzänderung des B-Kations von B^{3+} zu B^{4+} führt zu einer elektronischen Leitfähigkeit des Perowskits. Durch den Hopping- Mechanismus kann ein Loch des B^{4+} -Kations über ein Sauerstoffion auf das nächste B^{3+} -Kation springen, wobei sich die Wertigkeiten der Kationen vertauschen [26] siehe Formel 2:7.

$$B^{4+} - O^{2-} - B^{3+} \rightarrow B^{3+} - O^{-} - B^{3+} \rightarrow B^{3+} - O^{2-} - B^{4+} \qquad 2{:}7$$

Da dieser Mechanismus thermisch aktiviert ist, ergibt sich für die elektronische Leitfähigkeit σ_{el} ein für den Sprungmechanismus typisches Temperaturverhalten [26]

$$\sigma_{el} = \frac{A}{T} \cdot e^{-\frac{E_A}{k_B T}} \qquad 2{:}8$$

mit einem von der Temperatur T abhängigen präexponentiellen Faktor A/T, der die Ladungsträgerkonzentration enthält, der Aktivierungsenergie der Hopping-Leitung E_A und der Boltzmann-Konstante k_B (k_B = 1.3806 x10^{-23} J/K). Aus Gleichung 2:8 geht hervor, dass der präexponentielle Faktor mit steigender Temperatur abnimmt, der exponentielle Term jedoch mit der Temperatur zunimmt. Daraus ergibt sich ein Maximum der elektronischen Leitfähigkeit bei T_{max} = E_a / k_B. Abbildung 2.8 zeigt den Verlauf der elektronischen Leitfähigkeit von $La_{0.6-z}Sr_{0.4}Co_{0.2}Fe_{0.8}O_{3-\delta}$ (LSCF) für verschiedene La-Anteile über die reziproke Temperatur in Luft [27]. Während die Zunahme der elektronischen Leitfähigkeit mit einem Ansteigen der Temperatur auf den Polaron-Hopping-Mechanismus zurückzuführen ist, kann jedoch die Abnahme der elektronischen Leitfähigkeit bei hohen Temperaturen bisher nicht eindeutig erklärt werden. Tai [25] begründet die Abnahme durch einen Sauerstoffverlust des Kristallgitters. Thermogravimetrische Analysen zeigen eine Zunahme von Sauerstoffleerstellen mit steigender Temperatur in Luft. Um die Ladungsneutralität aufrecht zu erhalten, erfolgt eine Kompensation der Sauerstoffleerstellen durch B^{4+}-Ionen. Pro entstandener Sauerstoffleerstelle werden zwei B^{4+}-Ionen zu B^{3+}-Ionen reduziert [25]. Eine Verringerung der B^{4+}-Ionen-Konzentration führt somit zu einer Abnahme der elektronischen Leitfähigkeit, da nun weniger Elektronenlöcher für den Ladungstransport zur Verfügung stehen.

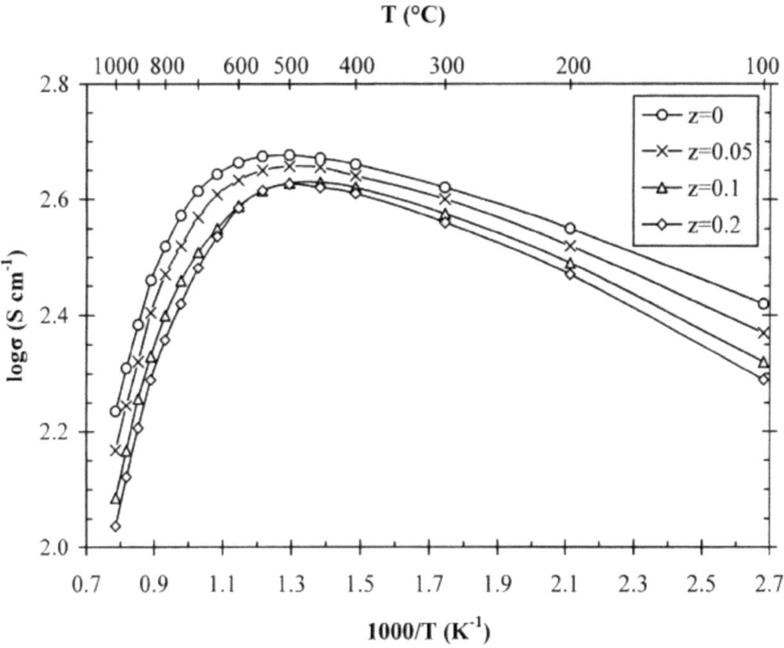

Abbildung 2.8 Elektrische Leitfähigkeit über der reziproken Temperatur von $La_{0.6-z}Sr_{0.4}Co_{0.2}Fe_{0.8}O_{3-\delta}$ [27]

Weitere Untersuchungen zeigen jedoch, dass die Ursache für die Abnahme der elektronischen Leitfähigkeit nicht nur in einer Verringerung der Ladungsträgeranzahl zu finden ist. Auch die Reduktion der Ladungsträgerbeweglichkeit spielt mit steigender Temperatur eine zunehmend wichtigere Rolle. Sauerstoffleerstellen, die beim Hopping-Mechanismus als Fangstelle oder Streuzentrum für Elektronen dienen, scheinen die Beweglichkeit der Ladungsträger bei erhöhten Temperaturen zunehmend einzuschränken [58]. Jedoch besitzt nicht nur die Temperatur einen Einfluss auf die Eigenschaften des Perowskiten, auch eine Änderung des Sauerstoffpartialdrucks der umgebenden Atmosphäre beeinflusst das Verhalten des Kristalls entscheidend. Eine Änderung der Sauerstoffstöchometrie geht mit einer Änderung der Sauerstofffehlstellenkonzentration einher. Anderson [38] unterteilt dementsprechend in seinem Modell den Zustand des Perowskiten in fünf Regionen. In Abhängigkeit des Sauerstoffpartialdruckes wird eine Änderung der Sauerstoffstöchiometrie, der Sauerstoffleerstellenkonzentration und der elektronischen Leitfähigkeit eines $La_{1-y}A_yBO_{3\pm x}$ Perowskiten beobachtet, siehe Abbildung 2.9.

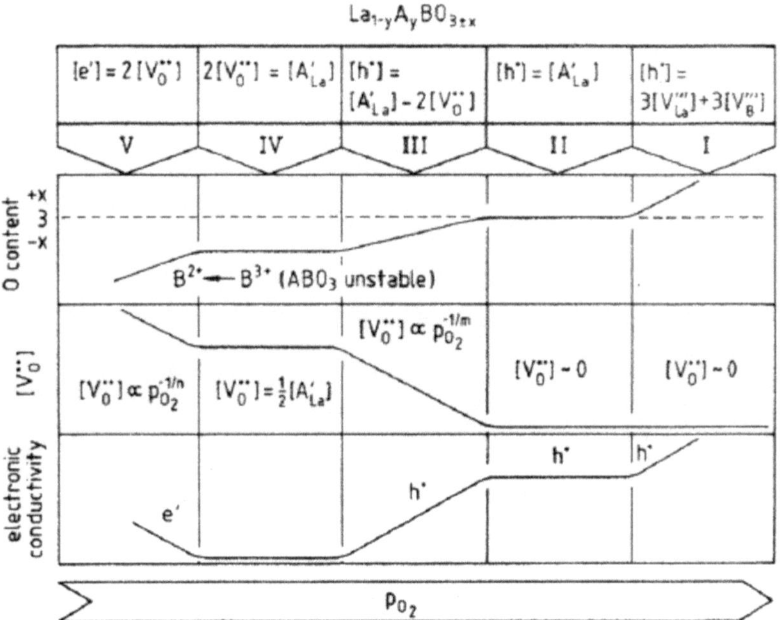

Abbildung 2.9 Sauerstoffstöchiometrie von $La_{1-y}A_yBO_{3+x}$ bei Variation des Partialdrucks [38, 59]

In Abhängigkeit des Sauerstoffpartialdruckes wird eine Änderung der Sauerstoffstöchiometrie, der Sauerstoffleerstellenkonzentration und der elektronischen Leitfähigkeit eines $La_{1-y}A_yBO_{3\pm x}$ Perowskiten beobachtet.

Ausgehend von einem Sauerstoffüberschuss führt eine Reduktion des Sauerstoffpartialdruckes zu einem Ausbau des Sauerstoffs aus dem Kristallgitter. Zur Aufrechterhaltung der Ladungsneutralität kommt es zu einem Valenzwechsel der B-Kationen von B^{4+} zu B^{3+} auf Kosten der Elektronenlöcher. Eine Abnahme der Elektronenlöcheranzahl bewirkt, wie bereits erwähnt, eine Verringerung der elektronischen Leitfähigkeit, da weniger Löcher für den Hopping-Mechanismus zur Verfügung stehen (Region I). Ein Minimum der elektronischen Leitfähigkeit wird erreicht, wenn alle B-Kationen durch den Sauerstoffausbau zu B^{3+}-Ionen reduziert sind (Region II). Bei weiterer Verringerung des Sauerstoffpartialdrucks in der Atmosphäre gehen die B-Platz-Elemente in die bivalente Oxidationsstufe über, wodurch es zu einem Wechsel von einer p- zu einer n-Leitung kommt (Region III, IV, V). Die Partialdrücke, welche die Grenzen der Regionen darstellen, sind stark von der Temperatur und der Zusammensetzung des Kristalls abhängig. Bei steigender Temperatur kommt es zu einer Verschiebung der Übergänge zu höheren Partialdrücken und der Sauerstoff wird früher aus dem Kristallgitter ausgebaut [26].

Strontium dotiertes Lanthanmanganat $LaMnO_3$, kurz LSM, gilt heute als das häufigste verwendete Kathodenmaterial [60]. Obwohl Lanthanmanganat zur Gruppe der Metalloxide zählt und sich daher Sauerstoffionen im Gitter aufgrund von Sauerstoffleerstellen bewegen können, wird LSM als Elektronenleiter bezeichnet. Dies ist der Fall, weil sich die Ionenleitfähigkeit um mehrere Größenordnungen unterhalb der Elektronenleitfähigkeit befindet [1]. Perowskite der Zusammensetzung $(La;Sr)(Co;Fe)O_3$ (LSCF) werden in der Literatur als Materialien mit den besseren elektrochemischen Eigenschaften im Vergleich zu manganhaltigen Werkstoffen beschrieben [24]. Aufgrund der Dotierung mit dem dreiwertigen Strontium (Sr) weist LSCF eine hohe elektronische und eine hohe ionische Leitfähigkeit auf. Durch Zugabe von Strontium kann nicht nur die katalytische Aktivität des Werkstoffes verbessert werden [25], sondern auch der bei Perowskiten beobachtbare charakteristische Verlauf der elektronischen Leitfähigkeit kann durch die Dotierung beeinflusst werden. Mit Zunahme des Strontium-Gehaltes verschiebt sich das Maximum der elektronischen Leitfähigkeit zu kleineren Temperaturen hin [25]. Für verschiedene LSCF- Zusammensetzungen finden sich Werte für die elektronische und ionische Leitfähigkeit in der Literatur. So wurde σ_{el} in Luft und $T = 750\ °C$ zu 309 S/cm für $La_{0.4}Sr_{0.6}Co_{0.8}Fe_{0.2}O_{3-\delta}$ [29], zu 290 S/cm [24] und zu 340 S/cm [44] für $La_{0.6}Sr_{0.4}Co_{0.2}Fe_{0.8}O_{3-\delta}$ und zu 316 S/cm für $La_{0.55}Sr_{0.4}Co_{0.2}Fe_{0.8}O_{3-\delta}$ [27] veröffentlicht. Für σ_{ion} von $La_{0.8}Sr_{0.2}Co_{0.8}Fe_{0.2}O_{3-\delta}$ in Luft und $T = 750\ °C$ gibt Teraoka [35] ~0.08 S/cm an, für $La_{0.6}Sr_{0.4}Co_{0.2}Fe_{0.8}O_{3-\delta}$ und $T = 900\ °C$ berechnet Stevenson [44] aus den Sauerstoffflussraten einen σ_{ion} von 0.23 S/cm.

2.5.2 Thermischer Ausdehnungskoeffizient

Eine Dotierung des Perowskits verbessert jedoch nicht nur die elektrochemischen Eigenschaften des Werkstoffes, sondern bewirkt auch ein Ansteigen des thermischen Ausdehnungskoeffizienten. Dieser vergrößert sich bei hohen Temperaturen, bedingt durch einen vermehrten Ausbau von Sauerstoff aus dem Kristallgitter, noch weiter. Durch die sich dabei bildenden Sauerstoffleerstellen entstehen Abstoßungskräfte zwischen den Kationen, welche zusammen mit der Zunahme der Kationengröße, bedingt durch den Valenzwechsel der B-Platz-Ionen zur Ladungsträgerneutralisation, die Ursache für die Zunahme des Temperaturausdehnungskoeffizienten mit steigender Temperatur bilden [24]. Eine Reduktion des Temperaturausdehnungskoeffizienten kann durch die Dotierung des B-Platzes mit Eisen (Fe) erreicht werden. Da Eisen im Vergleich zu Kobalt (Co) eine größere Bindungsenergie zu Sauerstoff besitzt, weisen Perowskite der Zusammensetzung $(La;Sr)(Co;Fe)O_3$ (LSCF) mit höheren Kobalt-Gehalten eine höhere Sauerstoffleerstellenkonzentration auf [24]. Durch die Substitution von Kobalt mit Eisen verändert sich nicht nur die Orbital-Konfiguration der Valenzelektronen [24], sondern auch die Mobilität der Ladungsträger wird geringer. So ist die Ladungsträgerbeweglichkeit in $LaFeO_3$ im Vergleich zu $LaCoO_3$ um ein 1000-faches geringer [61]. Zwar kann durch die Zugabe von Eisen die chemische Stabilität deutlich verbessert werden, die ionische Leitfähigkeit nimmt jedoch durch die Abnahme der Sauerstoffleerstellenkonzentration [52] und der Ladungsträgerbeweglichkeit [24] ab. Da der Ausdehnungskoeffizienten mit zunehmender Co Dotierung ansteigt, muss ein Kompromiss zwischen elektronischer Leitfähigkeit und thermischer Ausdehnung gefunden werden, um mechanische Spannungen zwischen Elektrolyt und Kathode zu vermeiden [1]. Im Rahmen dieser Arbeit wurde der eisen- und kobalthaltige Perowskit der Zusammensetzung $La_{0.58}Sr_{0.4}Co_{0.2}Fe_{0.8}O_{3-\delta}$ verwendet, für den ein thermischer Ausdehnungskoeffizienten von 17.4×10^{-6} K^{-1} [6] bestimmt wurde.

2.5.3 Sauerstoffreduktion

Über die möglichen Reaktionswege der Sauerstoffreduktion an der Kathode liegt eine Vielzahl von Untersuchungen vor. Schichlein [62] gibt eine gute Übersicht über die in der Literatur beschriebenen, je nach Material ablaufenden, Reaktionsschritte. Anhand der Vielzahl der vorgeschlagenen möglichen Reaktionsschritte zeigt sich, dass die Sauerstoffreduktion der Kathode in der Literatur nicht eindeutig geklärt ist. Für rein elektronenleitende Materialien wie $(La,Sr)MnO_3$ kann festgehalten werden, dass die Einbaureaktion im Wesentlichen auf die Dreiphasengrenzen begrenzt ist [62]. Dagegen wird für das mischleitende Material LSCF von De Souza [63] und Adler [64] folgender Reaktionsweg vorgeschlagen: (i) Dissoziative Adsorption von Sauerstoff (ii) Ionisierung von Sauerstoffatomen (iii) Einbau adsorbierter Sauerstoffionen in den Kathodenbulk (iv) Bulk Diffusion (v) Sauerstoffioneneinbau aus dem Kathodenbulk in den Elektrolyten. Hier spielen sowohl Oberflächenreaktionen (i-iii) als auch Transport durch Festkörperdiffusion (iv) eine Rolle. Abbildung 2.10 a) zeigt die in der Literatur vorgeschlagenen Reaktionsschritte am Beispiel eines LSCF Kathodenkorns von der Sauerstoffadsorption an der Kornoberfläche bis zum Einbau in den Elektrolyten. Zur quantitativen Beschreibung der Kinetik des Sauerstoffeinbaus lassen sich für die Oberflächenreaktion und die Festkörperdiffusionsreaktion die Koeffizienten für den Oberflächenaustausch (k^{δ}) und Festkörperdiffusion (D^{δ}) mittels verschiedener Methoden bestimmen.

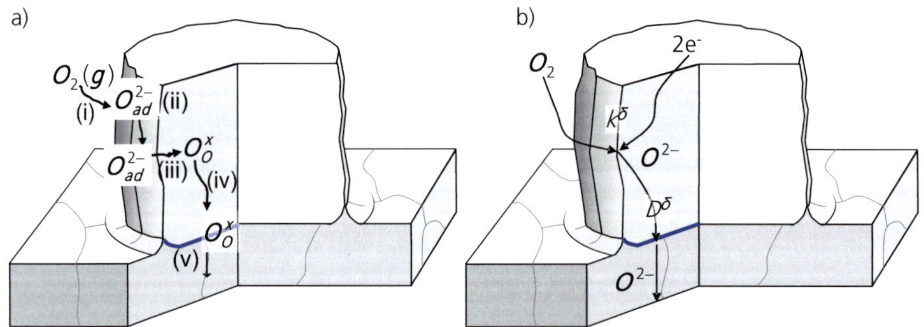

Abbildung 2.10 Sauerstoffreduktion am Beispiel eines mischleitenden Kathodenkorns [65]

a) Von De Souza [63] und Adler [64] vorgeschlagener Reaktionsweg am LSCF Kathodenkorn: (i) Dissoziative Adsorption von Sauerstoff (ii) Ionisierung von Sauerstoffatomen (iii) Einbau adsorbierter Sauerstoffionen in den Kathodenbulk (iv) Festkörperdiffusion (v) Sauerstoffioneneinbau aus dem Kathodenbulk in den Elektrolyten b) Definition des Oberflächenaustauschkoeffizienten k^{δ} und des Festkörperdiffusionskoeffizienten D^{δ}.

Dabei beschreibt der k^δ-Wert den Einbau von Sauerstoff in das Kathodenkorn (Reaktionsschritte (i), (ii) und (iii)) und der D^δ -Wert den Transport des Sauerstoffions innerhalb des Kathodenkorns (Reaktionsschritt (iv)), siehe Abbildung 2.10 b). Beide Parameter sind temperatur- und sauerstoffpartialdruckabhängig. Die in dieser Arbeit charakterisierten Kathoden wurden mit 250 ml/min Luft beaufschlagt, sodass von einem konstanten Sauerstoffpartialdruck in den Poren ausgegangen werden kann. Daher werden zum Vergleich der durch die Impedanzmessung ermittelten Koeffizienten mit der Literatur nur die Werte in Luft ($pO_2 = 0.21$ atm) betrachtet. Die k^δ- und D^δ - Werte lassen sich an dichten Bulkproben messen. Hierfür werden in der Literatur die Verfahren „conductivity relaxation experiments (k^Ω, D^Ω)", „tracer experiments ($k*$,$D*$)" oder die Bestimmung an symmetrischen Elektrodenkonfigurationen (k_{chem}, D_{chem}) [66], [67] verwendet. Durch die unterschiedlichen Methoden sind die k - und D - Werte nicht direkt vergleichbar, lassen sich aber mittels eines sog. thermodynamischen Faktors [23, 68]

$$\gamma = \frac{1}{2} \cdot \frac{\partial \ln p_{O_2}}{\partial \ln c_{O^{2-}}} \qquad\qquad 2:9$$

in die chemischen Austausch- und Diffusionskoeffizienten k^δ und D^δ umrechnen (2:10), die zur Beschreibung der Vorgänge in gemischtleitenden Materialien wie LSCF verwendet werden.

$$k^\delta = \gamma \cdot k^* \quad \text{und} \quad D^\delta = \gamma \cdot D^* \qquad\qquad 2:10$$

(Die Werte k^Ω und D^Ω entsprechen in etwa den Werten $k*$ und $D*$). Für die hier verwendete LSCF Zusammensetzung von $La_{0.58}Sr_{0.4}Co_{0.2}Fe_{0.8}O_{3-\delta}$ finden sich nur wenige Daten in der Literatur. Daher wird zum Vergleich mit den in dieser Arbeit ermittelten Werten ersatzweise auf Werte für $La_{0.6}Sr_{0.4}Co_{0.2}Fe_{0.8}O_{3-\delta}$ zurückgegriffen. Der etwas höhere Lanthananteil von 0.6 statt 0.58 hat einen Einfluss auf die Materialparameter. Dieser kann aber im Vergleich zu den Unterschieden zwischen den von verschiedenen Gruppen ermittelten Materialparametern vernachlässigt werden [23]. Abbildung 2.11 zeigt die k^δ- und D^δ - Werte im Temperaturbereich von $T = 600\ °C - 800\ °C$ von Soogard [69], Sitte [5], [23], Bouwmeester [52] und Ried [70] sowie die von Bouwmeester ausgehenden extrapolierten Werte von Rüger [23]. Bei $T = 700\ °C$ liegen die D^δ - Werte von $La_{0.58}Sr_{0.4}Co_{0.2}Fe_{0.8}O_{3-\delta}$ bei log $D^\delta = $ -9.2031 m^2/s [5] für $La_{0.6}Sr_{0.4}Co_{0.2}Fe_{0.8}O_{3-\delta}$ bei log D^δ = -9.6907 m^2/s [52], -9.9479 m^2/s [69] und -9.2277 m^2/s [70]. k^δ- Werte wurden für $La_{0.58}Sr_{0.4}Co_{0.2}Fe_{0.8}O_{3-\delta}$ mit log k^δ = -4.7070 m/s [5] und für $La_{0.6}Sr_{0.4}Co_{0.2}Fe_{0.8}O_{3-\delta}$ mit log k^δ = -4.5539 m/s [70] und log k^δ = -5.152 m/s [52] veröffentlicht. Veränderungen des Kathodenmaterials über der Zeit wie z.B. Entmischung, Zersetzung, Strukturumwandlung etc. können sowohl den Oberflächenaustausch als auch die Festkörperdiffusion beeinflussen. Aus Änderungen der Materialparameter k^δ und D^δ über der Zeit kann somit auf mögliche Degradationsmechanismen des Mate-

---

[5] Sitte: Persönliche Mitteilung 2008 [23]

rials zurückgeschlossen werden. In der Literatur wird nicht auf zeitabhängiges Verhalten der k^δ - und D^δ - Werte eingegangen.

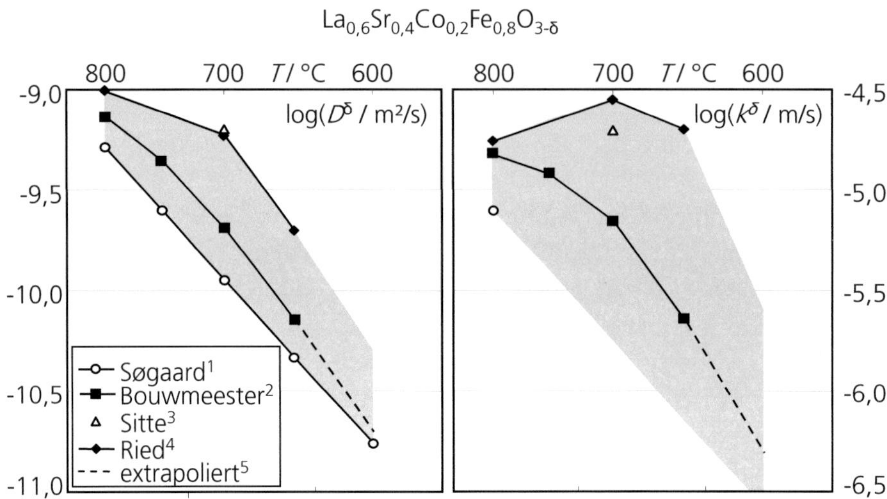

Abbildung 2.11 Festkörperdiffusionskoeffizient D^δ und Oberflächenaustauschkoeffizient k^δ [23]

Chemischer Festkörperdiffusionskoeffizient D^δ und Oberflächenaustauschkoeffizient k^δ als Funktion der Temperatur in Luft. Die dargestellten Werte wurden anhand verschiedener Literaturquellen zusammengestellt (1 : [69], 2: [52], 3: [[6]], [23], 4: [70], 5: [23]).

Im Rahmen dieser Arbeit wurden die k^δ - und D^δ - Werte aus den elektrochemischen Impedanzspektren über t = 1000 h mit Hilfe eines Parametermodells von Adler [64] rechnerisch bestimmt, siehe Kapitel 4.4. Somit konnte das zeit- und temperaturabhängige Verhalten der Materialparameter analysiert und Rückschlüsse auf die ablaufenden Degradationsmechanismen gezogen werden.

2.6 Degradationsuntersuchungen

Obwohl die Forschungsanstrengungen seit Jahren vor allem auf die Steigerung der Leistungsfähigkeit der SOFC ausgerichtet waren, sind in den letzten Jahren vermehrt Studien zur Analyse der Degradationsmechanismen durchgeführt worden. Eine gute Zusammenstellung über generelle Aspekte der chemischen Reaktionen und damit verbundener Phänomene, die zur mechanischen Instabilität der Zelle oder Degradation der elektrischen Leistung führen, hat Yokokawa [71] veröffentlicht. Darin werden Degradationsmechanismen der einzelnen Zellkomponenten bis zum Stack-Level beschrieben und diskutiert. Nach-

---

[6] Sitte: Persönliche Mitteilung 2008 [23]

folgend werden die in der Literatur bekannten Alterungsprozesse der SOFC- Einzelzelle mit Schwerpunkt auf den hier verwendeten Materialsystemen erläutert.

2.6.1 Elektrolyt

Die Degradation des Elektrolyten lässt sich anhand der Abnahme der ionischen Leitfähigkeit beschreiben. Da die Untersuchung des Degradationsverhaltens von dotiertem Zirkonoxid messtechnisch relativ einfach ist, gibt es zahlreiche Langzeituntersuchungen in der Literatur [10, 72-76], die umfassend in Müller [21] aufgeführt sind. Prinzipiell lässt sich sagen, dass die Änderung der spezifischen Leitfähigkeit über der Zeit abhängig ist von der Temperatur und der Dotierkonzentration der Proben. Dabei hat Müller für 8YSZ eine Degradation von 13 %/1000 h bei $T = 850\ °C$ und von 23 %/1000 h bei $T = 1000\ °C$ festgestellt. Als Ursache der abnehmenden Leitfähigkeit werden (i) die Ausscheidung von Verunreinigungen an Korngrenzen [77, 78], (ii) Entmischung der Dotierkationen im Korn und zu den Korngrenzen [79], (iii) Ausscheidung von tetragonalen Minidomänen [80] etc. vorgeschlagen. Nach neuen Untersuchungen von Butz [81], ist alleine die Ausscheidung von tetragonalen Minidomänen für die Alterung verantwortlich, Verunreinigung an Korngrenzen ist nicht existent und eine Entmischung der Dotierkationen konnte nur im Korn, nicht an den Korngrenzen nachgewiesen werden.

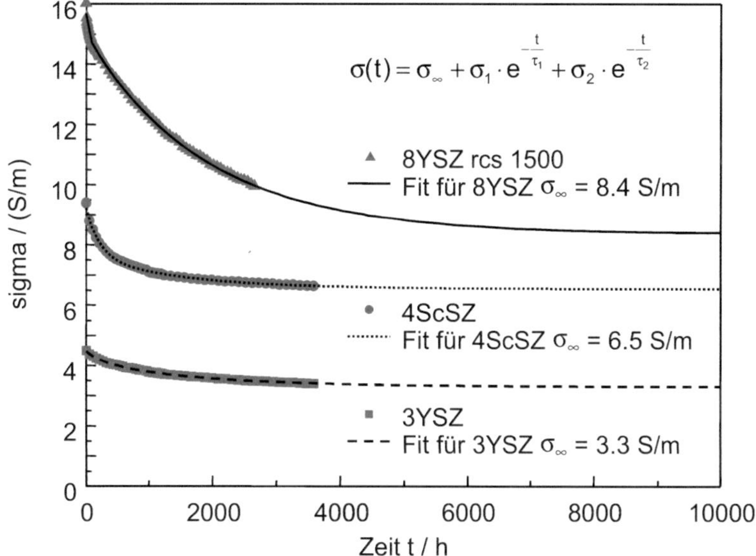

Abbildung 2.12 Extrapolierte Zeitabhängigkeit von Y und Sc- dotierten Zirkonoxid [82]

Die Messwerte von $t = 0$ - ca. 3000 h zeigen deutlich die stärkste Alterung für 8YSZ gegenüber den beiden alternativen Materialien. Nach ca. $t = 6000$ h kann für alle Materialien von einem konstanten Leitfähigkeitsverhalten ausgegangen werden, da die Leitfähigkeitswerte in der extrapolierten Zeitabhängigkeit in eine Sättigung übergehen.

Abbildung 2.12 zeigt die zeitabhängige Leitfähigkeit der Elektrolytmaterialien 8YSZ, 4 mol% Scandium dotiertes Zirkonoxid (4ScSZ) und 3 mol% Yttrium dotiertes Zirkonoxid (TZP). Die Messwerte von $t = 0$ - ca. 3000 h zeigen deutlich die stärkste Alterung für 8YSZ gegenüber den beiden alternativen Materialien. Dennoch zeigt die extrapolierte Zeitabhängigkeit, dass die Leitfähigkeitswerte in eine Sättigung übergehen, sodass nach ca. $t = 6000$ h für alle Materialien von einem konstanten Leitfähigkeitsverhalten ausgegangen werden kann. Ein weiteres Degradationsphänomen, das vor allem in technisch relevanten Mehrschicht-Elektrolytstrukturen, wie z.B. Gd-dotiertes Ceroxid (GCO) auf 8YSZ Elektrolyt auftreten kann, sind je nach Herstellungsart Wechselwirkungen zwischen den beiden Schichten, die in großem Maße zur Erhöhung des Elektrolytwiderstandes beitragen können. State-of-the-art GCO Zwischenschichten, wie sie im Rahmen dieser Arbeit verwendet werden, werden mittels Siebdruck auf den 8YSZ Elektrolyten aufgebracht und bei $T = 1300\,°C$ gesintert. Bei diesem Sinterschritt kommt es aufgrund der hohen Temperaturen zu Interdiffusionsreaktionen zwischen YSZ und CGO und zur Ausbildung von YSZ/GCO Mischphasen, die eine wesentlich geringere Leitfähigkeit aufweisen [83] [84]. Aufgrund einer, trotz relativ hoher Sintertemperatur, vorhandenen Porosität der GCO Schicht können Interdiffusionsreaktionen zwischen den Elektroden und dem Elektrolyten die Leitfähigkeit des Elektrolytmaterials beeinflussen und somit zu einer Degradation beitragen. Mai [6] hat dazu mittels „Secondary Ion Mass Spectroscopy" (SIMS) eine Sr-Diffusion durch die GCO Siebdruckschicht und eine Sr-Anreicherung an der Grenzfläche GCO-YSZ festgestellt, was ein Hinweis auf eine schlecht leitende $SrZrO_3$ Schicht ist [85].

Im Gegensatz zu den Alterungsuntersuchungen des Systems YSZ finden sich bisher nur wenige Degradationsstudien für das Material Gd dotiertes Ceroxid. Zhang [86] [87] hat die Alterungseffekte von $Ce_{1-x}Gd_xO_{2-\delta}$ für $(0.05 \leq x \leq 0.4)$ untersucht. Die Alterung des Materials ist demnach vom Gd-Gehalt abhängig. Während Zusammensetzungen mit $x \leq 0.2$ nach der Alterung bei $T = 1000\,°C$ über $t = 8$ Tage eine Vergrößerung der Korngrenzleitfähigkeit zeigen, führt die Alterung bei Verbindungen für $x \geq 0.2$ zu einer Leitfähigkeitsabnahme sowohl des Korninneren als auch der Korngrenzen. Bei der Verbindung mit $x = 0.2$, wie sie bei den hier vermessenen Zellen als Interdiffusionsschicht verwendet wird, findet sich eine Abnahme um 4.6 % unter den oben genannten Alterungsbedingungen. Als Alterungsmechanismus wird die Entstehung von Mikrodomänen vorgeschlagen, die sich ab einer kritischen Dotierkonzentration von $x = 0.2$ ausbilden.

2.6.2 Anode

Zu den typischen Ni/8YSZ Anoden Degradationsphänomenen gehört die Agglomeration [7] von Nickel. Dabei ballen sich die Ni-Partikel zusammen und das ursprünglich zusammenhängende Ni-Netzwerk wird unterbrochen, sodass es zum Verlust des Ni-Ni Kontakts [88-

---

[7] Agglomeration: Zusammenballung von Partikeln mit einhergehender Oberflächenverringerung

91] kommt. Weitere Phänomene sind die Veränderung der Ni-Morphologie, der Zusammenbruch des keramischen Netzwerkes, die Änderung der Anodenporosität, Delamination [71], Aufkohlung [92] und Schwefelvergiftung [93, 94] sowie die Vergiftung durch andere Stoffe [95-97]. Durch die Veränderungen der Mikrostruktur kommt es zu einer Verringerung der Zellleistung und zu einem langfristigen Anstieg des Widerstandes [88, 98]. Folgende Degradationsmechanismen werden von Yokokawa angegeben: (i) Materialtransport Mechanismen (ii) Deaktivierung und Passivierungsmechanismen (iii) Thermomechanische Mechanismen. Die beiden wichtigsten *Materialtransport* Phänomene sind die Veränderung der Ni-Morphologie und die Vergrößerung der Ni-Partikel. Grund hierfür ist das Bestreben von Nickel, seine Oberflächenenergie unter SOFC Betriebsbedingungen zu minimieren. Dieser Mechanismus ist stark von der Temperatur und dem Wasserdampfpartialdruck abhängig. Die Abnahme der Ni-Oberfläche geht mit der Anzahl der katalytisch aktiven Bereiche und damit mit einer Zunahme des Polarisationswiderstandes einher [71]. In einer neuen Studie hat Sonn [99] gezeigt, dass die Sintertemperatur der Ni/8YSZ Anode einen großen Einfluss auf die Ionenleitfähigkeit des Cermets hat. Mit steigender Sintertemperatur von T_{Sinter} = 1300 °C auf T_{Sinter} = 1400 °C steigt die Ionenleitfähigkeit von 0.32 S/m auf 0.75 S/m (bei T = 950 °C in Luft). Allerdings sinkt die Ionenleitfähigkeit nach der Reduktion (H_2 + 8 vol % H_2O) stärker bei den Proben, die bei höheren Temperaturen gesintert wurden. (ca. 15 - 30 % in den ersten 100 h nach der Reduktion bei T_{Sinter} = 1300 -1450 °C). Dieser Prozess wird der Bildung von tetragonalen Ablagerungen in der Anodenstruktur zugeordnet, die durch NiO/8YSZ Wechselwirkungen während des Sinterns entstehen. Als *Deaktivierungs- und Passivierungsmechanismen* zählen Schwefelvergiftung, Aufkohlung und Vergiftung durch andere Stoffe. Die katalytisch aktiven Bereiche werden durch die Verunreinigungen blockiert, was zu einer Zunahme des Polarisationswiderstandes führt [100]. *Thermomechanische Mechanismen* werden durch Verspannungen ausgelöst und resultieren in Delamination oder Bruch der Anode. Im Betrieb einer SOFC sind Redox- oder thermische Zyklen die kritischsten Parameter. Dabei führt vor allem die Änderung der Ni-Korngröße bei der Oxidation von Ni zu NiO und zurück zu Ni zu irreversiblen Änderungen der Mikrostruktur [101-103] und kann im schlimmsten Fall zum Bruch der Zelle führen.

2.6.3 Kathode

Alterungsuntersuchungen von Elektrodenmaterialien, vor allem von LSCF sind in der Literatur rar, wobei es in den letzten Jahren am Forschungszentrum Jülich und am IWE wichtige Arbeiten zur Untersuchung der LSCF Kathode im Betrieb von anodengestützten Zellen gab. Becker [3] hat dazu eine umfassende Parameterstudie zur Untersuchung der Stabilität der LSCF Kathoden an anodengestützten Zellen gemacht. Parameter waren die Betriebstemperatur (T = 700 °C und 800 °C), die Stromdichte (j = 0.3 A/cm^2 und 0.6 A/cm^2) sowie der Sauerstoffpartialdruck des Oxidationsmittels (pO_2 = 0.05 bar und 0.21 bar). Abbildung 2.13 zeigt die zeit- und stromdichteabhängigen Innenwiderstände bzw. Gesamtwiderstände während der Langzeitmessung in Luft. Zur besseren Vergleichbarkeit der Kurven wurden die Werte auf die Widerstände bei $t = 0$ h normiert.

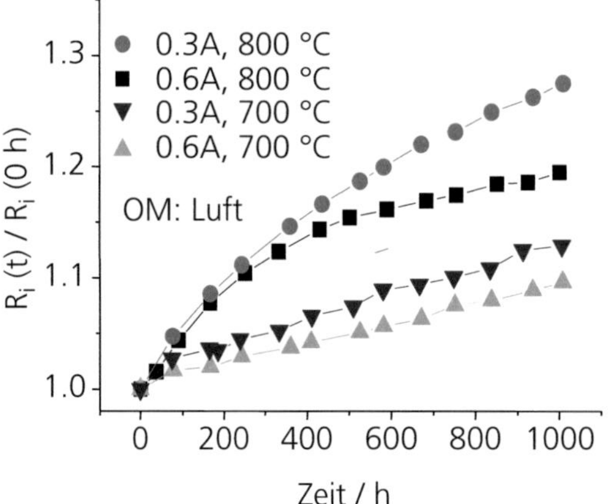

Abbildung 2.13 Innenwiderstände (Gesamtwiderstände) über $t = 1000$ h abhängig von Temperatur und Stromdichte [3]

Brenngas Anode: H_2 mit 5,5% H_2O und Oxidationsmittel Kathode: $p(O_2) = 0{,}21$ bar (Luft)

In Zusammenarbeit mit der Materialanalyse am FZJ konnten folgende Aussagen über die Stabilität der Kathode im Betrieb einer ASC abgeleitet werden:

- Die Widerstandszunahme über der Zeit ist bei $T = 800$ °C doppelt so groß verglichen zu $T = 700$ °C, die Variation der Stromdichte hat dagegen keinen Einfluss auf die Degradation. Diese Erkenntnis lässt einen temperaturbeschleunigten Alterungsmechanismus des Kathodenmaterials vermuten.

- Bei $T = 800$ °C und $j = 0.6$ A/cm^2 wurde ein starker Anstieg während der ersten 500 h festgestellt und eine wesentlich langsamere Degradation im weiteren Verlauf. Bei $T = 700$ °C und $j = 0.6$ A/cm^2 wurde eine lineare Zunahme des Polarisationswiderstandes gefunden.

- Mittels SIMS und EDX Analysen konnte gezeigt werden, dass La und Sr aus der Kathode diffundieren, in Richtung Gasflussrichtung parallel zur Kathodenoberfläche, sowie in Richtung des Elektrolyten durch die poröse GCO Zwischenschicht.

- Somit verursacht das höhere A-Platz Defizit im Material gegenüber der Ausgangszusammensetzung $La_{0.58}Sr_{0.4}Co_{0.2}Fe_{0.8}O_{3-\delta}$ die zeitliche Abnahme der Zellleistung und damit die Zunahme des Polarisationswiderstandes.

Sr-Entmischung wird auch von Simner [104] an ASCs mit $La_{0.6}Sr_{0.4}Co_{0.2}Fe_{0.8}O_3$ Kathode bei $T = 750$ °C nach $t = 500$ h durch die Sr-Anreicherung am Kathoden/Elektrolyt Interface beobachtet. Ebenso wird ein nichtlineares Degradationsverhalten festgestellt, mit 0.26 % / h in den ersten 50 h und mit 0.047 % / h in den restlichen 450 h, was auf zwei unterschiedliche Degradationsmechanismen hindeutet. Prinzipiell werden von Yokokawa [71] die folgenden Kathodendegradationsmechanismen vorgeschlagen, die je nach Kathodenmaterial bei Alterungsuntersuchungen beobachtet wurden. Alle Effekte werden durch Betriebsparameter der Zelle wie Temperatur, Stromdichte, Überspannung, Sauerstoff und Wasserdampfpartialdruck in der Luft beeinflusst:

1. Vergröberung der Mikrostruktur durch Sintern [26]. Für die hier untersuchten LSCF Kathoden kann nach der Alterung der Zelle keine Vergröberung der LSCF Mikrostruktur beobachtet werden [105].

2. Entmischung des Kathodenmaterials, wie oben beschrieben

3. Chemische Reaktion mit dem Elektrolyten und Bildung isolierender Zweitphasen an der Grenzfläche Kathode/Elektrolyt, wie für Sr- Diffusion und Bildung von $SrZrO_3$ (Kapitel 2.6.1). Der Einfluss von Sr-Diffusion und SZO Bildung während der Langzeitmessung kann von Tietz [55] entkräftet werden. In Messungen über $t = 2000$ h und $t = 5000$ h von ASCs mit $La_{0.58}Sr_{0.4}Co_{0.2}Fe_{0.8}O_3$ bei $T = 750\,°C$ und 0.5 A/cm^2 zeigen sich Alterungsraten von $0.9\,\%\,/\,1000$ h für Zellen mit gesinterter GCO Schicht und $0.94\,\%\,/\,1000$ h mit gesputterter GCO Schicht [55]. Das heißt, die Zunahme der Zellverluste ist nicht auf die $SrZrO_3$ Bildung durch die poröse GCO Schicht während der Langzeitmessung beeinflusst.

4. Abplatzen der Kathode. In Post Test Analysen der in dieser Arbeit vermessenen LSCF Kathoden wird keine Delamination festgestellt, wie sie für LSM Kathoden nach Strombelastung von Heneka [8, 106] zu beobachten ist.

5. Vergiften der Kathode (z.B. durch Chrom). Durch diese Effekte kommt es zur Abnahme der elektronischen oder ionischen Leitfähigkeit, der elektrokatalytischen Aktivität des Kathodenmaterials der elektrochemisch aktiven Oberfläche oder der Porosität und damit zu einer verminderten Zellleistung. Die Vergiftung der Kathode z.B. durch Chrom zählt zu den extrinsischen Degradationseffekten. In Verbindung mit LSCF entsteht $SrCrO_4$ an der Kathodenoberfläche [107-109]. In Langzeitmessungen von Kim [108] über $t = 100$ h bei $T = 750\,°C$ und einer Spannung von 0.7 V werden anodengestützte Zellen mit $La_{0.6}Sr_{0.4}Co_{0.2}Fe_{0.8}O_3$ Kathoden mit und ohne Cr - haltigen Netzen untersucht. Dabei zeigt sich bei den Cr - freien Messungen eine Leistungsabnahme von $0.08 - 0.17\,\%\,/\,$h während z.B. bei einem Cr - haltigen Netz (Crofer) eine Abnahme von 0.57-$0.59\,\%\,/\,$h beobachtet wird [108].

Degradationsuntersuchungen an symmetrischen Zellen mit $(La_{0.6}Sr_{0.4})_{0.99}CoO_{3-\delta}$ Kathode bei $T = 750\,°C$ und $850\,°C$ in trockener und befeuchteter Luft zeigen einen Anstieg des hochfrequenten Prozesses bei 1-5 kHz, der einer Oberflächenreaktion mit Sauerstoff zugeordnet wird, während der niederfrequente Prozess bei ca. 10 Hz, der der Gasdiffusion zugeordnet wird, über der Gesamtmesszeit von 5 Tagen konstant bleibt. Der Widerstandsanstieg ist bei $T = 750\,°C$ in den ersten 2 Tagen etwas größer, läuft dann aber parallel zum Alterungsverlauf bei $T = 850\,°C$. Da die Alterung in befeuchteter Luft deutlich stärker ansteigt, als in trockener Luft, schlagen die Autoren [110] die Anlagerung von Wasser an der Oberfläche und die Bildung von Strontiumhydroxid als Ursache vor. Zusätzlich wird ein Sinterprozess mit starker Vergröberung der Körner nach einer Langzeitmessung nach 25 Tagen beobachtet.

ASCs mit $La_{0.6}Sr_{0.4}CoO_{3-\delta}$ Kathode wurden über $t = 4500$ h von van Berkel [111] bei $T = 600\,°C$ und 400 mA/cm^2 vermessen und eine Degradation von 9 mΩcm^2 festgestellt, wobei auf die möglichen Ursachen der Alterung nicht eingegangen wird.

ASCs mit LSM/YSZ Kompositkathode zeigen entgegen den Ergebnissen von Becker eine Zunahme der Alterung mit sinkender Temperatur [88]. In Langzeitmessungen bei $T = 750\,°C$, $850\,°C$ und $950\,°C$ unter verschiedenen Strombelastungen sind die Degradationsraten dabei über die Gesamtmesszeit von $t = 1500$ h wesentlich kleiner als in den ersten 300 h. Demnach schlagen die Autoren mindestens 2 Degradationsprozesse vor, einen initialen Prozess, der der Anode zugeschrieben wird, sowie einem zweiten kontinuierlichen Prozess für den die Kathode verantwortlich ist. In Mikrostrukturanalysen wird eine Ablösung der LSM Körner vom Elektrolyten und eine $La_2Zr_2O_7$ Bildung festgestellt [112]. Zudem sind die Degradationsraten bei $850\,°C$ ($950\,°C$) signifikant kleiner als bei $T = 750\,°C$ [88]. Eine ähnliche Temperaturabhängigkeit der Degradation wird auch an ASCs mit Doppelschicht LSM-Kathode festgestellt. Im H_2-H_2O (50/50) Betrieb wird bei $T = 750\,°C$ eine Alterung von 100-180 µV/h, bei $T = 850\,°C$ dagegen 98 µV/h festgestellt, wobei auf die Ursachen nicht eingegangen wird [98].

Die Aussagen in der Literatur zu Degradationsmechanismen von mischleitenden Kathodenmaterialien sind nicht einheitlich. Die vorgeschlagenen möglichen Ursachen für die Alterung des Materials gehen alle aus integralen Bestimmungen der Polarisationswiderstände oder Leistungsabnahmen hervor. Für das hier verwendete Kathodenmaterial LSCF fehlt eine systematische Untersuchung des temperatur- und zeitabhängigen Verhaltens der Zelle und im Besonderen des Kathodenanteils. Daher wird im Rahmen dieser Arbeit die Temperatur- und Zeitabhängigkeit der einzelnen Polarisationswiderstände untersucht, um den Einfluss der Temperatur auf die Alterung der einzelnen Polarisationsprozesse zu analysieren und zu quantifizieren. Aus diesen Ergebnissen können dann, durch die Berechnung der k^δ - und D^δ - Werte Aussagen über mögliche Degradationsmechanismen gemacht werden. XRD Messungen können zudem erste Hinweise auf mögliche Phasenumwandlungen geben.

3 Proben, Messtechnik, Messablauf

3.1 Proben: Anodengestützte Zellen

Die in dieser Arbeit untersuchten Einzelzellen wurden am Forschungszentrum Jülich hergestellt. Abbildung 3.1 zeigt ein Foto (a), den schematischen Aufbau inklusive der Schichtdicken (b) und einen Ausschnitt der Bruchfläche, aufgenommen mittels Rasterelektronenmikroskop (c). Das REM Bruchbild zeigt einen Teil der porösen Anode, den dichten Elektrolyten, die GCO Zwischenschicht sowie einen Teil der porösen Kathode. Die anodengestützten Zellen sind 5 x 5 cm^2 groß und bestehen aus einem 1 mm dicken Ni/8YSZ Anodensubstrat, der mechanisch stabilen Komponente der ASC. Die Anodensubstrate werden mittels des am FZJ entwickelten Coat-Mix Verfahren hergestellt. Dazu werden 56 % NiO (J.T. Baker, USA) und 44 % YSZ (Unitec Ltd., GB) mit einem organischen Phenolformaldehydharz (Novolak-Harz, Fa. Bakelite) überzogen. Das so hergestellte Coat-Mix Pulver wird mit Hilfe einer Warmpresse mit 1 MPa bei $T = 120\,°C$ zu Platten verpresst und bei $T = 1285\,°C$ gesintert. Durch diesen Sinterschritt verbrennt der Binder und hinterlässt durchgehende Poren. Im Betrieb der Zelle wird das NiO zu Ni reduziert, sodass der Nickelgehalt des reduzierten Substrats 40 Vol.-% des Festkörperanteils beträgt [26]. Auf diesem Anodensubstrat befindet sich eine ca. 10 µm dicke Ni/8YSZ Anodenfunktionsschicht und der ca. 10 µm dicke Elektrolyt. Beide Schichten werden durch Vakuum Schlickerguss aufgebracht. Bei diesem Verfahren wird eine Suspension aus Pulver, Ethanol und einem Dispergiermittel (PEI, Aldrich) mittels Unterdruck durch das poröse Anodensubstrat gesaugt, wobei der Feststoffanteil an der Oberfläche als Schicht zurückbleibt. Das Pulver zur Herstellung der Anodenfunktionsschicht hat die gleiche Zusammensetzung wie das Anodensubstrat, es wird jedoch eine feinere Korngröße verwendet. Dasselbe Verfahren wird für den Elektrolyten eingesetzt, der Schlicker besteht dabei aus YSZ (Tosoh, Japan) [26]. Anodenfunktionsschicht und Elektrolyt werden zusammen bei $T = 1400\,°C$ gesintert. Eine $Ce_{0.8}Gd_{0.2}O_{2-\delta}$ (GCO, von Treibacher Auermet, Österreich) Zwischenschicht wird mittels Siebdruck auf den Elektrolyten aufgebracht. Siebdruck ist ein kostengünstiges mechanisches Druckverfahren, bei dem eine Paste durch die durchlässigen Bereiche eines Siebs gedrückt wird. Parameter, die die Schichtdicke beeinflussen, sind dabei die Viskosität der Paste, die Geschwindigkeit, mit der die Paste durch das Sieb gedrückt wird, sowie der Abstand von Sieb zu Substrat. Die GCO Schicht wird bei $T = 1300\,°C$ für $t = 3$ h gesintert, dies führt zu einer Schichtdicke von ca. 7 µm [6]. Durch die Zwischenschicht soll die chemische Reaktion zwischen LSCF und 8YSZ und damit die Bildung von isolierendem $SrZrO_3$ verhindert werden.

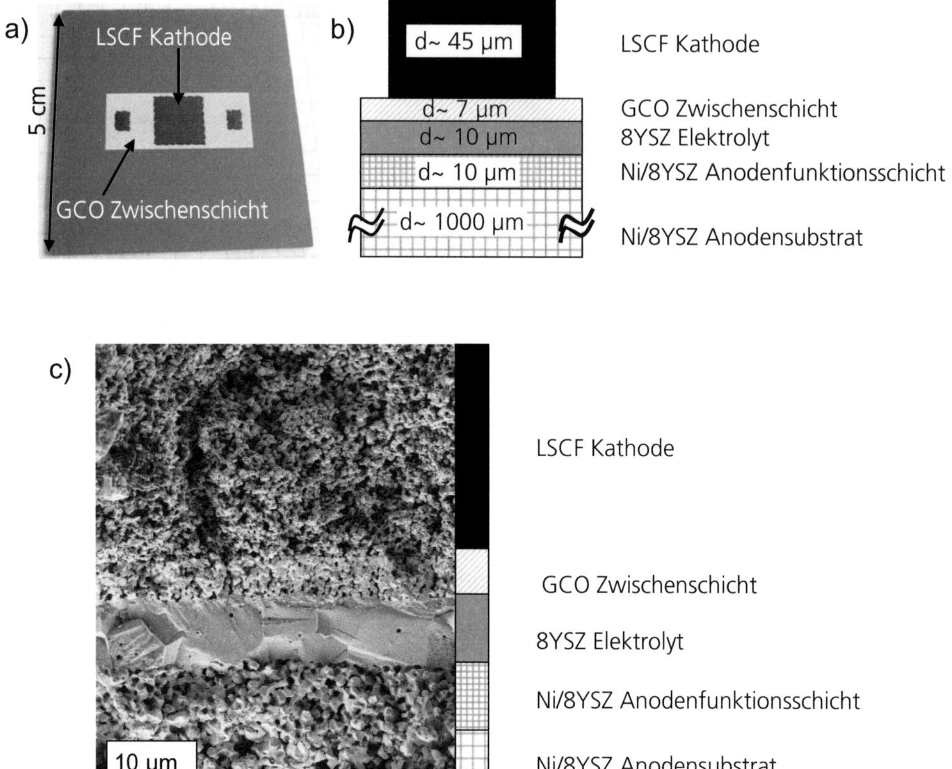

Abbildung 3.1 Aufbau der in dieser Arbeit verwendeten anodengestützten Einzelzelle (ASC)

(a) Foto einer 5 x 5 cm² ASC, (b) Skizze der ASC mit Angaben zu Material und Schichtdicken der einzelnen Komponenten und (c) REM Bruchbild eines Ausschnitte aus der ASC mit Teil des Anodensubstrates, Anodenfunktionsschicht, dichtem Elektrolyten, GCO Zwischenschicht und Teil der porösen Kathode.

Auf die GCO Zwischenschicht wird die $La_{0.58}Sr_{0.4}Co_{0.2}Fe_{0.8}O_{3-\delta}$ Kathode mittels Siebdruck aufgebracht. Das LSCF Pulver in der unterstöchiometrischen Zusammensetzung auf dem A-Platz wird am FZJ mittels Sprühtrocknungsverfahren hergestellt. Dazu werden Nitratsalze der einzelnen Kationen als Ausgangsstoffe verwendet. Die Salze werden in destilliertem Wasser gelöst und in einen Heißluftstrom von 300 °C in einen Sprühturm gesprüht. Dabei entstehen Hohlkugeln der Größe 2-50 µm, die bei 700 – 1100 °C kalziniert werden, sodass sich die gewünschte Perowskitphase bildet [26]. Die für die Herstellung der anodengestützten Zellen relevanten Verfahren sind ausführlich bei Buchkremer [113], Mai [26] und Becker [3] beschrieben. Nach dem Sintern der LSCF Kathode bei $T = 1080$ °C für $t = 3$ h hat diese eine Schichtdicke von ca. 45 μm. Die Fläche der Arbeitskathode beträgt 10 x 10 mm², zwei äußere Elektroden in Gasflussrichtung vor und hinter der Kathode werden zur Kontrolle der Leerlaufspannung verwendet.

Aufgrund einer Parameterstudie aus dem Jahr 2005 [3] kann davon ausgegangen werden, dass die ASCs reproduzierbar hergestellt sind. Beim Vergleich der Zellleistungen von 12 baugleichen Zellen wurde eine maximale Abweichung von 6 % festgestellt. In diese Abweichung gehen Schwankungen der Zellherstellung, Messunsicherheiten der elektrischen Messtechnik und Schwankungen beim Einbau der Zelle in den Messplatz ein. Die Schwankungen von nur 6 % spiegeln eine für die SOFC Entwicklung extrem hohe Reproduzierbarkeit wieder [3]. Für die hier vorliegende Arbeit wird angenommen, dass die beobachteten unterschiedlichen Verläufe der Verlustprozesse nur durch die Änderung der Betriebsparameter (Temperatur, Zeit) begründet sind.

3.2 Messtechnik zur elektrischen Charakterisierung

3.2.1 Messplatz

Die elektrische Charakterisierung der ASCs erfolgt mittels elektrochemischer Impedanzspektroskopie. Zusätzlich werden Strom – Spannungs - Kennlinien (U-I-Kennlinien) aufgenommen, um die Änderung der Leistung über der Zeit zu untersuchen. Die Proben werden dazu in einem Hochtemperaturmessplatz am IWE vermessen, dessen Konzept von der Siemens AG entwickelt und am IWE modifiziert und erweitert wurde [114]. Die zu charakterisierende Zelle befindet sich in einem Aluminiumoxid (99.7 % Al_2O_3) Gehäuse, das sowohl in oxidierender als auch reduzierender Atmosphäre chemisch stabil ist. Eine Gasmischbatterie dient zur Bereitstellung verschiedener Gasmischungen, mit denen die Probe versorgt wird. Der gesamte Messaufbau befindet sich in einem elektrisch heizbaren Ofen, so dass die Betriebstemperatur der Probe durch die Ofentemperatur über einen Bereich von $T = 500 - 900\ °C$ eingestellt werden kann. Die Temperatur wird über 3 Thermoelemente Typ S, im Kathodenkontaktklotz, Anodenkontaktklotz sowie unterhalb des Messkopfes gemessen. Die Gasmenge und – zusammensetzung wird über Durchflussregler (Mass Flow Controller, MFC's) computergesteuert. An der Kathodenseite steht Luft, Sauerstoff und Stickstoff zur Verfügung. Auf der Anodenseite können 5 Gase (H_2, O_2, CO, CO_2 und N_2) je nach der gewünschten Gaszusammensetzung gemischt werden. Abbildung 3.2 zeigt eine Skizze des Messplatzes mit Digitalmultimeter, Frequenzgenerator, Gasmischbatterie, Thermoelementen, Gas Zu- und Abführung sowie einer elektronischen Last. Mittels der elektronischen Last ist es möglich, an anodengestützten Zellen U/I-Kennlinien aufzunehmen, um die Leistungsfähigkeit der Brennstoffzelle bis zu einer Stromdichte von 2 A/cm² zu bestimmen. Dazu ist der Messplatz mit einer geregelten Konstantstromsenke zur Simulation eines elektrischen Verbrauchers ausgestattet. Mit Hilfe des Frequenzgenerators (Frequency Response Analyser FRA) Solatron 1260 der Firma Solatron Analytical kann der komplexe Innenwiderstand der Probe über einen weiten Frequenzbereich (mHz - MHz-Bereich) mittels elektrischer Impedanzspektroskopie (EIS) ermittelt werden.

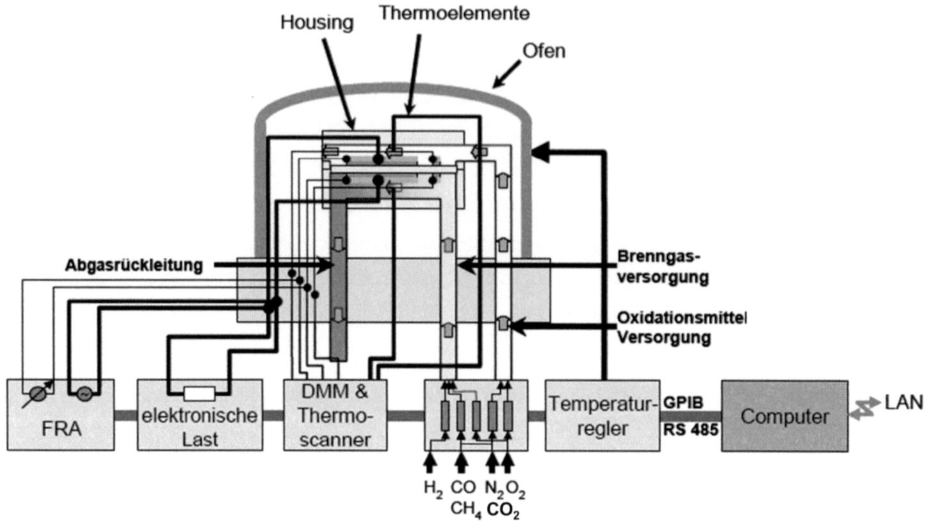

Abbildung 3.2 Prinzipieller Aufbau eines Einzelzellmessplatzes am Institut für Werkstoffe der Elektrotechnik am Karlsruher Institut für Technologie (KIT) [18]

Der Messplatz enthält neben einem im Ofen integrierten Housing eine Gasmischbatterie zur Bereitstellung verschiedener Gasmischungen, eine elektrische Last, Digitalmultimeter zur Erfassung von Spannungen, Strömen und Temperaturen und ein Impedanzmessgerät für Messungen unter verschiedenen Betriebsbedingungen.

Die sich bei Zellmessungen einstellenden Zellspannungen sowie Referenz- und Verlustspannungen werden über ein Digitalmultimeter (DMM) gemessen. Der gesamte Messplatz sowie der Messablauf werden über einen PC skriptgesteuert. Eine gute Übersicht und detaillierte Beschreibung der einzelnen Komponenten findet sich in Becker [3].

Während der elektrischen Charakterisierung der Proben werden kontinuierlich Impedanzspektren aufgenommen, um das elektrische Verhalten über der Zeit zu analysieren. Bei einzelnen ASCs werden zusätzlich während der Abkühlphase Impedanzmessungen aufgenommen, um die Verluste in Abhängigkeit der Temperatur zu untersuchen. Die Impedanzmessungen werden je nach Betriebsbedingung in einem Frequenzbereich von 20 und 70 mHz bis 1 MHz durchgeführt, um das komplette Verlustspektrum der Elektrodenschichten zu erfassen. Aufgrund eines relativ kleinen Gesamtpolarisationswiderstands einer ASC von ca. 200 mΩ/cm^2 bei T = 750 °C (ca. 1 Ω/cm^2 bei T = 600 °C und ca. 100 mΩ/cm^2 bei T = 900 °C) wird bei allen Impedanzmessungen Stromanregung verwendet, um bei hohen Frequenzen hohe Ströme zu vermeiden. Die Amplitude des Anregungsstromes wurde so gewählt, dass die Amplitude der Spannungsantwort den Wert von 12 mV nicht übersteigt. Eine Übersicht über die verwendeten Parameter der Impedanzmessungen findet sich im

Anhang 7.3. Das für die elektrochemischen Impedanzspektren verwendete Gerät Solatron erreicht für Widerstände zwischen 100 mΩ und 1 Ω eine Genauigkeit von 1 %. Dies kann für die in dieser Arbeit durchgeführten Messungen als ausreichend genau angesehen werden. Einzig bei der Quantifizierung des sehr kleinen Kathodenwiderstandes von ca. 7 mΩ/cm^2 bei T = 900 °C liegt die Genauigkeit im Bereich von 1-10 %, dies wird in Kapitel 5.1.3 angesprochen.

Bei den ASCs dient ein 1 cm^2 Ni-Netz (3487 Maschen/cm^2) als Anoden-Kontaktnetz. Auf der Kathodenseite wird ein Goldnetz (1024 Maschen/cm^2) zur Kontaktierung verwendet. Der Aufbau ist in Abbildung 3.3 im Querschnitt gezeigt.

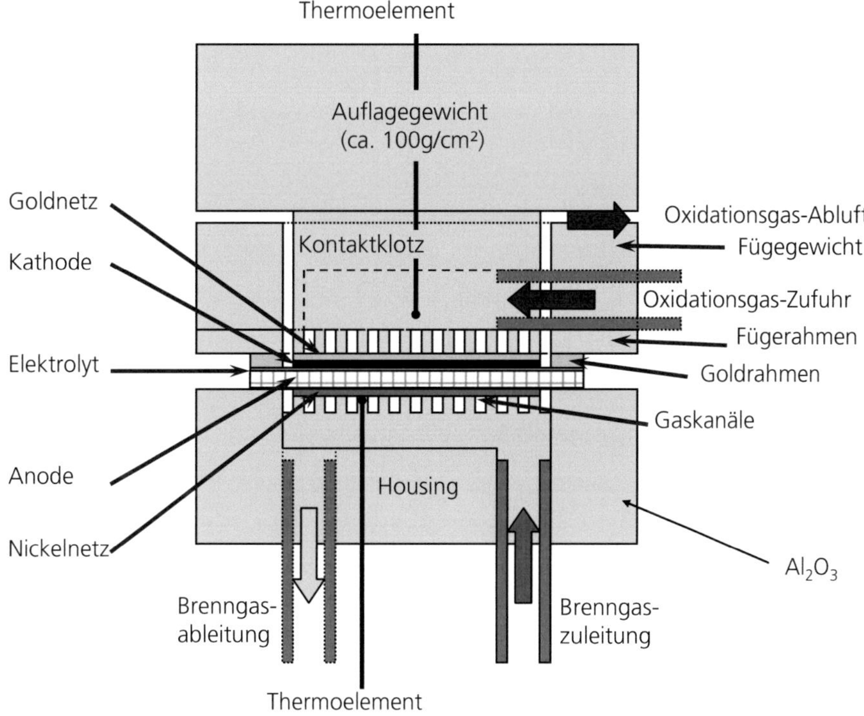

Abbildung 3.3 Kontaktierung der ASC im Al$_2$O$_3$ Housing für die Langzeitmessungen.

Das 1 mm dicke Anodensubstrat liegt bündig auf dem Housing auf und dichtet damit den anodenseitigen Gasraum ab. Auf der Kathodenseite wird ein 350 µm dicker Goldrahmen aufgelegt, der in der Fügephase der Messung, siehe 3.2.2, leicht anschmilzt und durch das aufgelegte Gewicht zur Abdichtung des kathodenseitigen Gasraums führt. Um eine Reoxidation des Anodensubstrates bei minimalen Undichtigkeiten des Aufbaus zu verhindern, wird die Haube, in der der gesamte Messkopf untergebracht ist, während der Messung kontinuierlich mit 500 ml/min N$_2$ gespült.

3.2.2 Messablauf

Zur Untersuchung der zeitabhängigen Polarisationswiderstände einer ASC wurden die Zellen mit einer aktiven Elektrodenfläche von 1 cm² (Größe der siebgedruckten LSCF Kathode) am IWE in Einzelzellmessplätzen, wie in Kapitel 3.1 beschrieben, mittels U/I-Kennlinien und Impedanzspektroskopie elektrochemisch charakterisiert. Der Messablauf wurde dabei so gewählt, dass die Messergebnisse vergleichbar sind. Die Einzelzellmessungen laufen folgendermaßen ab:

1. Fügephase: Aufheizen der Zelle auf T = 900 °C mit 2 h Haltezeit in Luft (Kathode) und N_2 (Anode)

2. Abkühlen auf Reduktionstemperatur (hier: 800 °C)

3. Reduktionsphase: schrittweise Erhöhung des H_2-Anteils im Brenngas auf 100 %

4. Einstellen der Temperatur für die Langzeitmessung (T = 600, 750 oder 900°C)

5. Einstellung der Befeuchtung (5 % Wasserdampf am Gaseinlass der Zelle)

6. Start Langzeitcharakterisierung (t = 1000 h) mit Impedanzspektren und U-I-Kennlinien bei unterschiedlichen Gasmischungen an der Anode, siehe Tabelle 3-1

7. Abschlusscharakterisierung mit Impedanzspektren und U-I-Kennlinien bei unterschiedlichen Temperaturen

8. Abkühlen der Zelle

Punkt 7 wurde dabei nur an ausgewählten Zellen durchgeführt.

Besonders wichtig ist neben denselben Einfahrbedingungen für alle Zellen (Schritt 1 - 5), dass die erste Impedanzmessung (Erste Messung von Schritt 6) für jede Zelle zur selben Zeit gestartet wird. So kann gewährleistet werden, dass jede Langzeitmessung nach der gleichen „Gesamt-Messzeit" erfolgt, also der Zeit ab dem Aufheizen der Zelle. Damit wird die Alterung der einzelnen Prozesse von Anfang an erfasst, sodass die Degradationsverläufe zwischen den Zellen miteinander verglichen werden können. Langzeitmessungen mit ähnlichem Ablauf wurden schon im Rahmen der Dissertation Becker [3] durchgeführt. Allerdings wurde dabei an der Anodenseite lediglich die Brenngasausnutzung, also das Verhältnis H_2-H_2O variiert. Im Rahmen dieser Arbeit wurde zusätzlich Impedanzspektren bei einer CO-CO_2 Mischung an der Anode gemessen, um die anoden- und kathodenseitigen Polarisationsverluste separieren und quantifizieren zu können. Abbildung 3.4 zeigt eine Messsequenz, die in der Gesamtmesszeit von t = 1000 h alle t = 8 h (0 - 270 h) bis t = 14 h (270-1000 h) wiederholt wurde, hier am Beispiel von T = 750 °C. Die Messsequenz besteht aus drei Bereichen, in denen die Gaszusammensetzung an der Anode variiert wird, während die Kathode konstant über die gesamte Messung mit 250 ml/min Luft beaufschlagt wird. Dadurch ist sichergestellt, dass die Veränderungen der Kathodenverluste während der

Messung nicht auf unterschiedliche Gaszusammensetzungen zurückzuführen sind, sondern einzig durch Zeit bzw. Temperatur verursacht werden.

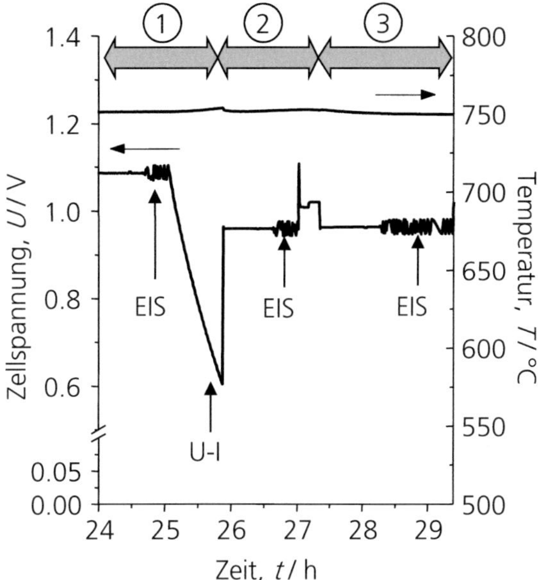

Abbildung 3.4 Eine Messsequenz der Langzeitmessungen am Beispiel T = 750 °C

Die Gasmischungen ① Luft/ H_2-H_2O (95/5), ② Luft/ H_2-H_2O (40/60) und ③Luft/ CO-CO_2 (50/50) werden in der Gesamtmesszeit von t = 1000 h alle t = 8 h (0 - 270 h) bis t = 14 h (270 h – 1000 h) wiederholt. Die Zeitpunkte der durchgeführten elektrochemischen Impedanzmessungen (EIS) und U-I-Kennlinien sind eingezeichnet. Für T = 600 °C wird die Gasmischung ③ nicht eingestellt, um eine mögliche Aufkohlung zu vermeiden.

Für die Langzeitmessungen bei T = 750 °C und 900 °C werden folgende Gaszusammensetzung für Kathode/Anode eingestellt: ① Luft/ H_2-H_2O (95/5) ② Luft/ H_2-H_2O (40/60) und ③ Luft/ CO-CO_2 (50/50). Nach Umschalten der jeweiligen Gasmischung wird eine Haltezeit von mindestens t = 30 min vor der Impedanzmessung eingefügt, um einen Gleichgewichtszustand im Gasraum und damit eine konstante Zellspannung zu gewährleisten.

Um die anoden- und kathodenseitigen Verlustprozesse zu separieren, werden in dieser Arbeit erstmals im Rahmen von Langzeitmessungen Impedanzspektren im CO-CO_2 Betrieb aufgenommen. Dies ist notwendig, um den Kathodenprozess vom Anodendiffusionsprozess zu trennen. Im Betrieb der ASC mit einem H_2-H_2O Gemisch an der Anode überlappt der Kathodenpolarisationsprozess P_{2C} mit dem Anodengasdiffusionsprozess P_{1A} [115]. Um den Kathodenpolarisationswiderstand eindeutig aus dem Gesamtpolarisationswiderstand zu identifizieren, wird der Anodendiffusionsprozess (Warburg Impedanz P_{1A}) durch eine CO-CO_2 Gasmischung an der Anode zu kleineren Frequenzen verschoben, siehe Abbildung 5.2. Dies ist möglich, da Frequenzbereich und Widerstand des Anodengasdiffusionsprozesses durch den molekularen Diffusionskoeffizienten $D_{mol,j}$ beeinflusst werden. Dieser setzt sich aus dem Knudsendiffusionskoeffizienten $D_{Knudsen,j}$ und dem Bulkdiffusionskoeffizieneten $D_{Bulki,j}$ [116], [117], [118], [119] zusammen. Gemäß der Chapman Enskog Theorie [120], [115] kann der binäre Diffusionskoeffizient $D_{Bulki,ij}$ wie folgt abgeschätzt werden:

$$D_{Bulk\_i,j} = 1.86 \cdot 10^{-3} T^{1.5} \frac{\left[(M_i + M_j)/M_i \cdot M_j \right]^{\frac{1}{2}}}{P \times \sigma_{i,j} \times \Omega_D} \qquad 3:1$$

Dabei beschreibt M_i die molare Masse, σ_{ij} den durchschnittlicher Kollisionsdurchmesser und Ω_D das Kollisionsintegral. In einer am IWE durchgeführten Arbeit wurden die Diffusionskoeffizienten für H_2-H_2O Betrieb und CO-CO_2 Betrieb berechnet und die Diffusionswiderstände experimentell bestimmt. Für $D_{H2O,H2}$ ergibt sich mit Gleichung 3:1 und den Daten Ω_D und σ_{jn} aus [120] für eine Mischung aus Wasser und Wasserstoff ein Wert für $D_{H2O,H2} = 7.659$ cm^2/s bei $T = 800$ °C während der Wert für eine Mischung aus CO und CO_2 bei $D_{CO,CO2} = 2.698$ cm^2/s liegt [121]. Aus dem um Faktor 2.8 kleineren Diffusionskoeffizienten in CO-CO_2 ergibt sich auch eine langsamere Diffusion, d.h. eine kleinere Zeitkonstante des Gasdiffusionsprozesses an der Anode und damit eine Verschiebung des Frequenzbereiches dieses Prozesses zu kleineren Frequenzen in der DRT. Messwerte (-■-) und Berechnungen (---) des Anodendiffusionswiderstandes in Abhängigkeit des CO_2 Anteils in der CO-CO_2 Mischung zeigen, dass der Diffusionswiderstand bei ca. 50 % CO_2 ein Minimum annimmt, siehe Abbildung 3.5 [121]. Der Gasdiffusionsprozess ist aufgrund des kleineren Diffusionskoeffizienten nicht nur zu kleineren Frequenzen verschoben, sondern der zugehörige Widerstand ist dadurch auch deutlich größer (ca. 25-30 mΩcm^2 bei p$H_2O = 0.6$ atm, ca. 60-80 mΩcm^2 bei $pCO_2 = 0.5$ atm [121]). Um einen möglichst kleinen Anodengasdiffusionswiderstand im CO-CO_2 Betrieb zu erreichen, wurde somit die Zusammensetzung von CO und CO_2 im Anodengas zu 50/50 gewählt.

Bei Berücksichtigung der thermodynamischen Daten der CO-CO_2 Mischung kann es bei niedrigeren Temperaturen möglicherweise zu Aufkohlung kommen. Daher wurde bei der Langzeitmessung bei $T = 600$ °C auf die Anodengasmischung CO-CO_2 verzichtet und nur mit den beiden unterschiedlichen H_2-H_2O Mischungen (① und ②) gemessen. Hier ist zur Separation der einzelnen Verlustmechanismen vor allem ein hoher H_2O Anteil von Bedeutung, der den Anodengasdiffusionswiderstand reduziert. Geyer [122] hat für $T = 950$ °C gezeigt, dass der Diffusionsanteil der Anode in Abhängigkeit des H_2O Gehalts in H_2 bei ca. 50 - 60% H_2O Anteil ein Minimum annimmt, siehe Abbildung 3.6.

Zusätzlich steigt der Verlustanteil der Kathode durch Elektrochemie bei niederen Temperaturen an, sodass das Verhältnis von Anodendiffusionswiderstand zu Kathodenwiderstand bei $T = 600$ °C und 60 % H_2O in H_2 (Gasmischung ②) günstig ist, um den zeitabhängig ansteigenden Kathodenwiderstand zu separieren und zu quantifizieren, wie in Kapitel 5.1.1 gezeigt wird.

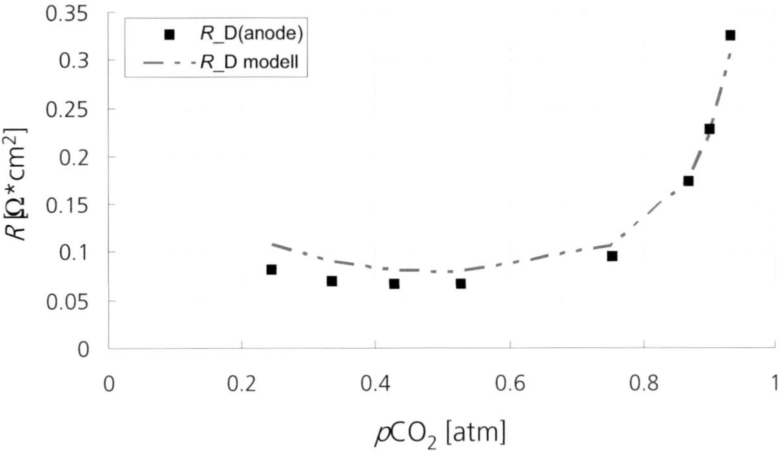

Abbildung 3.5 Diffusionswiderstand $R_{D(anode)}$ in Abhängigkeit des CO_2-Anteils und angefitte-te Funktion [121]

Sowohl der gemessene Anodendiffusionswiderstand, als auch der berechnete Verlauf zeigen ein Minimum bei ca. $pCO_2 = 0.5$ atm.

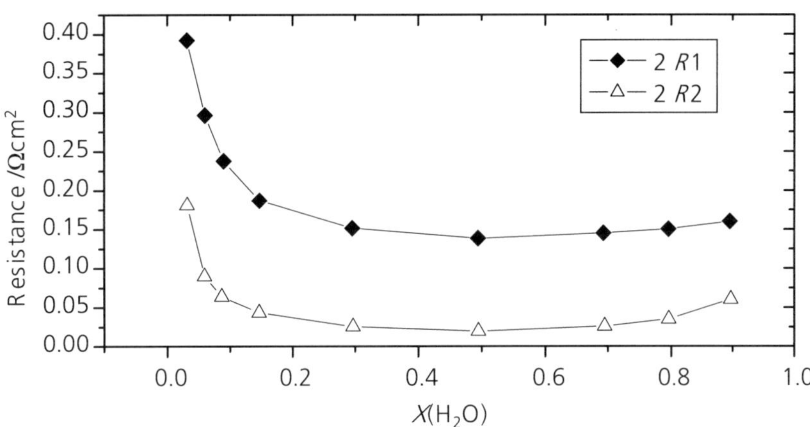

Abbildung 3.6 Abhängigkeit der Widerstände $R1$ (Charge transfer Reaktion und ionischer Widerstand im Cermet) und $R2$ (Gasdiffusionsprozess) einer symmetrischen Zelle vom Wasserdampfanteil in einer H_2-H_2O Mischung bei $T = 950$ °C [122]

In vorhergehenden Langzeitmessungen an identischen Zellen [3] wurden sowohl im Leerlauf als auch bei Stromdichten von 300 und 600 mA/cm² gleiche Degradationsraten beobachtet. Offensichtlich gibt es keinen Einfluss der Stromdichte auf die Zelldegradation, daher werden alle Impedanzmessungen im Rahmen dieser Arbeit im Leerlauf durchgeführt. Um die Impedanzspektren vergleichen zu können, muss die Zellspannung zu Beginn jeder

Messung gleich sein. Die maximale Abweichung bei den hier vermessenen Zellen beträgt < 0.2 %.

Zur Separation der anoden- und kathodenseitigen Verlustprozesse wurden insgesamt sieben Zellen für $t = 180 - 1033$ h vermessen. Tabelle 3-1 listet die Zellnummern der untersuchten Zellen, die Messtemperatur, Messzeit und die Gaszusammensetzung an Kathode und Anode auf.

Tabelle 3-1 Liste der anodengestützten Zellen, die in dieser Arbeit mittels Impedanzspektroskopie für $t = 180$ h - 1033 h vermessen wurden. Die Herstellungsparameter der Zellen sowie die Datenzuordnung finden sich in Anhang 7.1 und 7.2. Die Zellnummer gibt dabei die Messplatznummer gefolgt von einer laufenden Nummer bezüglich des Messplatzes an. D.h. alle Zellen bis auf Z2_159 wurden am SOFC Messplatz Nr. 1 elektrochemisch charakterisiert.

Zellnummer	$T_{Messung}$	$t_{Messung}$	Kathodengas	Anodengasmischung
Z2_159	750 °C	180 h	Luft	① H_2-H_2O (95/5), ② H_2-H_2O (40/60), ③ CO-CO_2 (50/50)
Z1_191	750 °C	702 h	Luft	① H_2-H_2O (95/5), ② H_2-H_2O (40/60), ③ CO-CO_2 (50/50)
Z1_194	750 °C	1094 h	Luft	① H_2-H_2O (95/5), ② H_2-H_2O (40/60), ③ CO-CO_2 (50/50)
Z1_196	600 °C	1030 h	Luft	① H_2-H_2O (95/5), ② H_2-H_2O (40/60)
Z1_197	900 °C	1033 h	Luft	① H_2-H_2O (95/5), ② H_2-H_2O (40/60), ③ CO-CO_2 (50/50)
Z1_198	750 °C	1012 h	Luft	① H_2-H_2O (95/5), ② H_2-H_2O (40/60), ③ CO-CO_2 (50/50)
Z1_199	750 °C	1140 h	Luft	① H_2-H_2O (95/5), ② H_2-H_2O (40/60), ③ CO-CO_2 (50/50)

3.2.3 Elektrochemische Impedanzspektroskopie (EIS)

Im Gegensatz zur U-I-Kennlinienmessung, bei der nur der Gesamtwiderstand der Zelle bestimmt wird, ermöglicht die elektrische Impedanzspektroskopie (EIS) die Aufteilung des Gesamtwiderstands in ohmschen Widerstand R_0 und Polarisationswiderstand R_{pol}. Der komplexe Innenwiderstand der Zelle wird bei sehr niederohmigen Proben durch Aufprägung eines sinusförmigen Wechselstroms $\Delta I(\omega) = i_0 \cdot \sin(\omega t)$ und Messen der Spannungsantwort $\Delta U(\omega) = u_0 \cdot \sin(\omega t + \phi)$ in Abhängigkeit der Kreisfrequenz ω bestimmt. In komplexer Schreibweise dargestellt, $\Delta I(\omega) = i_0 \cdot e^{j\omega t}$ und $\Delta U(\omega) = u_0 \cdot e^{j(\omega t + \phi(\omega))}$ kann aus diesen Daten der komplexe Innenwiderstand oder die komplexe Impedanz $\underline{Z}(\omega)$ ermittelt werden:

$$\underline{Z}(\omega) = \frac{\Delta \underline{U}(\omega)}{\Delta \underline{I}(\omega)} = \frac{u_0}{i_0} e^{j\phi(\omega)} = |\underline{Z}(\omega)| e^{j\phi(\omega)} = Z'(\omega) + jZ''(\omega) \qquad 3:2$$

Hierbei bezeichnet $|\underline{Z}(\omega)|$ den Betrag der komplexen Impedanz, $\varphi(\omega)$ die Phase sowie $Z(\omega)$ den Realteil und $Z'(\omega)$ den Imaginärteil des komplexen Innenwiderstandes. Abbildung 3.7 zeigt die Versuchsanordnung. Zur Bestimmung der U-I-Kennlinie wird die Zelle mit einem Laststrom beaufschlagt und die resultierende Spannung gemessen (Verschaltung auf der linken Seite). Mit der Verschaltung auf der rechten Seite kann durch die Aufprägung eines sinusförmigen Wechselstroms mit Hilfe des Impedanzmessgerätes (Frequency Response Analyser, FRA) die Spannungsantwort und daraus die komplexe Impedanz ermittelt werden. Das Messprinzip des Impedanzgerätes basiert dabei auf der orthogonalen Korrelation, bei der das Antwortsignal $u(t)$ mit zwei Referenzsignalen verglichen wird [3, 123]. Das aus dem Anregungssignal $i_A(t)$ generierte Referenzsignal ist in Phase mit dem Anregungssignal, während das andere gegenüber dem Anregungssignal um $\pi/2$ verschoben ist. Nach dem Multiplizieren des Antwortsignals $u(t)$ mit den beiden Referenzsignalen, wird $u(t)$ über die Zeitdauer T integriert. Daraus ergeben sich die Ausgangssignale des Impedanzmessgerätes, die proportional zu Real- und Imaginärteil der Impedanz $Z(\omega)$ sind.

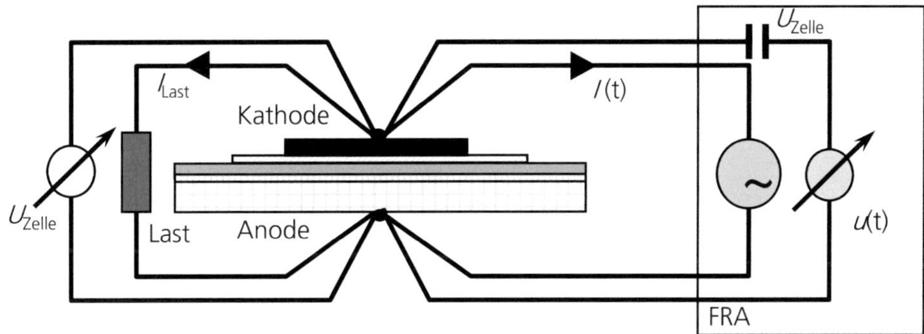

Abbildung 3.7 Versuchsanordnung zur Bestimmung des komplexen Innenwiderstandes einer ASC [1]

Zur Bestimmung der U-I-Kennlinie wird die Zelle mit einem Laststrom beaufschlagt und die resultierende Spannung gemessen (Verschaltung auf der linken Seite). Die komplexe Impedanz wird mittels eines Frequency Response Analyser (FRA) aufgenommen, wie die Anordnung rechts zeigt. Dazu wird auf die Zelle ein sinusförmiger Wechselstrom aufgeprägt und die Spannungsantwort in Abhängigkeit der Kreisfrequenz gemessen.

Da die an den Elektroden der Festelektrolyt-Brennstoffzelle ablaufenden Prozesse mehrheitlich thermisch aktiviert sind, siehe Ergebnisse in Kapitel 5.2 und [115] ist es notwendig, bei den Impedanzmessungen einen extrem breiten Frequenzbereich (mHz - MHz-Bereich) zu durchlaufen. Nur so ist es möglich, ausreichend Informationen über die existierenden Prozesse zu erhalten. Besonders an den hochfrequenten (kHz/MHz- Bereich) sowie den niederfrequenten (mHz-Bereich) Enden des Messbereiches ist die Messung der Impedanz kritisch. Hier kann es durch die Induktivität der Leitungsführung oder durch die Verwendung von Referenzelektroden zur Entstehung von Artefakten kommen [124] [125].

4 Analyse und Auswertung

4.1 Elektrochemische Impedanzspektroskopie (EIS)

Abbildung 4.1 zeigt das Nyquist Diagramm (Darstellung Z' über Z) einer elektrochemischen Impedanzmessung.

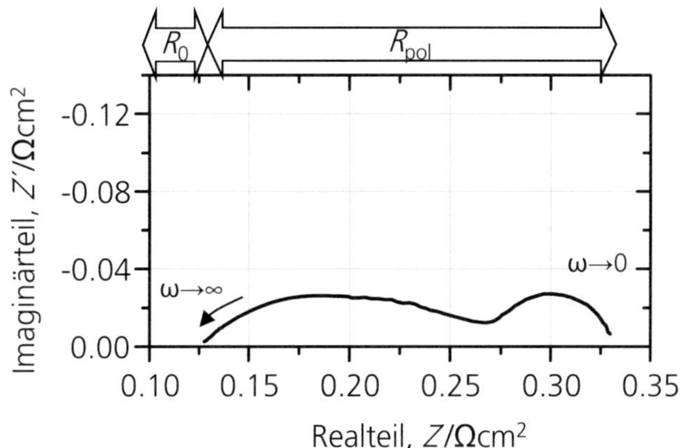

Abbildung 4.1 Nyquist Diagramm der Zelle Z1_198, t = 11 h, T = 750 °C

Kathode: Luft, Anode: CO-CO_2. Aus dem Diagramm lässt sich einfach aus dem hochfrequenten Schnittpunkt der Kurve mit der reellen Achse der ohmsche Widerstand R_0 und „zwischen" den Schnittpunkten der Polarisationswiderstand R_{pol} ablesen.

Der hochfrequente Schnittpunkt mit der reellen Achse gibt dabei den Wert für den ohmschen Widerstand R_0 an, während am niederfrequenten Schnittpunkt der Gesamtwiderstand der Zelle abgelesen werden kann. Es ist darauf zu achten, dass Leitungsimpedanzen zu vernachlässigen sind. Die zur Messung der ASCs verwendeten Messplätze am IWE wurden hinsichtlich der Leitungsimpedanzen optimiert, sodass diese für die Auswertungen aller EIS Kennlinien vernachlässigt werden können. Dies ist deutlich am Imaginärteil des Spektrums zu erkennen, der nicht positiv wird, d.h. nicht in die induktive Ebene reicht. Aus der Differenz von Gesamtwiderstand und ohmschen Widerstand ergibt sich der Gesamtpolarisationswiderstand R_{pol} der Zelle. Diese relativ einfache Auswertung der Impedanzspektren gibt einen ersten Überblick über R_0 und R_{pol} abhängig von den verwendeten Betriebsparametern. Allerdings lässt der Gesamtpolarisationswiderstand R_{pol} keine Rückschlüsse auf die individuellen Verlustprozesse von Anode und Kathode zu. Um R_{pol} in die einzelnen Prozesse aufzuschlüsseln, kann ein elektrisches Ersatzschaltbild entworfen werden. Die Erstellung eines Ersatzschaltbildes impliziert allerdings die Kenntnis von Anzahl und Frequenzbereich der im Polarisationswiderstand enthaltenen Verlustprozesse. Zur Analyse der Impedanzspektren finden sich in der Literatur verschiedene Ansätze. Die Bedeutung der elektrochemischen Impedanzspektroskopie für die Entwicklung der SOFC wurde von Jensen [126] zusammengestellt. Er beschreibt die verschiedenen Methoden wie (i) differentielle Impedanzanalyse (DIA) [127], (ii) die Überführung der Impedanzspektren in die Darstellung der verteilten Relaxationszeiten (DRT) entwickelt von Schichlein [128] und angewendet von Leonide [115] und Smirnova [129] und (iii) die Analyse der Unterschiede in den Impedanzspektren (ADIS) eingeführt von Hagen [88], Barfod [130] und Jensen [131]. Die ADIS Methode analysiert Unterschiede von Impedanzspektren- Paaren, die bei verschiedenen Testbedingungen vermessen wurden. Es können Verlustanteile separiert werden, die komplett mit anderen Prozessen überlappen. Die DIA und DRT Methode dagegen ist anwendbar, wenn individuelle Prozesse Unterschiede in ihrer charakteristischen DRT zeigen. Alle Methoden können die Auflösung sich überlagernder Prozesse im Impedanzspektrum verbessern und sind leistungsfähige Werkzeuge ohne die Notwendigkeit von Modell-Annahmen.

In der vorliegenden Arbeit wird zur weiteren Analyse des R_{pol} das Verfahren der verteilten Relaxationszeiten (DRT), siehe Kapitel 4.2 angewendet, um Informationen über die Frequenzbereiche der einzelnen Verluste zu erhalten. Mit Hilfe der gefundenen Frequenzen als Startwerte können die Impedanzkennlinien an ein am IWE entwickeltes Ersatzschaltbild [115] angefittet werden, siehe Kapitel 4.3.

4.2 Relaxverfahren (DRT)

Das am IWE entwickelte Relaxverfahren [62], [132] beruht auf dem Konzept der verteilten Relaxationszeiten (Distributed Relaxation Times, DRT). Die dabei gemessenen Impedanzkurven werden in die Ebene der Relaxationszeiten transformiert und durch eine Verteilungsfunktion über der Relaxationszeit $g(\tau)$ dargestellt. Unter Annahme von zwei verschiedenen Prozessen wird nach einer Darstellung der Impedanz gesucht, bei der keine Überlappung der einzelnen Verlustprozesse auftritt und somit eine höhere Frequenzauflösung möglich ist. Die in Abbildung 4.2 dargestellte Impedanzkurve kann mittels einer Serienschaltung zweier RC Glieder beschrieben werden. Wird die Impedanz eines idealen Elektrodenprozesses (RC Element) als Verteilungsfunktion γ der Zeitkonstante τ beschrieben, so ergibt sich für jeden Prozess eine einzelne Relaxationszeit τ, die sich in einem Dirac Impuls darstellen lässt. Da die Prozesse in der Brennstoffzelle nicht „ideal" sind, sondern durch z.B. Inhomogenitäten in der Kornverteilung, Änderung der lokalen Gaszusammensetzung, etc. „reale" Prozesse sind, lassen sie sich nicht mehr durch ein RC Element beschreiben. Dies führt zu einer Verbreiterung der Dirac- Impulse und zu einer sog. Allgemeinen Verteilungsfunktion. Die Methode der verteilten Relaxationszeiten nutzt zur Beschreibung des Impedanzspektrums 80 seriell geschaltete *RC* Elemente. Diese elektrischen Elemente sind keinen physikalischen Prozessen zuzuordnen, sondern beschreiben die Dynamik des Systems. Die Analyse der Impedanzspektren führt zu einer Verteilungsfunktion von Relaxationsprozessen $g(\tau)$, die die frequenzabhängigen Verluste des Systems beschreiben (4:1).

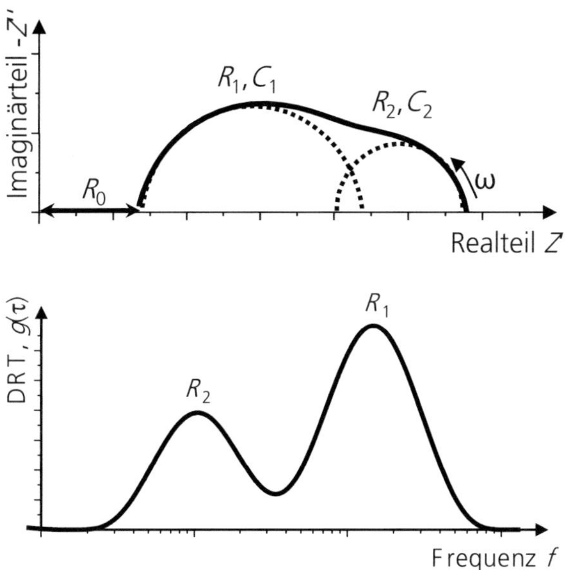

Abbildung 4.2 Schema der Methode der verteilten Relaxationszeiten

Die beiden Prozesse R_1, C_1 und R_2, C_2, die im Impedanzplot oben überlappen, lassen sich im Frequenzbereich durch die Methode der verteilten Relaxationszeiten frequenzaufgelöst einzeln darstellen.

Die Verteilungsfunktion liefert eine wesentlich höhere Auflösung im Vergleich zu den Impedanzdaten, da die dynamischen Prozesse frequenzabhängig getrennt werden.

$$\underline{Z}(j\omega) = \int_0^\infty \frac{g(\tau)}{1 + j\omega\tau} d\tau \qquad\qquad 4:1$$

Um die Verteilungsfunktion $g(\tau)$ zu ermitteln, ist die Lösung des Fredholm Integrals 1.Art notwendig. Zur Lösung der Verteilungsfunktion wird ein numerisches Iterationsverfahren verwendet, das auf der Regularisierung nach Tichonov basiert. Dabei beeinflusst die Wahl des Regularisierungsparameters λ die Stabilität der Lösung. Steigende Werte für λ führen zu einer erhöhten Stabilität der Lösung, allerdings geht dafür teilweise der Informationsgehalt der Messdaten verloren. Wird der Wert für λ zu klein gewählt, so schwingt die Lösung auf. Dann finden sich mehr Prozesse als tatsächlich vorhanden sind. Im entgegengesetzten Fall, wenn λ zu groß gewählt wird, ist die Lösung stabil. Im Extremfall enthält diese jedoch nur noch einen breiten Prozess. Dieser beschreibt die Vorgänge und den Elektroden der Zelle nicht mehr ausreichend exakt. [3] Die Tichonov Regularisierung wird mit dem Programm „FTIKREG" [8] realisiert. Der Algorithmus wurde von Volker Sonn, IWE in ein benutzerfreundliches Microsoft Excel Sheet „Tikcel 0.99.xls" implementiert.

Mit der Methode der verteilten Relaxationszeiten können die Frequenzbereiche der vorhandenen Polarisationsprozesse aufgelöst werden. Außerdem gibt die Fläche unter der Kurve für jeden Prozess den Wert des Widerstandes an. Diese „Anfangswerte" werden im CNLS Fit genutzt, um das in Kapitel 4.3 vorgestellte Ersatzschaltbild anzufitten.

4.3 Ersatzschaltbild

Um die einzelnen Verlustanteile von Anode und Kathode zu identifizieren und zu quantifizieren, müssen die ablaufenden Prozesse bekannt sein und es muss ein elektrisches Ersatzschaltbild existieren, das zum Anfitten der Impedanz der einzelnen Elemente an die Gesamtimpedanz der Zelle verwendet werden kann. Der Schichtverbund der anodengestützten Zellen und die darin ablaufenden Vorgänge sind hochkomplex, sodass die Erstellung eines elektrischen Ersatzschaltbildes, dessen Elemente physikalisch begründet sind, mit einem hohen Messaufwand und nur mit sehr viel Erfahrung bei der Analyse der Impedanzspektren möglich ist. In der Literatur finden sich dementsprechend relativ wenige Ersatzschaltbilder für anodengestützte Zellen. Mit einer Kombination aus Impedanzmessungen an symmetrischen Zellen und anodengestützten Zellen hat Barfod [130] ein Ersatzschaltbild für anodengestützte Zellen mit LSM-YSZ Kathode erstellt. Es besteht aus einer Induktivität, einem ohmschen Widerstand und fünf RQ Elementen. Davon werden bei $T = 700\ °C$ zwei RQ Elemente mit $f = 18000$ und $100\ Hz$ der Kathode und drei RQ Elemente bei $f = 1000$, 20 und $3\ Hz$ der Anode zugeordnet. Die Autoren schränken ein, dass die Informationen aus den Messungen nicht detailliert genug sind, um die einzelnen Elemente z.B. als Gerischer- oder Warburg Element für Kathode und Anode zu definieren.

Mehrere Ansätze, die Impedanzantwort durch elektrische Ersatzschaltbilder zu beschreiben und die physikalische Ursache der einzelnen Elemente zu analysieren, gibt es für symmetrische Anordnungen.

- Esquirol [133] beschreibt den Impedanzverlauf für symmetrische Zellen mit $La_{0.6}Sr_{0.4}Co_{0.2}Fe_{0.8}O_{3-\delta}$ Kathode und GCO Elektrolyt mit einem Ersatzschaltbild aus einer Induktivität, einem ohmschen Widerstand und zwei RQ Elementen ($R_H Q_H$ und $R_L Q_L$) . Der hochfrequente Widerstand R_H wird der Sauerstoffadsorption und dem Oberflächenaustausch zugeordnet, während der niederfrequente Widerstand R_L die Gasdiffusion in den Poren beschreibt und im Impedanzspektrum nur bei niederen Sauerstoffpartialdrücken sichtbar ist.

---

[8] Service group Scientific Data Processing at Freiburg Materials Research Center, „User Manual FTIKREG: A program for the solution of Fredholm integral equations of the first kind", 2008

- Grunbaum [134] schlägt für symmetrische Zellen mit $La_{0.6}Sr_{0.4}Co_{0.8}Fe_{0.2}O_{3-\delta}$ Kathode und GCO Elektrolyt ein Ersatzschaltbild aus einem ohmschen Widerstand, einem Warburg Element für den hochfrequenten und ein RQ Element für den niederfrequenten Kathodenprozess vor. Einigkeit herrscht auch hier über den niederfrequenten Prozess, der der Gasdiffusion zugeordnet wird. Der hochfrequente Kathodenverlust lässt sich am sinnvollsten mit einem Warburg Element anfitten und wird Oberflächenprozessen und Sauerstoffdiffusion im Gitter zugeschrieben.

- Für eine LSM-YSZ Kathode auf YSZ Elektrolyt und Pt Gegenelektrode wird von Kim [135] ein Ersatzschaltbild mit einem ohmschen Widerstand und drei RQ Elementen entwickelt. Der hochfrequente Halbkreis wird dabei dem Sauerstoffionentransport von der Dreiphasengrenze zum Elektrolyten zugeordnet, der „Zwischen-Frequenz-Halbkreis" der O^- Oberflächendiffusion entlang der LSM Oberfläche und der niederfrequente Halbkreis der Gasphasendiffusion.

Für eine ASC mit LSCF Kathode der Zusammensetzung $La_{0.58}Sr_{0.4}Co_{0.8}Fe_{0.2}O_{3-\delta}$ und GCO Zwischenschicht gibt es bisher kein physikalisch begründetes Ersatzschaltbild. Leonide [115] hat 2008 ein Ersatzschaltbild mit Hilfe der Methode der verteilten Relaxationszeiten (DRT) in einer hoch auflösenden Impedanzstudie entwickelt. Dabei wurde zur Untersuchung der Kathodenprozesse die Gasmischung an der Anode konstant gehalten, während der Sauerstoffpartialdruck an der Kathode variiert wurde. Um die Frequenzbereiche und die Abhängigkeiten der Anodenverluste zu untersuchen, wurde umgekehrt die Anode mit unterschiedlichen Verhältnissen von H_2-H_2O beaufschlagt, während die Kathodenatmosphäre konstant gehalten wurde. Aus den Impedanzmessungen wurden die Frequenzbereiche der einzelnen Verlustprozesse mittels DRT voridentifiziert und als Parameter im CNLS Fit eingesetzt. Somit konnten Anzahl und Frequenzbereiche der Kathoden- und Anodenverluste einer ASC bestimmt werden. Für den CNLS fit der Impedanzspektren wird das Softwareprogramm ZView[9] verwendet. Die hohe Auflösung der DRT erlaubt somit die Identifikation von Verlustprozessen, deren charakteristische Frequenzen sich nur um eine halbe Dekade unterscheiden. Dies kann im Vergleich zwischen EIS und DRT in Abbildung 4.3 an einer anodengestützten Zelle gezeigt werden. Während die einzelnen Polarisationsprozesse in der Darstellung der Impedanz im Nyquist Diagramm überlappen, lässt sich der Gesamtpolarisationswiderstand in der Darstellung der DRT in fünf Prozesse P_{1C}, P_{2C}, P_{1A}, P_{2A} und P_{3A} aufteilen [115], [136]. Tabelle 4-1 zeigt die Verlustanteile, die dazugehörigen Frequenzbereiche sowie die Betriebsbedingungen (Temperatur und Partialdrücke: Sauerstoff (kathodenseitig), Wasserstoff und Wasserdampf (anodenseitig)) die den jeweiligen Verlustprozess beeinflussen. Prozesse, die der Kathode zugeordnet werden können, werden mit P_{xC} bezeichnet, Anodenverlustprozesse mit P_{xA}.

---

[9] D. Johnson, ZPlot, ZView Electrochemical Impedance Software, Version 2.3b, Scribner Associates, Inc. 2000

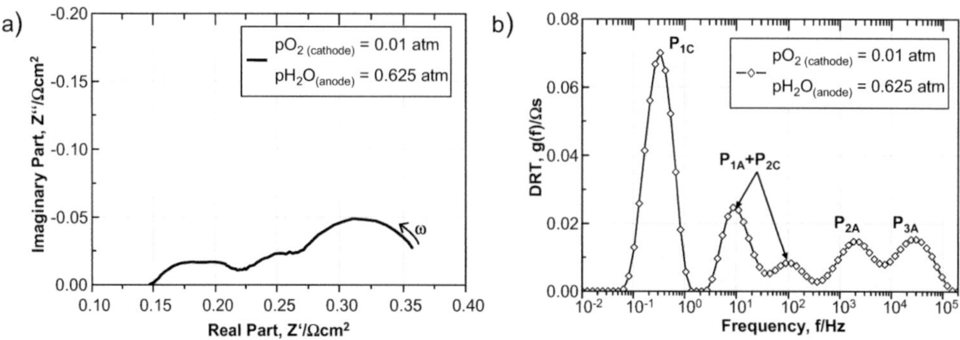

Abbildung 4.3 EIS und DRT einer anodengestützen Zelle im Vergleich [115]

(a) Impedanzspektrum einer SOFC Einzelzelle bei T = 800 °C, $pO_{2(Kathode)}$ = 0.01 atm, $pH_2O_{(Anode)}$ = 0.625 atm und (b) entsprechende Verteilungsfunktion der Relaxationszeiten (DRT). Im Gegensatz zum Nyquistplot (a) sind in der Verteilungsfunktion mindestens 5 Prozesse sichtbar.

Tabelle 4-1 Verlustanteile einer ASC bei T = 717 °C, Elektrodenfläche: 1 cm², Anodengas: H_2 (9.4 % H_2O), 250 sccm Oxidationsmittel: Luft, 250 sccm, im Leerlauf (OCV) [115]

Verlust-prozess	Frequenz/Hz	ASR/mΩcm²	Abhängigkeit	Physikalischer Ursprung
P_{1C}	0.3-10	100	$p(O_2)$, T(klein)	Gasdiffusion in der Kathode
P_{2C}	100-500	50	$p(O_2)$, T	O_2-Einbau und O^{2-} Diffusion in der Kathode
P_{1A}	4-20	150	$p(H_2)$, $p(H_2O)$, T(klein)	Gasdiffusion im Anodensubstrat
P_{2A}	2000-8000	50	$p(H_2)$, $p(H_2O)$, T	Gasdiffusion , gekoppelt mit Ladungstransferreaktion und ionischer Transport in der Ni/8YSZ Anoden-funktionsschicht
P_{3A}	12000-25000	130	$p(H_2)$, $p(H_2O)$, T	

Auf der Kathodenseite beschreibt P_{1C} die Gasdiffusion in der Kathode, die nur bei sehr kleinen pO_2 an der Kathode (pO_2 < 0.05 atm) sichtbar wird. Die Elektrochemie der Kathode, d.h. der Sauerstoffeinbau ins Material und die Sauerstoffionendiffusion im LSCF wird durch den Prozess P_{2C} beschrieben. Die elektrochemischen Vorgänge in der Kathode werden in Kapitel 2.5.3 ausführlich behandelt. Auf der Anodenseite gibt es im niederfrequenten Bereich ebenfalls einen Diffusionsprozess, P_{1A} der von der Gasmenge und – zusammen-setzung an der Anode abhängig ist. Die beiden Elektrochemie-Prozesse (Gasdiffusion, gekoppelt mit der Ladungstransferreaktion und dem ionischen Transport in der Ni/YSZ Anodenfunktionsschicht) P_{2A} und P_{3A} im Frequenzbereich von 2000 - 25000 Hz zeigen im Gegensatz zu P_{1A} eine starke Temperaturabhängigkeit. Um die einzelnen Verlustanteile quantitativ auszuwerten, wurde im Rahmen der oben genannten Impedanzstudie das in Abbildung 4.4 gezeigte Ersatzschaltbild entwickelt. Die 5 seriellen Impedanzelemente können alle einem physikalischen Prozess zugeordnet werden. Die Prozesse P_{1C}, P_{2A} und P_{3A} werden jeweils durch ein RQ Element beschrieben, die Prozesse P_{1A} und P_{2C} werden durch ein „generalized finite length Warburg Element" (G-FWS Element) und ein Gerischer Element beschrieben.

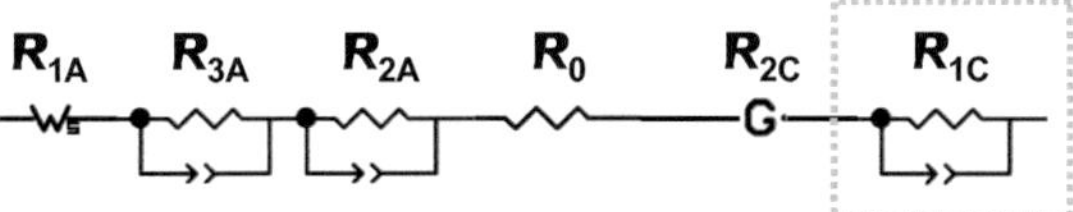

Abbildung 4.4 Elektrisches Ersatzschaltbild aus [115], das zur Separation der anoden- und kathodenseitigen Polarisationsverluste verwendet wurde.

Anodenseitig werden die Prozesse mit einem Warburg Element (R_{1A}) und zwei RQ Elementen (R_{2A} und R_{3A}) beschrieben. R_0 gibt den ohmschen Widerstand des Elektrolyten an. Kathodenseitig beschreibt das Gerischer Element R_{2C} und ein RQ Element R_{1C}.

Eine Besonderheit gibt es bei den beiden Peaks ($P_{1A} + P_{2C}$) bei 10 und 100 Hz in Abbildung 4.3. Wie Leonide [137] zeigt, wird das G-FWS Element nicht durch einen einzelnen Peak in der DRT beschrieben. Aufgrund der Asymmetrie erscheint das G-FWS Element in der DRT durch eine Serie immer kleiner werdender Peaks. Daher ist der Prozess P_{2C} bei ca. 100 Hz vom 2. Peak des G-FWS Elements, das die Gasdiffusion im Anodensubstrat beschreibt, überlagert. Die Kenntnis dieses Zusammenhanges ist essentiell, um die Änderungen der DRT bei der Analyse der Langzeitmessungen richtig zu deuten und den Kathodenverlust zu „erkennen". Das Problem der sich überlappenden Prozesse wird in dieser Arbeit gelöst, indem P_{1A} durch CO-CO_2-Mischungen an der Anode zu niederen Frequenzen verschoben wird, während der Frequenzbereich von P_{2C} durch konstante Luftversorgung an der Kathode weiterhin im Frequenzbereich $f = 20$ -100 Hz verbleibt. Aufgrund des konstant hohen Sauerstoffpartialdruckes an der Kathode von $pO_2 = 0.21$ atm wird der Prozess P_{1C} nicht berücksichtigt. Abbildung 4.5 zeigt daher das in dieser Arbeit verwendete elektrische Ersatzschaltbild ohne den Kathodengasdiffusionsanteil R_{1C}.

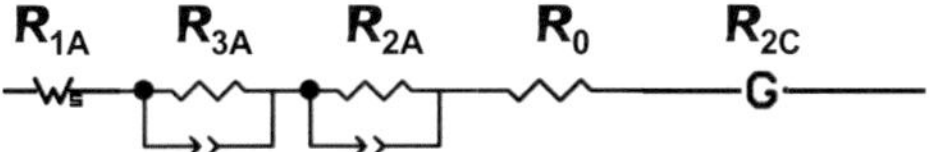

Abbildung 4.5 In dieser Arbeit verwendetes elektrisches Ersatzschaltbild

Aufgrund des konstant hohen Sauerstoffpartialdruckes an der Kathode von $pO_2 = 0.21$ atm wurde der Prozess P_{1C} nicht berücksichtigt.

Im Folgenden werden die Elemente und ihre Charakteristik in der Darstellung der DRT behandelt:

Der ohmsche Widerstand: Bewegen sich elektrische Ladungen oder Ionen in einem Leiter aufgrund eines elektrischen Feldes, so ergibt sich für die Impedanz $Z_R(\omega)$ in Abhängigkeit der Leitergeometrie (Querschnittsfläche A, Länge l) und der Leitfähigkeit σ der ohmsche Widerstand R, der unabhängig von der Frequenz ω ist:

$$\underline{Z}_R(\omega) = R = \frac{1}{\sigma} \cdot \frac{l}{A} \qquad\qquad 4:2$$

Das Warburg Element: Das Warburg Element (G-FWS: generalized finite length Warburg element) beschreibt diffusive Prozesse in einer endlichen Diffusionsschicht der Länge l (daher auch der Name *Finite Length*) [138]. Der Impedanzausdruck für das G-FWS Element lässt sich mit

$$\underline{Z}_{G-FWS}(\omega) = R_W \, \frac{\tanh\left[(j\omega T_W)^\alpha\right]}{(j\omega T_W)} \qquad\qquad 4:3$$

beschreiben [139].

Für die komplexe Impedanz einer idealen eindimensionalen Diffusion von Partikeln ist α gleich 0.5, T_W ist als l_d^2/D_i definiert, mit der effektiven Diffusionsdicke l_d und dem effektiven Diffusionskoeffizient der diffundierenden Spezies i. R_W beschreibt den dc Diffusionswiderstand. In dieser Arbeit wurden α - Werte von 0.42 - 0.46 erhalten. In Abbildung 4.6 (a) und (b) ist das Nyquistdiagramm und die dazugehörige theoretische DRT des simulierten G-FWS Elements mit R_W = 21.8 mΩ und T_W = 0.0783 s und α = 0.465 gezeigt. In diesem Fall ist die theoretische Funktion durch einen großen Peak bei der charakteristischen Frequenz definiert, gefolgt durch kleinere Peaks bei höheren Frequenzen [115].

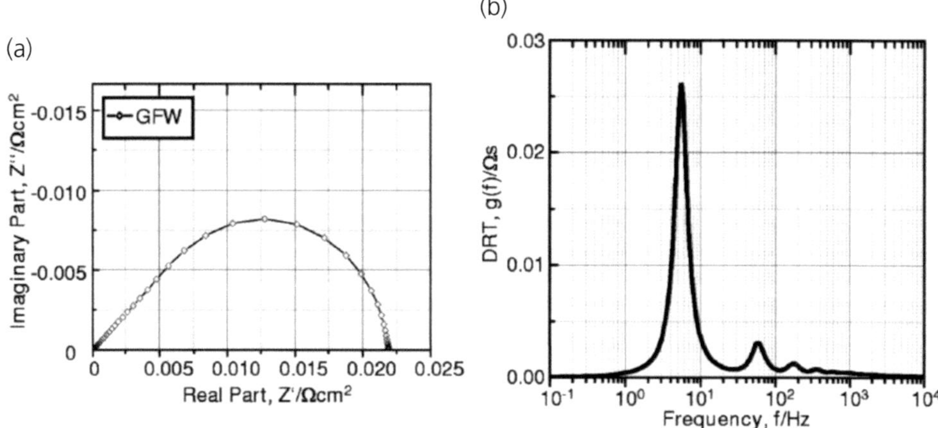

Abbildung 4.6 (a) Nyquistdiagramm eines G-FWS Elements und (b) die dazugehörige DRT [115]

Die DRT des G-FWS Elements ist durch einen großen Peak bei der charakteristischen Frequenz definiert, gefolgt durch kleinere Peaks bei höheren Frequenzen.

Das *RQ* Element: Aufgrund der dreidimensionalen Ausdehnung der Elektrode im Elektroden-Elektrolyt-System sowie der Porosität des Elektrodenmaterials ist eine Modellierung der Mikrostruktur durch eine zweidimensionale Geometrie eines Parallelplatten-Kondensators nur bedingt möglich. Die elektrochemischen Prozesse, die an den Elektroden stattfinden, weisen daher kein ideales *RC* Verhalten auf, sondern zeigen sich in der Ortskurvendarstellung durch eine Abflachung des Halbkreises. Die Elektrodenprozesse besitzen daher keine gemeinsame Relaxationszeit τ, sondern vielmehr eine breite Verteilung von Relaxationszeiten [140]. Um die komplexe Mikrostruktur der Elektroden und Inhomogenitäten im Material zu berücksichtigen, wird der Kondensator im *RC* Element durch ein Constant Phase Element (CPE) oder auch *Q* Element ersetzt [139]. Damit ist die Impedanz des *RQ* Elements wie folgt definiert:

$$\underline{Z}_{RQ}(\omega) = \frac{R}{1 + (j\omega)^{n_{RQ}} RY_0}$$

4:4

Eine Variation des Parameters n_{RQ} bewirkt eine Abflachung des Halbkreises in der Ortskurvendarstellung. Abbildung 4.7 zeigt die Impedanzkurven von *RQ* Elementen für verschiedene Werte von n_{RQ}. Für die beiden Grenzfälle $n_{RQ} = 0$ bzw. $n_{RQ} = 1$ ergeben sich damit die Impedanzverläufe eines ohmschen Widerstandes *R* bzw. die eines *RC* Elements.

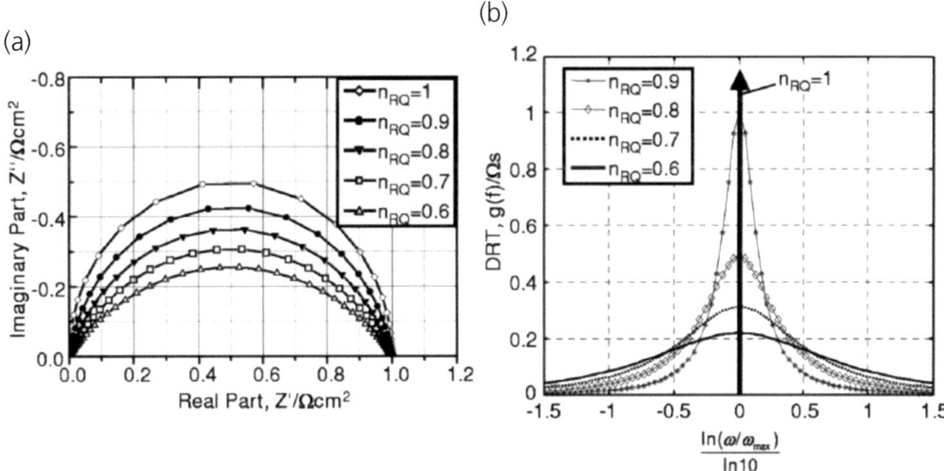

Abbildung 4.7 (a) Nyquistdiagramm eines *RQ* Elements für 5 verschiedene n_{RQ} Werte [115]

Der entscheidende Kritikpunkt an der Verwendung von *RQ* Gliedern liegt in der nicht-physikalischen Herkunft des Parameters n_{RQ}. In der Begründung nach [140] geht dieser Parameter n_{RQ} nicht aus theoretischen Überlegungen hervor, sondern wird vielmehr verwendet, um die fehlende Übereinstimmung zwischen Modell und Beobachtung zu korrigieren [141]. Geht man von einer breiten Verteilung der Zeitkonstanten nach [140] aus, die eine Abflachung des Halbkreises bewirkt, kann man in Anlehnung an [141] eine inhomogene Verteilung der Korngrößen des Perowskiten (siehe Abbildung 5.19) als Ursache vermuten.

Das Gerischer Element: Das Gerischer Element spielt bei der Beschreibung poröser Elektrodenstrukturen eine wichtige Rolle. Die komplexe Impedanz $Z_G(\omega)$ des Gerischer Elements kann aus einer Leiterstruktur siehe Abbildung 4.8 hergeleitet werden. Das Ersatzschaltbild modelliert das keramisch-metallische Verbundsystem einer Elektrode durch zwei parallel geschaltete ionisch (R_{ion}) und elektronische (R_{el}) Strompfade, die an den Dreiphasengrenzen mit dem Reaktionsgas zusammentreffen und zur Ladungstransferreaktion (R_{ct}, Q_{ct}) führen [142].

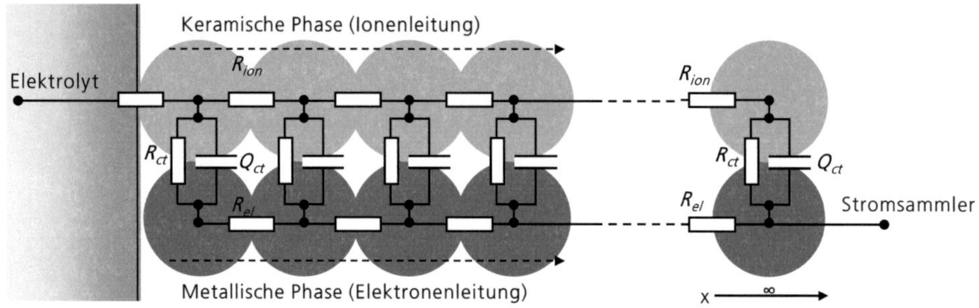

Abbildung 4.8 Leiterstruktur einer Kompositelektrode als elektrisches Ersatzschaltbild [143]

Auf die Kathode übertragen repräsentieren die beiden Widerstandsanteile R_{ion} und R_{el} den elektronischen und ionischen Spannungsabfall an der Kathode. Der Austausch der elektrischen Ladung zwischen den Leitungsarten durch den Einbau von Sauerstoffionen, die Polarisation an den Porenoberflächen sowie faradaysche Ströme aufgrund der Dissoziation und der Reduktion der Sauerstoffmoleküle an der Kathode werden durch R_{ct}, Q_{ct} Elemente beschrieben [144]. In Abhängigkeit der Widerstände R_{ion}, R_{el} und R_{ct} sowie der Kapazität Y_{ct} und der Kathodendicke l ergibt sich folgender Ausdruck für die Impedanz [145]:

$$Z_{chem}(\omega) = \frac{R_{ion}R_{el}}{R_{ion} + R_{el}} \cdot \left(l + \frac{2\lambda}{\sinh(l/\lambda)} \right) + \lambda \cdot \frac{R_{ion}^2 + R_{el}^2}{R_{ion} + R_{el}} \cdot \coth(l/\lambda) \qquad 4{:}5$$

Der Parameter λ kann durch

$$\lambda = \sqrt{\left(\frac{\zeta}{R_{ion} + R_{el}} \right)} \qquad 4{:}6$$

berechnet werden. ζ beschreibt den Impedanzausdruck des in Abbildung 4.8 verwendeten seriellen RC bzw. RQ Elements.

$$\zeta = \frac{R_{ct}}{1 + (j\omega)^n R_{ct} Y_{ct}} \qquad 4{:}7$$

Unter der vereinfachenden Annahme $R_{ion} \gg R_{ct} \gg R_{el}$ kann aus der in Abbildung 4.8 gezeigten Leiterstruktur ein Gerischer Verhalten hergeleitet werden.

$$Z_G(\omega) = \frac{\sqrt{R_{ion}/Y_{ct}}}{(R_{ct}Y_{ct})^{-1} + j\omega} \cdot = \frac{Z_0}{\sqrt{k + j\omega}} \qquad\qquad 4{:}8$$

Der Nyquistplot und die berechnete DRT der Gerischer Impedanz aus Gleichung 4:8 sind in Abbildung 4.9 dargestellt. Die Werte zur Berechnung des Gerischer Verlaufs entsprechen den Werten bei $t = 700$ h (Zelle Z1_191) mit $R_{2C} = 0.622$ mΩcm^2 und $t_{2C} = 0.016$ Ωs. Die Gerischer DRT des Kathodenprozesses P_{2C} ist durch ein erstes Maximum bei 15 Hz und einem fünfmal kleineren zweiten Maximum bei 300 Hz charakterisiert [146]. Dies führt zu einer Überlappung des ersten P_{2C} Peaks mit den beiden Hauptpeaks P_{1A} des Warburg Elements, das den Prozess der Anodengasdiffusion beschreibt, abhängig von dem Degradationszustand der Kathode.

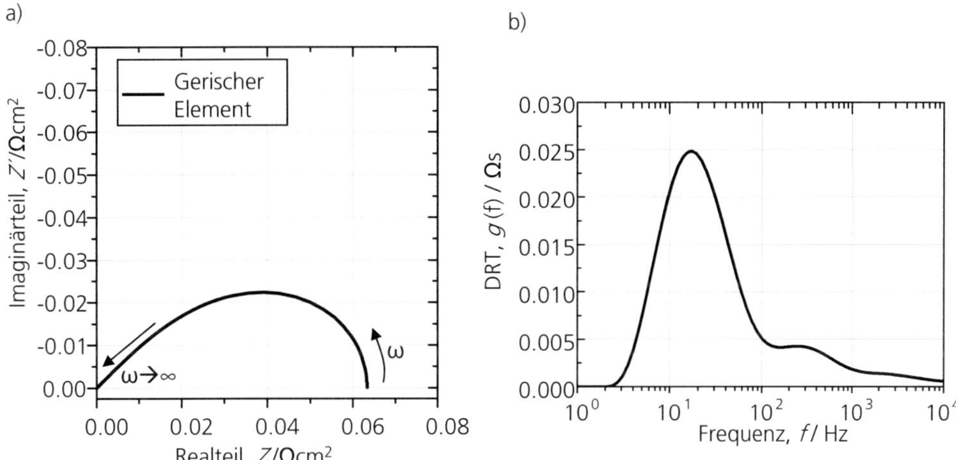

Abbildung 4.9 Gerischer Impedanz in Nyquistplot (a) und berechneter DRT (b) [146]

Die Ortskurve (a) sowie die DRT (b) wurden mit $R_{2C} = 0.622$ mΩcm^2 und $t_{2C} = 0.016$ Ωs berechnet, dies entspricht den Werten der Gerischer Impedanz bei $t = 700$ h (Z1_191). Die Gerischer DRT des Kathodenprozesses P_{2C} ist durch ein erstes Maximum bei 15 Hz und einem fünfmal kleineren zweiten Maximum bei 300 Hz charakterisiert.

Im niederfrequenten Bereich verhält sich das Gerischer Element wie ein RC Glied, während es für hohe Frequenzen einem Q Element mit $n_{RQ} = 0.5$ ähnelt. Die Impedanzkurve nähert sich dem Ursprung mit einem Phasenwinkel von 45°.

Das in dieser Arbeit für die ASCs verwendetet Ersatzschaltbild siehe Abbildung 4.5 besteht aus vier in Serie geschalteten Elementen. Aufgrund des hohen Sauerstoffpartialdrucks an der Kathode ($pO_{2,Kat} = 0.21$ atm) ist der Kathodendiffusionsprozess P_{1C} nicht sichtbar. Wird dieses Ersatzschaltbild für den CNLS Fit verwendet, so können die anoden- und kathodenseitigen Verluste aus dem Impedanzspektrum getrennt ermittelt werden, siehe Abbildung 4.10 a).

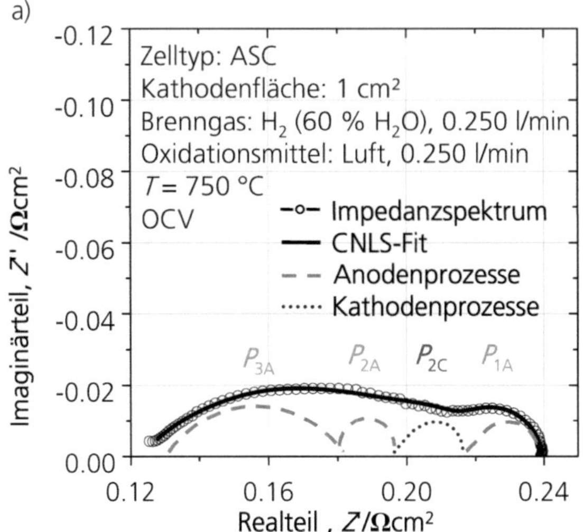

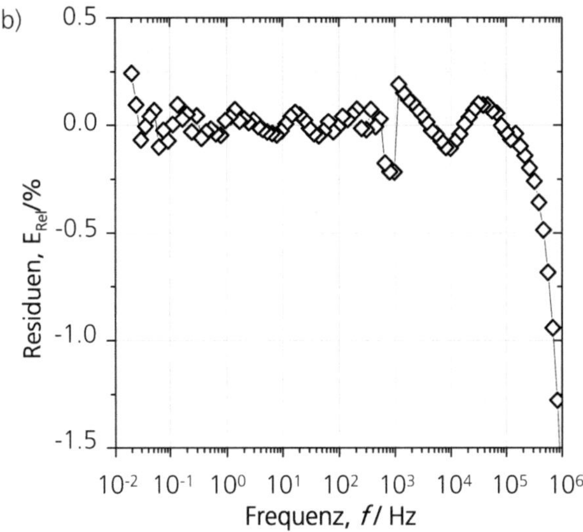

Abbildung 4.10 CNLS Fit eines Impedanzspektrums bei T = 750 °C, $pO_{2(Kathode)}$ = 0.21 atm, $pH_2O_{(Anode)}$ = 0.60 atm

Anoden- und Kathodenprozesse wurden mit Hilfe des Ersatzschaltbildmodells siehe Abbildung 4.5 separiert. (b) Residuen des Fits bei CO-CO_2 Betrieb bei T = 750 °C.

Als Ausgangspunkt werden die Frequenzbereiche jedes einzelnen Verlustprozesses eingesetzt, die in der DRT Analyse ermittelt wurden. Der CNLS Fit liefert dann den Widerstand und den Frequenzbereich jedes Polarisationsprozesses. Die durchgezogene Linie gibt das

Fitergebnis zu den Messdaten (-o-) mit den eingezeichneten Prozessen an. Um eine hohe Güte des CNLS Fits zu gewährleisten, müssen die Residuen betrachtet werden. Die relativen Fehler sollten dabei keine systematische Abweichung aufzeigen. Abbildung 4.10 (b) zeigt die Residuen des Realteils des CNLS Fits. Diese sind gleichmäßig über der Frequenzachse verteilt und zeigen keine systematische Abweichung. Für einen Großteil des Spektrums liegen die relativen Fehler unter einem absoluten Wert von 0.25 %, was die hohe Genauigkeit der Impedanzdaten und die Gültigkeit des Modells widerspiegelt. Ab ca. 300 kHz werden induktive Artefakte durch die elektrischen Leitungen merklich.

4.4 Bestimmung von k^δ - und D^δ - Werten aus den Messungen

Der Oberflächenaustauschkoeffizient k^δ sowie der Festkörperdiffusionskoeffizient D^δ beschreiben das elektrochemische Verhalten von Elektroden aus mischleitenden Perowskiten mit schnellem Elektronentransport, siehe Kapitel 2.5.3. Im Gegensatz zu den in der Literatur verwendeten *ex-situ* Methoden zur Bestimmung der k^δ - und D^δ - Werte, wurden in dieser Arbeit die k^δ - und D^δ - Werte der porösen mischleitenden LSCF Kathode *in-situ* direkt aus den elektrochemischen Impedanzmessungen an ASCs ermittelt. Den gekoppelten Prozess von Sauerstoffionendiffusion und Oberflächenaustausch an der Dreiphasengrenze (TPB) beschreibt Adler [64, 147] mit einer Gerischer Impedanz:

$$Z_G(\omega) = \frac{R_{chem}}{\sqrt{1 + j\omega t_{chem}}} \qquad\qquad 4:9$$

Der charakteristische Widerstand R_{chem} und die charakteristische Zeitkonstante t_{chem}, sind wie folgt mit den thermodynamischen Parametern, der Oberflächenkinetik und den Transporteigenschaften verknüpft:

$$R_{chem} = \left(\frac{RT}{4F^2}\right) \cdot \sqrt{\frac{\tau \cdot \gamma^2}{(1-\varepsilon) \cdot a \cdot c_{mc}^2 \cdot k^\delta \cdot D^\delta}} \qquad\qquad 4:10$$

$$t_{chem} = \left(\frac{(1-\varepsilon)}{a}\right) \cdot \frac{c_O}{c_{mc}} \cdot \frac{1}{k^\delta} \qquad\qquad 4:11$$

Dabei beschreibt ε die Porosität, a die elektrochemisch aktive Oberfläche, τ die Festkörper-Tortuosität[10], c_O die Konzentration der Sauerstoffionen, c_{mc} die Konzentration der Sauerstoff Gitterplätze und γ den thermodynamischen Faktor, der als ½ $(\partial \ln pO_2) / (\partial \ln c_O)$ [148] definiert ist. k^δ und D^δ geben den Oberflächenaustauschkoeffizienten und den Festkörperdiffusionskoeffizienten an, die beide bestimmt werden sollen. R_{chem} ist hierbei identisch mit

---

[10] Festkörper- Tortuosität: Wegverlängerung oder Umwegfaktor der Transportverluste der Ladungsträger aufgrund der Porosität im Material. Die Tortuosität kann Werte zwischen 1 (direkter Weg) und ∞ (kein Transport möglich) annehmen. [23]

der Bezeichnung R_{2C}, t_{chem} mit t_{2C}. Beide Parameter können aus der Analyse des Ersatzschaltbildes ermittelt werden. Die Parameter ε, a und τ wurden für verschiedene Partikelgrößen und Porositäten, ausgehend von REM Analysen, mittels eines 3D Mikrostruktur FEM Modells abgeschätzt [23, 149]. Die Konzentration der Sauerstoffgitterplätze c_{mc} und der Sauerstoffionen c_O sowie der thermodynamische Faktor γ wurden für eine Kathodenzusammensetzung von $(La_{0.6}Sr_{0.4}Co_{0.2}Fe_{0.8}O_{3-\delta})$ aus der Literatur entnommen [57], [150], [52], [151]. Zur Berechnung der k^{δ} - und D^{δ} - Werte wurden in der vorliegenden Arbeit die in der 5. Spalte angegebenen Mittelwerte für ps, ε, τ, a, c_{mc} und c_O verwendet siehe Tabelle 4-2. Um die Unsicherheiten bei der Berechnung der Tortuosität τ und der Oberfläche a mittels des 3D Mikrostrukturmodell zu berücksichtigen, wurden in Abbildung 5.11 in Kapitel 5.3 zusätzlich die k^{δ} - und D^{δ} - Werte anhand der minimalen und maximalen Werte von a, τ und ε berechnet.

Tabelle 4-2 Elektrodengeometrie und thermodynamische Parameter zur Berechnung von k^{δ} und D^{δ} aus R_{2C} und t_{2C}.

Eigenschaft	Parameter	Wert für $La_{0.6/0.58}Sr_{0.4}Co_{0.2}Fe_{0.8}O_{3-\delta}$	Quelle	Mittelwert
Partikelgröße	ps (nm)	200-750	REM Bilder	400
Porosität	ε (%)	30-40	[11]	35
Festkörper Tortuosität	τ	1.29-1.47	[23]	1.38
Oberfläche	a (μm^{-1})	1.63-6.98	[23]	3.32
Sauerstoffgitterplätze	c_{mc} (mol/m^3)	83847-85536	[23]	84713
Sauerstoffionenkonzentration	c_O (mol/m^3)	82315-84997	[23]	83919
Thermodynamischer Faktor	γ	$\gamma(T) = 2.17 \cdot \exp\left(\dfrac{37967}{R \cdot T}\right)$	[151]	$\gamma(T)$

4.5 Materialanalyse

4.5.1 Rasterelektronenmikroskopie

Im Rasterelektronenmikroskop (REM) wird die zu untersuchende Probe mittels eines fein fokussierten Elektronenstrahls zerstörungsfrei Punkt für Punkt abgetastet. Zur Elektronenstrahlerzeugung wird eine Wolfram-Kathode verwendet, bei der mittels thermischer Emission Elektronen freigesetzt werden. Durch Anlegen einer elektrischen Feldstärke (2 bis 30 keV) werden die emittierten Elektronen beschleunigt, mittels eines elektromagnetischen Linsensystems zu einem Elektronenstrahl gebündelt und mit Hilfe von Magnetspulen auf einen Punkt auf der Probe fokussiert. Mit Hilfe der Rasterelektronenmikroskopie können Objekte mit über 500 000 - facher Vergrößerung dargestellt werden.

---

[11] Dr. N. Menzler 2008, persönliche Mitteilung

Beim Auftreffen des Elektronenstrahls auf die Probenoberfläche treten in Abhängigkeit der Probe unterschiedliche Wechselwirkungen auf, deren Detektion Informationen über die Beschaffenheit der Probenoberfläche liefert. Die beschleunigten Elektronen dringen in die Probe ein und werden dort elastisch und unelastisch gestreut. Unter elastischer Streuung versteht man dabei die Ablenkung der Elektronen an positiv geladenen Atomkernen ohne Energieverlust. Durch Mehrfachstreuung ist es sogar möglich, dass die elastisch gestreuten Elektronen die Probe als rückgestreute Elektronen (RE) wieder verlassen. Findet die Streuung der Elektronen hingegen unter Abgabe von Energie statt, bezeichnet man dies als unelastische Streuung. Treten Wechselwirkungen mit den Elektronen der Atomhülle auf, entstehen Sekundärelektronen niedriger Energie (SE).

Bei einer Messung wird der Elektronenstrahl zeilenweise über die Oberfläche der Probe geführt (Rastern). Dabei werden die niederenergetischen Sekundärelektronen freigesetzt und von einem Detektor erfasst. Um Wechselwirkungen mit Atomen und Molekülen in der Luft zu vermeiden, findet dieser Vorgang im Hochvakuum statt. Der Intensität der detektierten Sekundärelektronen entsprechend, wird ein elektrisches Signal erzeugt, das in Grauwertinformation umgewandelt auf dem Bildschirm ein elektronisches Oberflächenbild erzeugt. Dabei entstammen die Sekun-därelektronen niederer Energie aus den obersten Nanometern der Oberfläche und bilden so die Topographie der Probe ab. Die zerstörungsfreie Analyse der LSCF Schichten erfolgt mittels des am Institut für Werkstoffe der Elektrotechnik (IWE) vorhandenen Rasterelektronenmikroskops 1540 XB der Firma Zeiss. Zur Erfassung der gestreuten Sekundärelektronen wird der vorhandene SE2-Detektor eingesetzt. Oberflächenaufnahmen erfolgen bei einen Arbeitsabstand[12] von 2-4 mm und einer Beschleunigungsspannung von 2.5 kV. Die Ergebnisse der Untersuchungen sind in Kapitel 5.6 dargestellt.

4.5.2 Transmissionselektronenmikroskopie

Im Gegensatz zur Rasterelektronenmikroskopie, bei der die Oberfläche der Probe abgerastert und abgebildet wird, wird bei der Transmissionselektronenmikroskopie (TEM) die Probe mittels Elektronen durchstrahlt. Dazu muss die Probe sehr dünn sein. Die Querschnittproben der hier verwendeten LSCF Schichten werden konventionell gedünnt. Zur Querschnittpräparation wird zunächst ein Sandwich (Anodensubstrat/ Elektrolyt/ GCO-Schicht/ LSCF-Schicht – LSCF- Schicht/ GCO- Schicht/ Elektrolyt/ Anodensubstrat) hergestellt, das in einem Keramikröhrchen zur mechanischen Stabilität fixiert wird. Die so erhaltene Probe wird auf 100 µm planparallel abgeschliffen. Anschließend wird mit einem Dimpler (Muldenschleifgerät) von beiden Seiten eine Kuhle in die Probe poliert bis die Restdicke in der Mitte nur noch 1 - 2 µm beträgt. Im letzten Schritt wird die Probe „ionen-geätzt", d.h. sie wird mit hochenergetischen Ar^+-Ionen beschossen, bis in der Mitte der Probe ein Loch entsteht. Entlang des Lochrandes ist die Probe dünn genug für die Charakterisierung mittels TEM.

---

[12] Arbeitsabstand: Abstand Probe-Detektor

Die in dieser Arbeit gezeigten TEM – Bilder wurden am Laboratorium für Elektronenmikroskopie (LEM) am Karlsruher Institut für Technologie (KIT) von Levin Dieterle und Dr. Heike Störmer aufgenommen. Dafür wurden die Geräte FEI Titan 80 - 300 FEG (300 kV) und Philips CM200-ST FEG (200 kV) verwendet.

4.5.3 Röntgenbeugung - XRD

Die Röntgenbeugungsanalyse (X-Ray Diffraction, XRD) basiert auf dem Prinzip der Interferenz. Treffen parallele monochromatische Röntgenstrahlen unter dem Glanzwinkel θ auf die Probe, werden sie an den Gitterebenen der Probe gebeugt. Dadurch verschieben sich parallele Strahlen in ihrer Phasenlage. Verschiebt sich die Phasenlage um ganze Vielfache n der Wellenlänge und liegt der Ebenenabstand d_A im Bereich der Wellenlänge λ_W der Röntgenstrahlung, kommt es bei Erfüllung der Bragg-Bedingung (4:12) zu konstruktiver Interferenz [153].

$$n \cdot \lambda_W = 2 \cdot d_A \cdot \sin\theta \qquad\qquad 4:12$$

Je nach Kristallstruktur entstehen so charakteristische Reflexmuster. Gut auskristallisierte Pulver liefern schmale und dafür höhere Reflexe als weniger auskristallisierte Pulver.

Die XRD Messungen wurden an LSCF Schichten nach den Langzeitmessungen von Herrn Mirko Ziegner am FZJ mit einem Röntgendiffraktometer D4 von der Firma Bruker durchgeführt. Die LSCF Schichten wurden dabei bei Raumtemperatur mit Cu-K$_\alpha$ Strahlung untersucht. Die Phasenbestimmung erfolgte durch Vergleich der gemessenen Reflexmuster mit den Mustern der Datenbank JCPDS[13]. Für die Erfassung von Fremdphasen ist eine Mindestmenge von ca. 1 - 2 % der zu detektierenden Spezies notwendig. Die Ergebnisse der XRD Analyse sind in Kapitel 5.5 dargestellt.

---

[13] Datenbank der Joint Commitee on Powder Diffraction Standards

5 Ergebnisse und Diskussion

5.1 Identifikation der Polarisationsverluste

Zur Identifikation der einzelnen Polarisationsverluste P_{1A}, P_{2A}, P_{3A} und P_{2C} und damit der Analyse der Zeitabhängigkeit der Verluste werden zunächst für jedes Impedanzspektrum die Frequenzbereiche der individuellen Verluste mittels DRT bestimmt. Mit den daraus gewonnenen Frequenzen und einer ersten Abschätzung der Größenordung der Widerstände, die als Anfangswerte für den CNLS Fit dienen, werden die Parameter des Ersatzschaltbildes an die gemessenen Spektren angepasst. Somit kann die zeitliche Veränderung der einzelnen Verlustanteile quantifiziert werden. Die Ergebnisse der Identifikation der individuellen Polarisationsverluste sind im Folgenden abhängig von der jeweiligen Betriebtemperatur gezeigt. Im Anschluss wird dann die Zeit- und Temperaturabhängigkeit der Verluste quantifiziert und mögliche Ursachen diskutiert.

5.1.1 600 °C

Die Messungen bei $T = 600\,°C$ wurden nur mit den anodenseitigen Gasmischungen 5 % H_2O in H_2 (Gasmischung①) und 60 % H_2O in H_2 (Gasmischung②) durchgeführt. Unter Berücksichtigung der thermodynamischen Daten kann es im CO-CO_2 Betrieb (Gasmischung③) bei $T = 600\,°C$ möglicherweise zur Aufkohlung[14] kommen. Im H_2-H_2O Betrieb überlagern sich die Frequenzbereiche des Anodengasdiffusionsprozesses P_{1A} und des Kathodenpolarisationsprozesses P_{2C} in der Darstellung der DRT. Daher können die beiden Prozesse im CNLS Fit nicht voneinander getrennt und separat bestimmt werden. Durch den hohen Wasserdampfanteil an der Anode (Gasmischung②) ist der Anodengasdiffusionswiderstand mit $R_{1A} = 30\,m\Omega cm^2$ [115] sehr klein im Vergleich zum stark ansteigenden Kathodenwiderstand (bei $t = 8\,h$ ist $R_{2C} = 173\,m\Omega cm^2$ was einem Faktor 5.7 entspricht, bei $t = 1033\,h$ ist $R_{2C} = 2823\,m\Omega cm^2$ was Faktor 94 entspricht). Dies erlaubt die Separation des Kathodenwiderstandes R_{2C} durch Subtraktion des als konstant angenommenen R_{1A}. Wird die Zelle mit 5% H_2O in H_2 (Gasmischung①) betrieben, so hat die Anodengasdiffusion mit ca. 150 $m\Omega cm^2$ [115] einen wesentlich größeren Anteil und die Trennung von R_{1A} und R_{2C}

---

[14] Aufkohlung: Kohlenstoffablagerung an der Anode durch den Betrieb der Anode mit Kohlenwasserstoffen, die die Poren der Anode verstopft und autokatalytisch die Anodenstruktur zerstört [154]

ist schwieriger aufgrund des ungünstigeren Verhältnisses zwischen R_{1A} und R_{2C} (Faktor 1.15 bei $t = 8$ h und Faktor 18.8 bei $t = 1033$ h).

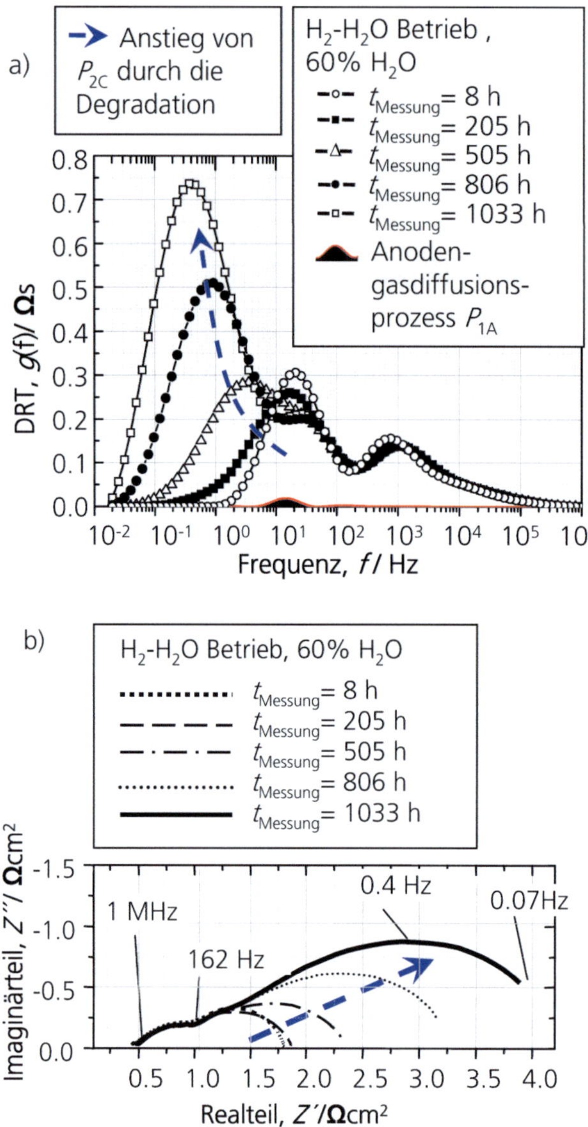

Abbildung 5.1 (a) DRT der Zelle Z1_196 ($T = 600$ °C) bei $t = 8$ h, 205 h, 505 h, 806 h und 1033 h und Gasmischung ② an der Anode, sowie (b) die dazugehörigen Impedanzspektren über der Zeit

Die DRT zeigt einen starken Anstieg von P_{2C} mit der Zeit. Zusätzlich ist der Anodengasdiffusionswiderstand P_{1A} eingezeichnet, um das Verhältnis zwischen P_{1A} und P_{2C} zu verdeutlichen. In den Impedanzspektren ist deutlich der Anstieg des niederfrequenten Halbkreises bei ~ 0.4 Hz (P_{2C}) zu erkennen.

Abbildung 5.1 zeigt das Impedanzspektrum (b) und die dazugehörige DRT (a) bei $T = 600\ °C$ mit 60 % Wasserdampf an der Anode für Messungen von $t = 8$ h bis $t = 1033$ h. Der niederfrequente Halbkreis zwischen $f = 0.07$ Hz und 162 Hz in Abbildung 5.1 (b) steigt mit der Zeit an während der hochfrequente Prozess zwischen 162 Hz und 1 MHz konstant bleibt. Abbildung 5.1 (a) zeigt die DRT für fünf verschiedene Messzeiten zwischen $t = 8$ h und $t = 1033$ h. Deutlich sind zwei Peaks bei den Spektren $t = 8$ h, 205 h und 505 h und drei Peaks bei $t = 806$ h und 1033 h zu erkennen. Der niederfrequente Peak P_{2C} bei 20 Hz verbreitert sich zunächst zwischen $t = 8$ h und $t = 205$ h. Zwischen $t = 505$ h und $t = 1033$ h vergrößert sich dieser Peak und verschiebt sich zu kleineren Frequenzen bis zu 0.4 Hz. Dies führt dazu, dass die DRT durch den großen Anstieg des Kathodenprozesses P_{2C} bei $t = 806$ h und $t = 1033$ h den zweiten charakteristischen Peak des Gerischer Elementes [155] bei 20 Hz zeigt. Dagegen ist der Peak bei ca. 15 Hz, der dem Anodengasdiffusionsprozess P_{1A} zugeordnet werden kann, bei $T = 600\ °C$ kaum zu erkennen, da dieser komplett durch den Kathodenprozess P_{2C} überdeckt wird siehe Abbildung 5.1 a).

Messungen bei $T = 750\ °C$ haben gezeigt, dass der Anodengasdiffusionswiderstand R_{1A} nicht zur Zelldegradation beiträgt, sondern während der Langzeitmessung leicht abfällt (ca. 2.8 %/ 1000 h). Daher wurde bei der Auswertung der $T = 600\ °C$ Langzeitmessung angenommen, dass der Anstieg des Prozesses zwischen 10^{-2} und 10^2 Hz nur durch den Kathodenpolarisationswiderstand verursacht wird. Um den CNLS Fit bei der Anpassung des Ersatzschaltbildes zu stabilisieren, wurde der Wert für R_{1A} auf 30 mΩcm^2 [115] festgesetzt. Unter Annahme eines Widerstandsabfalls um ca. 2.8 % / 1000 h von R_{1A} ergibt sich ein minimaler Fehler für R_{2C} von 0.035 % bei $t = 1033$ h, der vernachlässigbar ist. Sowohl die DRT als auch die Impedanzspektren zeigen während der Langzeitmessung kaum Änderungen des hochfrequenten Prozesses bei ca. 1000 Hz, der dem Anodenpolarisationswiderstand R_{3A} zugeordnet werden kann. Daher gibt es offensichtlich keine starke Anodendegradation während der Betriebstemperatur $T = 600\ °C$, wie sich auch in Abbildung 5.5 nach der Quantifizierung der einzelnen Verluste bestätigt.

5.1.2 750 °C

Wie im vorherigen Kapitel bei $T = 600\ °C$ gezeigt, überlappt der Kathodenpolarisationsprozess P_{2C} (Gerischer Impedanz) den Anodengasdiffusionsprozess P_{1A} (Warburg Impedanz, G-FLW) im H_2-H_2O Betrieb [115]. Im Vergleich zu den Polarisationsverlusten bei $T = 600\ °C$, wo die Kathodenverluste überwiegen, ist der Anodenverlust bei $T = 750\ °C$ und 60 % H_2O (Gasmischung②) in der gleichen Größenordnung der Kathodenverluste ($R_{2C_600°C} = 0.172\ \Omega$cm^2, $R_{2C_750°C} = 0.015\ \Omega$cm^2, $R_{1A(H2-H2O)} = 0.030\ \Omega$cm^2). Die Annahme eines konstanten Anodendiffusionswiderstandes würde somit zu einem signifikanten Fehler des Kathodenpolarisationswiderstandes führen. In der vorliegenden Arbeit wird dieses Problem durch eine Verschiebung des Anodengasdiffusionsprozesses P_{1A} zu kleineren Frequenzen gelöst, während der Frequenzbereich des Kathodenprozesses P_{2C} gleichbleibt. Der Wechsel von H_2-

H_2O zu CO-CO_2 Gasmischung ist dabei essentiell zur Trennung der Prozesse P_{1A} und P_{2C} im Temperaturbereich $T = 750\,°C$ und $T = 900\,°C$. Die CO-CO_2 Gasmischung hat gegenüber H_2-H_2O einen kleineren binären Diffusionskoeffizienten. Eine Verschiebung der Relaxationszeit zu kleineren Frequenzen entspricht einem kleineren Gasdiffusionskoeffizienten und damit einem Anstieg des Gasdiffusionswiderstandes in der Anodenmikrostruktur siehe Kapitel 3.2.1. Abbildung 5.2 zeigt zwei DRT Spektren aufgenommen bei $t = 10\,h$ und $11\,h$ in H_2-H_2O (schwarze Fläche) und CO-CO_2 Betrieb (-o-).

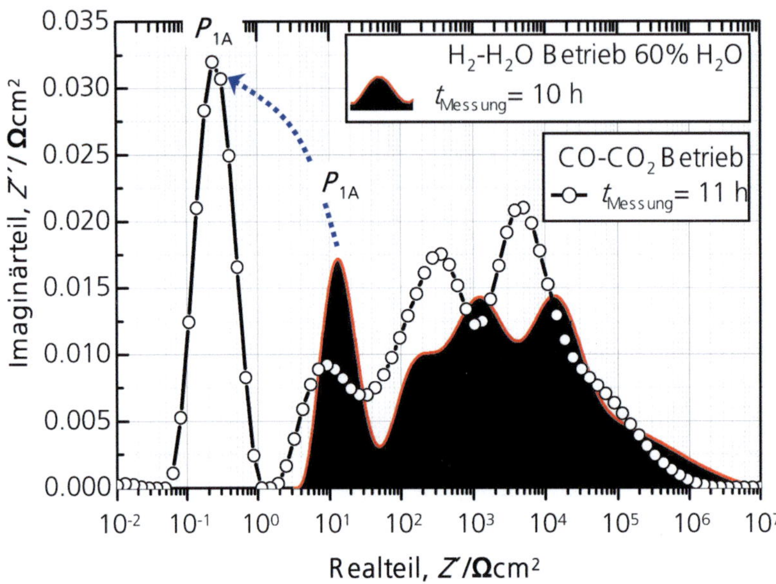

Abbildung 5.2 DRT in H_2-H_2O und CO-CO_2 Betrieb im Vergleich

Die DRT in H_2-H_2O Betrieb (flächig schwarze DRT, $t = 10\,h$) und in CO-CO_2 Betrieb (-o-, $t = 11\,h$) zeigen die Frequenzverschiebung des Anodengasdiffusionsprozesses P_{1A}, der in CO-CO_2 Mischung an der Anode zu kleineren Frequenzen verschoben ist. (15 Hz bei H_2-H_2O Betrieb; 0.02 Hz in CO-CO_2 Betrieb)

Bei H_2-H_2O (40/60) liegt P_{1A} im Frequenzbereich der Kathode mit $f = 15\,Hz$. Durch den CO-CO_2 Betrieb verschiebt sich der Anodengasdiffusionswiderstandes P_{1A} von 15 Hz in H_2-H_2O zu 0.02 Hz in CO-CO_2. Dadurch wird es möglich, den mit der Zeit ansteigenden Kathodenprozess P_{2C} im CO-CO_2-Betrieb im Frequenzbereich zwischen 20 und 100 Hz sichtbar zu machen, was im Folgenden diskutiert wird. Abbildung 5.3 zeigt die DRT (a) und die Impedanzspektren (b) bei $t = 11\,h$, $304\,h$ und $1012\,h$ im CO-CO_2 Betrieb (Gasmischung③). Durch den Betrieb in CO-CO_2 ist der „Kathodenpeak" P_{2C} zu Beginn der Messung aufgrund seiner geringen Größe in der DRT immer noch durch den ersten Nebenpeak des Anodengasdiffusionsprozesses P_{1A} verdeckt. Erst mit zunehmender Zeit wird der Kathodenpolarisationsprozess P_{2C} (20-100 Hz) sichtbar, sowohl im Impedanzspektrum (b), deutlicher noch in der DRT (a).

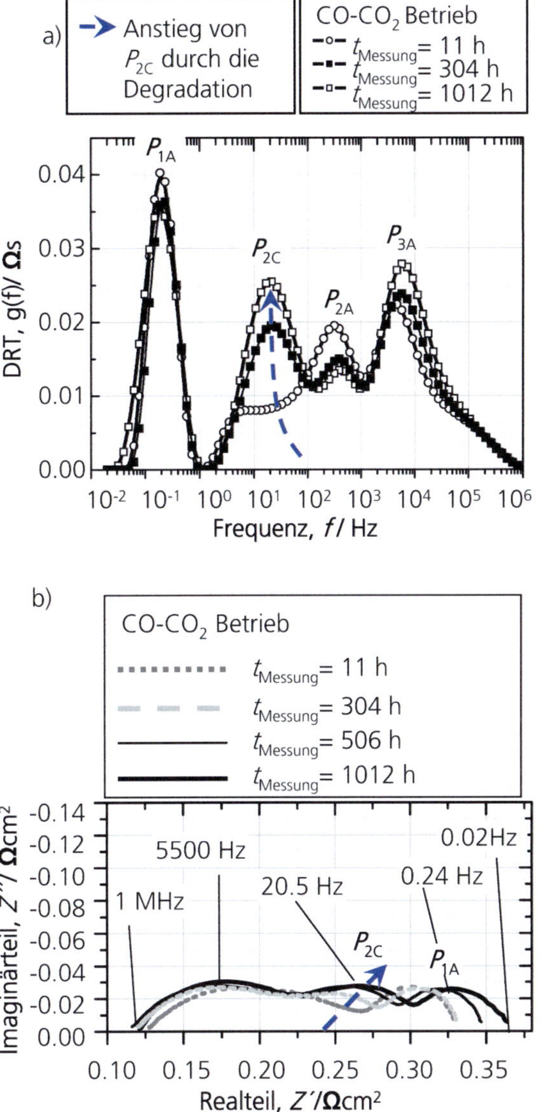

Abbildung 5.3 (a) DRT der Zelle Z1_198 (T= 750 °C)bei t= 11 h, 304 h und 1012 h in CO-CO$_2$ Betrieb an der Anode, sowie (b) die dazugehörigen Impedanzspektren über der Zeit

Die DRT (a) zeigt den Anstieg von P_{2C} mit der Zeit. Dies ist auch in den Impedanzspektren an der Ausbildung eines dritten Halbkreises bei 20 - 96 Hz (P_{2C}) mit der Zeit zu erkennen.

Hier ist vor allem während der ersten 150 h des Zellbetriebs, in denen der Kathodenverlust den kleinsten Anteil hat, ein Wechsel von H$_2$-H$_2$O zu CO-CO$_2$ zur Trennung und Quantifizierung des Kathodenwiderstandes unverzichtbar. Im Falle der Anodenprozesse P_{2A} und P_{3A} ist ein unterschiedlicher Trend sichtbar. P_{2A} nimmt besonders in den ersten 300 h ab, während P_{3A} während der Messung ansteigt. Mögliche Ursachen dieser Verläufe werden in Kapitel 5.2 erläutert.

5.1.3 900 °C

Bei $T = 900$ °C wurden die Impedanzspektren ebenso wie bei $T = 750$ °C in drei verschiedenen Betriebsbedingungen an der Anode aufgenommen. Zur Trennung des Kathodenpolarisationswiderstandes wurden auch hier die Daten im CO-CO_2 Betrieb (Gasmischung③) verwendet. Aufgrund des sehr kleinen Gesamtwiderstandes bei $T = 900$ °C erlauben diese Betriebsbedingungen die Trennung des Kathodenwiderstandes und die Quantifizierung dessen Anstiegs während der Messung. Abbildung 5.4 zeigt die DRT und die dazugehörigen Impedanzspektren zu Beginn und am Ende der Messung bei $t = 3$ h und $t = 1031$ h.

Die Impedanzkurve in Abbildung 5.4 (b) zeigt einen Anstieg des ohmschen Widerstandes über die gesamte Messzeit von $t = 1028$ h. Der niederfrequente Halbkreis scheint sich während der Langzeitmessung nicht zu verändern. Einzig das Spektrum zwischen 96 Hz und 1 MHz lässt eine veränderte Form des Halbkreises zwischen $t = 3$ h und $t = 1031$ h erkennen. Unabhängig vom ohmschen Widerstand sind die Änderungen der Polarisationsverluste in der Darstellung der DRT, Abbildung 5.4 (a), wesentlich besser zu erkennen. Der niederfrequente Peak bei ca. 1 Hz, der dem Anodengasdiffusionsprozess P_{1A} zugeordnet werden kann, wird mit der Zeit kleiner. Der Peak bei ca. 15 Hz bleibt dagegen konstant. Wie in Leonide [115] erläutert, erzeugt das Warburg Element in der Darstellung der DRT einen Hauptpeak und mehrere kleiner werdende Nebenpeaks, dessen erster Nebenpeak hier bei ca. 15 Hz sichtbar ist. Dieser Peak sollte daher entsprechend dem Hauptpeak P_{1A} bei 1 Hz mit der Zeit kleiner werden. Diese Abnahme wird wahrscheinlich durch den Anstieg des Prozesses P_{2C}, mit seiner charakteristischen Frequenz bei 20 Hz, kompensiert. Daher wird zur Auswertung der Impedanzdaten bei $T = 900$ °C angenommen, dass der 15 Hz-Peak durch eine Überlagerung von P_{1A} und P_{2C} erzeugt wird, was auch in Impedanzmessungen mit unterschiedlichen Sauerstoffpartialdrücken an der Kathode gezeigt werden kann. Der hochfrequente Peak bei 2000 Hz kann dem Prozess P_{2A} zugeordnet werden und nimmt wie erwartet aufgrund des abnehmenden Diffusionswiderstandes in der Anodenfunktionsschicht ab [155], [136]. Der mit der Zeit ansteigende Prozess P_{3A} im Frequenzbereich zwischen 10^4 - 2×10^5 Hz weist auf die Alterung der Anode hin. Die detaillierten temperatur- und zeitabhängigen Verläufe der Anodenbeiträge sind in Kapitel 5.2 gezeigt. Prinzipiell ist zu bemerken, dass der Gesamtpolarisationswiderstand der Zelle bei $T = 900$ °C mit ca. 100 mΩcm^2 relativ klein ist. Eine Trennung und Quantifizierung der einzelnen Polarisationsanteile P_{1A}, P_{2A}, P_{3A} und P_{2C} kann nur so genau sein, wie es die Messgenauigkeit des Solatron Frequenzanalysators erlaubt. In einem Impedanzbereich zwischen 10 mΩ und 100 mΩ wird eine Messgenauigkeit von ca. 10 % angegeben. Trotzdem kann sicher ein Trend des Verlaufs der Polarisationsprozesse angegeben werden, mit dem Wissen, dass eine präzise Quantifizierung der Impedanzen in diesem Wertebereich schwierig ist.

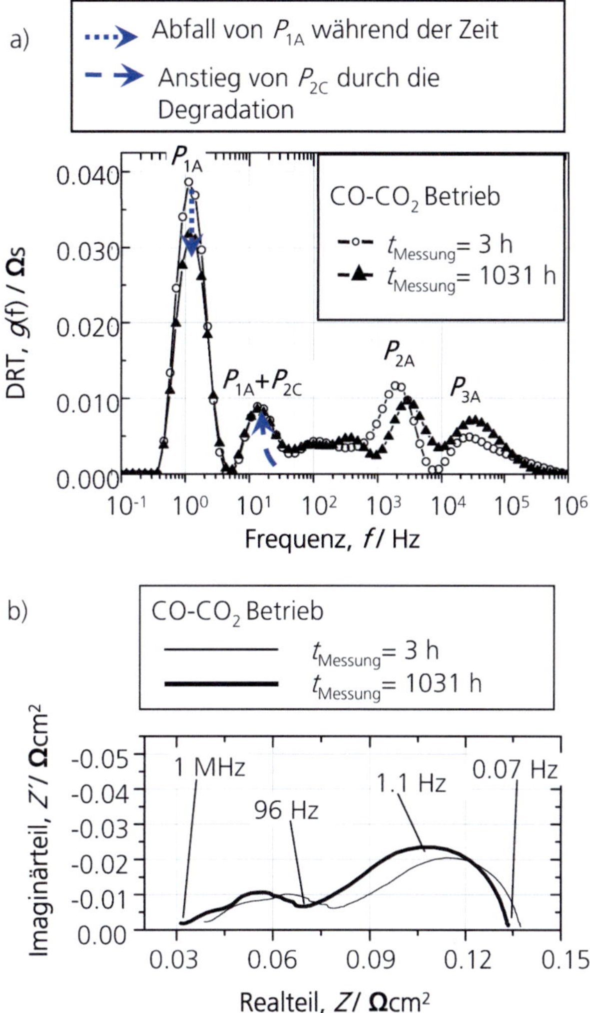

Abbildung 5.4 (a) DRT der Zelle Z1_197 (T= 900 °C) bei t= 3 h (-○-) und 1031 h (-▲-) und Gasmischung ③ CO-CO$_2$ (50/50) an der Anode, sowie (b) die dazugehörigen Impedanzspektren über der Zeit

(a) Die DRT zeigt einen "indirekten" Anstieg von P_{2C} mit der Zeit aufgrund des konstanten Peaks $P_{1A}+P_{2C}$ bei ca. 15 Hz. Dagegen ist in den Impedanzspektren (b) zwischen t= 3 h und t= 1031 h zunächst nur ein Anstieg des ohmschen Widerstandes zu erkennen, die Form der Kurve zeigt kaum Veränderungen.

Die vorgestellten experimentellen Ergebnisse bei den drei Temperaturen 600 °C, 750 °C und 900 °C erlauben ein detailliertes Verständnis der physikalischen Prozesse der Zelldegradation und die Quantifizierung der zeitabhängigen Veränderungen der Kathoden- und Anodenverluste.

5.2 Zeit- und Temperaturabhängigkeit der Verlustprozesse

Die Temperaturabhängigkeit der einzelnen Verlustprozesse soll hier am Beispiel dreier baugleicher Zellen bei drei verschiedenen Betriebstemperaturen veranschaulicht und diskutiert werden. Dazu wurden die Impedanzspektren und die dazugehörige Verteilung der Relaxationszeiten der Zellen Z1_196 bei $T = 600$ °C, Z1_198 bei $T = 750$ °C und Z1_197 bei $T = 900$ °C wie im vorhergehenden Kapitel gezeigt, untersucht. Mittels des in Abbildung 4.5 entwickelten Ersatzschaltbildes und einem CNLS Fit wurden die zeit- und temperaturabhängigen Verläufe aller Verlustanteile der Zelle bestimmt (siehe Abbildung 5.5). Zusätzlich sind der Gesamtpolarisationswiderstand R_{pol} und der Gesamtanodenpolarisationswiderstand $R_{anode,gesamt}$, sowie das Ersatzschaltbild zur besseren Zuordnung gegeben. Im Folgenden werden die Degradationsverläufe nach Verlustanteilen betrachtet. Zu beachten ist hierbei, dass alle Widerstände bei $T = 600$ °C im Anoden-Gasgemisch② H_2-H_2O (40/60), bei $T = 750$ °C und $T = 900$ °C im Anoden-Gasgemisch ③ CO-CO_2 (50/50) bestimmt wurden.

In den folgenden Kapiteln 5.2.1 bis 5.2.6 wird detailliert auf die zeit- und temperaturabhängigen Verläufe der einzelnen Verlustanteile eingegangen. „Auf den ersten Blick" können aber zunächst die folgenden Beobachtungen gemacht werden:

- Die Absolutwerte der Verlustanteile sinken mit steigender Temperatur unabhängig vom zeitlichen Verlauf. Bei $T = 600$ °C sind die Verluste generell am größten, während die kleinsten Verluste bei $T = 900$ °C zu beobachten sind. Dies gilt für alle Anteile außer R_{1A}, da dieser Widerstand bei $T = 600$ °C im H_2-H_2O Betrieb bestimmt wurde, während R_{1A} bei $T = 750$ °C und 900 °C im CO-CO_2 Betrieb analysiert wurde. Die R_{2A} Werte von $T = 750$ °C und 900 °C liegen im gleichen Bereich. Die Identifikation von R_{2A} aus der DRT liegt besonders bei $T = 900$ °C aufgrund des sehr kleinen Gesamtwiderstandes innerhalb einer Messgenauigkeit von 10 %.

- Beim Vergleich von R_{pol} (Abbildung 5.5 a) und R_0 (Abbildung 5.5 b) findet die größte Änderung im Verlauf von R_{pol} bei $T = 600$ °C statt. Eine geringere Änderung zeigt auch der R_{pol} bei $T = 750$ °C, während der Wert bei $T = 900$ °C konstant bleibt. Dafür steigt der ohmsche Widerstand R_0 einzig bei $T = 900$ °C über der Zeit an, während der Verlauf bei $T = 600$ °C und $T = 750$ °C konstant bleibt.

- Bei der Betrachtung der einzelnen Polarisationsverluste (Abbildung 5.5 c-g) ist die größte Änderung im Verlauf von R_{2C} (Abbildung 5.5 g) bei $T = 600$ °C zu erkennen.

Dies kann ein erster Hinweis auf die Ursache des starken Widerstandsanstiegs von R_{pol} bei $T = 600\ °C$ sein.

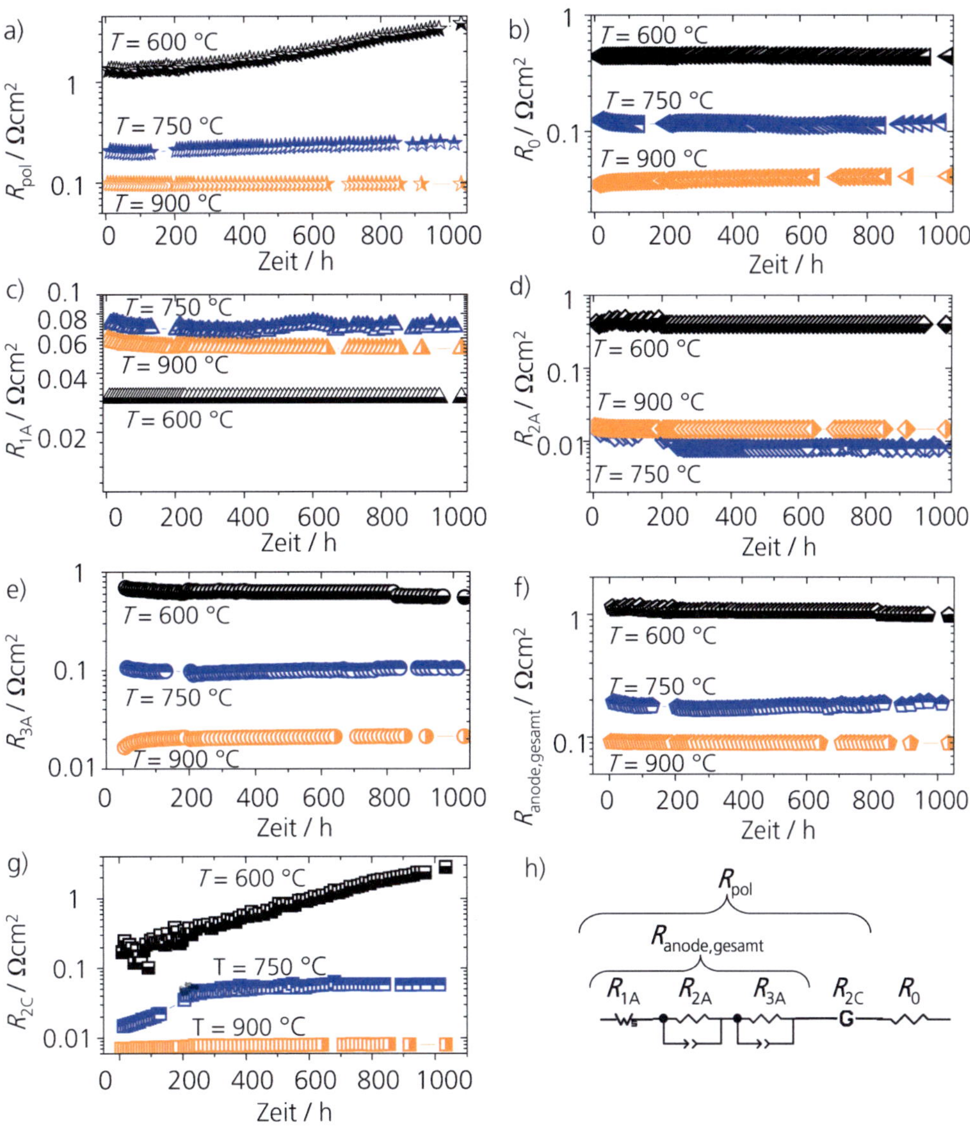

Abbildung 5.5 Zeit- und temperaturabhängiges Verhalten der einzelnen Verlustanteile

a) Der Gesamtpolarisationswiderstand R_{pol}, b) der ohmsche Widerstand R_0, c) R_{1A}, d) R_{2A}, e) R_{3A}, f) $R_{anode,gesamt}$ und g) R_{2C}. h) zeigt das elektrische Ersatzschaltbild [115] zur Bestimmung der vier einzelnen Polarisationsprozesse. Alle Widerstände bei $T = 600\ °C$ wurden im Anoden-Gasgemisch [2] H_2-H_2O (40/60), bei $T = 750\ °C$ und $T = 900\ °C$ im Anoden-Gasgemisch [3] CO-CO_2 (50/50) bestimmt. Alle Werte siehe Anhang 7.4.

- R_{2C} bei $T = 750\ °C$ zeigt einen stark nichtlinearen Anstieg über der Zeit.

- Dagegen sind bei den Anondenverlustanteilen kaum Änderungen zu beobachten. $R_{anode,gesamt}$ (Abbildung 5.5 f) sinkt bei $T = 600\ °C$ leicht ab. Für $T = 750\ °C$ fällt $R_{anode,gesamt}$ in den ersten 150 h leicht ab, steigt dann aber bis zum Ende der Messung wieder an. Ein leichter Anstieg ist bei $T = 900\ °C$ zu beobachten.

- Die Ursache für den Verlauf von $R_{anode,gesamt}$ bei $T = 600\ °C$ ist der Verlust R_{3A}, der über 1000 h leicht absinkt. Bei $T = 750\ °C$ nimmt R_{2A} in den ersten 150 h ab, bleibt danach konstant und bei $T = 900\ °C$ steigt R_{3A} über 1000 h leicht an.

5.2.1 Gesamtpolarisationswiderstand R_{pol}

Der Gesamtpolarisationswiderstand R_{pol} (Abbildung 5.5 (a)) beschreibt die Summe aller Polarisationsverluste R_{1A}, R_{2A}, R_{3A} und R_{2C}. Zum Vergleich des Alterungsverhaltens abhängig von der Betriebstemperatur wurden die Degradationsraten pro Stunde nach Gleichung 5:1 berechnet.

$$r_{Deg}\ /\ h = \frac{\dfrac{R_{poltot(t_{end})} - R_{poltot(t_0)}}{R_{poltot(t_0)}}}{t_{end-t_0}} \cdot 100 \qquad\qquad 5{:}1$$

Tabelle 5-1 gibt die R_{pol} Werte bei t_{start}, $t_{\sim300h}$ und t_{ende} sowie die entsprechenden Degradationsraten an. Vergleicht man die Startwerte der Langzeitmessungen, so steigt der Widerstand aufgrund der thermischen Aktivierung der elektrochemischen Elektrodenprozesse mit sinkender Temperatur (R_{pol} bei $T = 600\ °C$: $1.317\ \Omega cm^2$, R_{pol} bei $T = 750\ °C$: $0.207\ \Omega cm^2$, R_{pol} bei $T = 900\ °C$: $0.0998\ \Omega cm^2$).

Tabelle 5-1 Gesamtpolarisationswiderstand bei $t = t_{start}$, $t_{\sim300h}$ und $t = t_{ende}$ bei einer anodenseitigen Gasmischung ② (H_2-H_2O 60/40) für $T = 600\ °C$ und ③ CO-CO_2 (50/50) für $T = 750\ °C$ und $900\ °C$, sowie Luft an der Kathode.

Gesamtpolari-sationswiderstand	$T_{Messung}$	R_{pol} bei t_{start} [Ωcm^2]	R_{pol} bei $t_{\sim300h}$ [Ωcm^2]	Degradation [% / h]	R_{pol} bei t_{ende} [Ωcm^2]	Degradation [% / h]
R_{pol} Z1_196	600 °C	1.317	1.509	0.049	3.804	0.209
R_{pol} Z1_198	750 °C	0.207	0.214	0.012	0.245	0.02
R_{pol} Z1_197	900 °C	0.0981	0.0969	-4.1×10^{-3}	0.0972	-4.4×10^{-4}

Bei $T = 600\ °C$ steigt der R_{pol} in $t = 1033$ h nichtlinear um $0.192\ \Omega cm^2$ ($0.049\ \%\ /\ h$) von $t = 0 - 304$ h und um $2.295\ \Omega cm^2$ ($0.209\ \%\ /\ h$) von $t = 304 - 1033$ h. Bei $T = 750\ °C$ ist die Degradationsrate im Vergleich zu $T = 600\ °C$ insgesamt kleiner. R_{pol} steigt in den ersten 300 h um $0.007\ \Omega cm^2$ ($0.012\ \%\ /\ h$), von $t = 304 - 1012$ h um $0.031\ \Omega cm^2$ ($0.02\ \%\ /\ h$). Die geringste Degradation von R_{pol} wird bei $T = 900\ °C$ gemessen. Der Widerstand sinkt sogar in den ersten 300 h um $1.2 \times 10^{-3}\ \Omega cm^2$ ($-4.1 \times 10^{-3}\ \%\ /\ h$) und in den letzten 700 h um $3.0 \times 10^{-4}\ \Omega cm^2$ ($-4.4 \times 10^{-4}\ \%\ /\ h$). Diese Ergebnisse stehen im Gegensatz zu den Erkenntnissen von Becker [3]. ASCs mit LSCF Kathode zeigen in Langzeitmessungen eine größere Degradation bei $T = 800\ °C$ im Vergleich zu $T = 700\ °C$. Dies weist auf einen temperaturabhängigen Degradationsprozess hin. Eine umgekehrte Tendenz zeigt die Degradation von ASC's mit LSM/YSZ Kathode. Zellmessungen bei drei verschiedenen Temperaturen und verschiedenen Stromdichten zeigen kleinere Degradationsraten bei $850\ °C$ ($950\ °C$) im Vergleich zu $750\ °C$ [88]. Dieses Verhalten spiegelt eher die Beobachtungen bei $600\ °C$, $750\ °C$ und $900\ °C$ der hier vermessenen Zellen wieder. Neben dem Verhalten des ohmschen Widerstandes soll im Folgenden nun gezeigt werden, welcher Verlustprozess der Zelle für die beobachteten Degradationsverläufe des Gesamtpolarisationsverlustes verantwortlich ist.

5.2.2 Ohmscher Widerstand R_0

Der ohmsche Widerstand setzt sich aus dem ohmschen Anteil des 8YSZ Elektrolyten und der porösen siebgedruckten GCO Zwischenschicht zusammen. Bestimmt man aus den elektrischen Leitfähigkeiten und den Schichtdicken den theoretischen Widerstand $R_{0,theoretisch}$, so erhält man für $T = 600\ °C$: $R_{0,theoretisch} = 206\ m\Omega cm^2$, für $T = 750\ °C$: $R_{0,theoretisch} =$ $43\ m\Omega cm^2$ und für $T = 900\ °C$: $R_{0,theoretisch} = 16\ m\Omega cm^2$. Der gemessene ohmsche Widerstand R_0 der Doppelschicht YSZ/GCO bei t_{start} (siehe Tabelle 5-2) ist damit zwei- bis dreimal größer als der theoretische Wert. Dies ist vor allem durch die YSZ/GCO Interdiffusionsschicht [83, 156] bei Sintertemperaturen von $T = 1300\ °C$ und zu einem geringen Teil durch die Porosität der GCO Schicht begründet [157]. Einen kleinen Anteil am ohmschen Widerstand kann auch der Stromeinschnürung im Elektrolyten an der Kathode/ GCO Grenzfläche und der Anode/ YSZ Grenzfläche zugeordnet werden.

Tabelle 5-2 Ohmscher Widerstand R_0 bei t_{start} und t_{ende} sowie die berechnete Degradation in % / h bei einer anodenseitigen Gasmischung ② (H_2-H_2O 60/40) für $T = 600\ °C$ und ③ CO-CO_2 (50/50) für $T = 750\ °C$ und $900\ °C$, sowie Luft an der Kathode.

Ohmscher Widerstand	$T_{Messung}$	R_0 bei t_{start} [Ωcm^2]	R_0 bei t_{ende} [Ωcm^2]	Degradation [% / h]
R_0 Z1_196	600 °C	0.4438	0.4419	-4.2×10^{-4}
R_0 Z1_198	750 °C	0.125	0.1194	-4.4×10^{-3}
R_0 Z1_197	900 °C	0.0345	0.0405	0.017

Aus Abbildung 5.5 (b) und Tabelle 5-2 geht hervor, dass der ohmsche Widerstand für $T = 600\ °C$ konstant bleibt, bzw. über 1000 h mit 4.2×10^{-4} % / h geringfügig kleiner wird. Ebenfalls bei $T = 750\ °C$ kann der Verlauf von R_0 als konstant betrachtet werden, mit einer leicht fallenden Tendenz von 4.4×10^{-3} % / h. Der etwas stärkere Rückgang des Widerstandes zu Beginn der Messung kann mit einem anfänglichen Sinterprozess der LSCF Schicht begründet werden. Der Verlauf von R_0 über der Zeit trägt somit bei $T = 600\ °C$ und $750\ °C$ nicht zur Alterung der Zelle bei. Einzig bei $T = 900\ °C$ steigt der R_0 über die gesamte Messzeit um $0.006\ \Omega cm^2$ an. Ein Anstieg konnte schon im Vergleich der Impedanzspektren in

Abbildung 5.4 (b) beobachtet werden. Dieser Anstieg kann ein Hinweis auf eine mögliche Alterung der 8YSZ/ GCO Doppelschicht bei $T = 900\,°C$ sein. Müller [20] hat die intrinsische Degradation von 8YSZ Elektrolyten untersucht und einen Anstieg der Degradationsrate mit steigender Temperatur beobachtet ($T = 860\,°C$, $j = 0{,}17\,A/cm^2$ Degradation: 13 %/ 1000 h, $T = 950\,°C$, $j = 0{,}17\,A/cm^2$ Degradation: 26 %/1000 h).

5.2.3 Gasdiffusionswiderstand R_{1A}

Der Widerstand R_{1A} im Frequenzbereich $f = 15\,Hz$ (bei $T = 600\,°C$ und H_2-H_2O Betrieb) und $f = 0.1$ -$1\,Hz$ (bei $T = 750\,°C$ und $900\,°C$ und CO-CO_2 Betrieb) kann dem Anodengasdiffusionsprozess zugeordnet werden [115], [158]. Der absolute Wert des Widerstandes R_{1A} in Abbildung 5.5 (c) in H_2-H_2O Betrieb (Gasmischung② bei $T = 600\,°C$) ist wesentlich kleiner verglichen zu R_{1A} im CO-CO_2 Betrieb (Gasmischung③ bei $T = 750\,°C$ und $T = 900\,°C$). Dies ist dem kleineren Gasdiffusionskoeffizienten im CO-CO_2 Betrieb zuzuordnen, siehe Kapitel 3.2.2. Daher zeigt Abbildung 5.5 (c) nicht die zu erwartende Temperaturunabhängigkeit des Anodengasdiffusionsprozesses. Des Weiteren wurde, wie in Kapitel 5.1.1 erklärt, R_{1A} bei $T = 600\,°C$ mit 30 $m\Omega cm^2$ konstant gehalten. Tabelle 5-3 zeigt die Start- und Endwerte des Anodengasdiffusionswiderstandes R_{1A} sowie die berechnete Degradation in % / h. Die Widerstände bei $T = 750\,°C$ und $T = 900\,°C$ nehmen linear über der Zeit ab (2 $m\Omega cm^2$ bei $T = 750\,°C$, 6 $m\Omega cm^2$ bei $T = 900\,°C$).

Tabelle 5-3 R_{1A} bei t_{start} und t_{ende} sowie die berechnete Degradation in % / h bei einer anodenseitigen Gasmischung ② H_2-H_2O (60/40) für $T = 600\,°C$ und ③ CO-CO_2 (50/50) für $T = 750\,°C$ und $900\,°C$, sowie Luft an der Kathode.

Anodengas- diffusions- widerstand R_{1A}	$T_{Messung}$	R_{1A} bei t_{start} [Ωcm^2]	R_{1A} bei t_{ende} [Ωcm^2]	Degradation [% / h]
R_{1A} Z1_196	600 °C	0.03	0.03	-
R_{1A} Z1_198	750 °C	0.071	0.069	-2.8×10^{-3}
R_{1A} Z1_197	900 °C	0.059	0.053	-9.9×10^{-3}

Die minimale Abnahme von P_{1A} bei $T = 750\,°C$ und $900\,°C$ kann durch eine geringe Zunahme der Porosität im Ni/YSZ Cermet erklärt werden. Dies bedeutet, dass der Anodengasdiffusionsprozess R_{1A} nicht für das Alterungsverhalten bei $T = 600\,°C$ und $T = 750\,°C$ von R_{pol} Abbildung 5.5 (a) verantwortlich ist. Zudem hat die CO-CO_2 Gasmischung an der Anode offensichtlich keinen negativen Einfluss auf die Porosität und die Gasdiffusion der Anode. Ein Zusetzen der Poren durch abgeschiedenen Kohlenstoff kann somit ausgeschlossen werden.

5.2.4 Anoden- Ladungsaustauschreaktion R_{2A} und R_{3A}

Die Summe beider RQ Elemente mit den Widerständen R_{2A} und R_{3A} repräsentiert die Impedanz der Leiterstruktur der Ni/8YSZ Anode. Diese umfasst die Ladungsaustauschreaktion an der Dreiphasengrenze, den ionischen Transport innerhalb der Ni/YSZ Struktur und die Gasdiffusionslimitation innerhalb der Poren der Anodenfunktionsschicht (AFL) in den ersten hundert Betriebsstunden [99], [136].

Der Frequenzbereich des Widerstandes R_{2A} kann bei $T = 600\,°C$ mit $f = 100$ Hz, bei $T = 750\,°C$ mit $f = 100 - 800$ Hz und bei $T = 900\,°C$ mit $f = 1000 - 3000$ Hz angegeben werden. Der Widerstand R_{2A} zeigt bei allen drei Temperaturen ein vergleichbares Verhalten. Er nimmt in den ersten 150 - 200 h leicht ab, siehe Abbildung 5.5 (d) und Tabelle 5-4 und wird danach konstant auf den jeweiligen Werten gehalten. Am deutlichsten wird dieses Verhalten bei $T = 750\,°C$. Die Widerstandsabnahme von R_{2A} bei $T = 750\,°C$ von 14 mΩcm^2 bei 11 h zu 8 mΩcm$_2$ bei ca. 150 h ist schon klar in der Darstellung der DRT siehe Abbildung 5.3 zu erkennen.

Tabelle 5-4 R_{2A} bei t_{start}, $t_{\sim 300h}$ und t_{ende} sowie die berechnete Degradation in % / h bei einer anodenseitigen Gasmischung ②H$_2$-H$_2$O (60/40) für $T = 600\,°C$ und ③CO-CO$_2$ (50/50) für $T = 750\,°C$ und 900 °C, sowie Luft an der Kathode.

R_{2A}	$T_{Messung}$	R_{2A} bei t_{start} [Ωcm^2]	R_{2A} bei $t_{\sim 300h}$ [Ωcm^2]	Degradation [% / h]	R_{2A} bei t_{ende} [Ωcm^2]	Degradation [% / h]
R_{2A} Z1_196	600 °C	0.420	0.4	-0.015	0.4	-
R_{2A} Z1_198	750 °C	0.014	0.008	-0.142	0.008	-
R_{2A} Z1_197	900 °C	0.016	0.015	-0.021	0.015	-

Dies ist auf die anfängliche starke Veränderung der Ni/YSZ Struktur zurückzuführen. Die Anodenfunktionsschicht ist vor dem Reduzieren eine dichte Schicht und es dauert einige Stunden bis eine „Offenporosität" erreicht ist und die Gasdiffusion in der Anodenfunktionsschicht vernachlässigt werden kann.

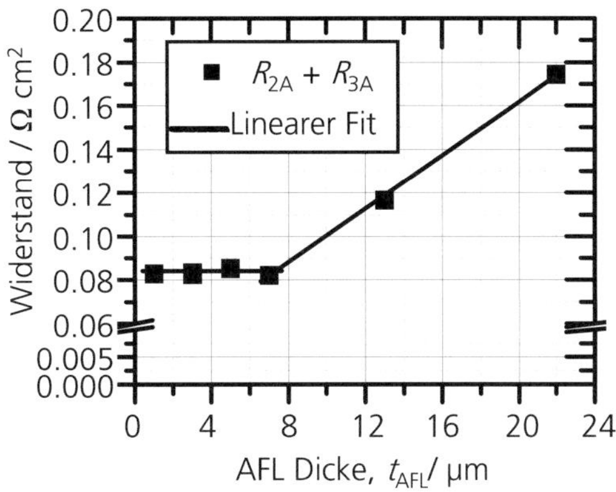

Abbildung 5.6 Abhängigkeit von $R_{2A} + R_{3A}$ von der Dicke der Anodenfunktionsschicht (AFL) [136]
$T = 800\,°C$, pH_2O(Anode) = 0.055 atm in H$_2$, Kathodengas: Luft

Abbildung 5.6 zeigt die Summe der Widerstände R_{2A} und R_{3A} über der AFL Dicke. Für Zellen mit AFL-Dicken < 7µm kann demnach nach der anfänglichen „Aktivierung" die Diffusion in der Anodenfunktionsschicht vernachlässigt werden, da sich der Widerstand $R_{2A}+R_{3A}$ nicht mehr ändert [136]. Ab ca. 170 - 200 h ist der Peak des Prozesses R_{2A} in der DRT aufgrund seiner geringen Größe nicht mehr sauber vom Prozess P_{2C} zu trennen (siehe T = 750 °C, Abbildung 5.3). Um einen infinitesimal kleinen Wert für R_{2A} aus dem CNLS Fit zu vermeiden und damit den Fit zu stabilisieren, wurde nach t = 170 h der Wert für R_{2A} konstant gehalten (T = 600 °C: R_{2A} = 0.4 Ωcm^2, T = 750 °C: R_{2A} = 0.008 Ωcm^2, T = 900 °C: R_{2A} = 0.015 Ωcm^2)

Der Frequenzbereich des Widerstandes R_{3A} kann bei T = 600 °C mit f = 1000 Hz, bei T = 750 °C mit f = 3000 - 6000 Hz und bei T = 900 °C mit f = 30000 Hz angegeben werden. Tabelle 5-5 zeigt die R_{3A} Werte bei t_{start}, $t_{\sim300h}$ und t_{ende}, sowie die berechneten Degradationsraten in % / h.

Tabelle 5-5 R_{3A} bei t_{start}, $t_{\sim300h}$ und t_{ende} sowie die berechnete Degradation in % / h bei einer anodenseitigen Gasmischung ② H_2-H_2O (60/40) für T = 600 °C und ③ CO-CO_2 (50/50) für T = 750 °C und 900 °C, sowie Luft an der Kathode.

R_{3A}	$T_{Messung}$	R_{3A} bei t_{start} [Ωcm^2]	R_{3A} bei $t_{\sim300h}$ [Ωcm^2]	Degradation [% / h]	R_{3A} bei t_{ende} [Ωcm^2]	Degradation [% / h]
R_{3A} Z1_196	600 °C	0.694	0.635	-0.028	0.551	-0.018
R_{3A} Z1_198	750 °C	0.107	0.096	-0.035	0.105	0.013
R_{3A} Z1_197	900 °C	0.016	0.0205	0.093	0.0212	4.7×10^{-3}

Das zeitabhängige Verhalten von R_{3A} ist deutlich von der Betriebstemperatur abhängig. Bei T = 600 °C ist eine geringe Widerstandsabnahme von 0.694 zu 0.551 Ωcm^2 zu beobachten. Somit trägt R_{3A} bei dieser Messung nicht zur Alterung der Zelle bei. Die Messung bei T = 750 °C zeigt ein unterschiedliches Verhalten in den beiden betrachteten Zeitintervallen. In den ersten 300 h nimmt R_{3A} um -0.035 % / h) ab, während von 304 - 1012 h der Widerstand um 9 mΩ mit 0.013 % / h zunimmt. Insgesamt betrachtet bleibt der Widerstand konstant. Lässt man die anfängliche Abnahme außen vor, so ergibt sich für den Zeitraum von 304 – 1012 h doch eine Alterung, die die Zellleistung langfristig betrachtet beeinflussen kann.

Bei T = 900 °C nimmt R_{3A} über die gesamte Messzeit um insgesamt 5.2 mΩcm^2 mit einem stärkeren Anstieg in den ersten 300 h zu (0.093 % / h bei t = 3 – 306 h, 4.7 x 10^{-3} % / h bei t = 306 - 1031 h). Damit ist für T = 900 °C der Widerstand R_{3A} für die Alterung der Anode verantwortlich, da die Prozesse R_{1A} und R_{2A} beide über die Messzeit abnehmen. Ein Ni/8YSZ-Anoden Degradationsphänomen ist die Agglomeration von Nickel und der Verlust der Ni-Ni Kontakts [9], [88], [89] der die Anzahl der Dreiphasenkontakte an der Grenzfläche YSZ Elektrolyt- Ni/YSZ Anode verringert und so zur Zunahme des anodenseitigen Polarisationswiderstand beiträgt. Weitere Ursachen für Alterungsphänomene an der Anode sind der Anstieg des Ladungsaustauschwiderstandes [20] und der Abfall der ionischen

Leitfähigkeit von YSZ im Ni/YSZ Cermet [99], siehe auch Kapitel 2.6.2. Allerdings ist der zeitabhängige Verlauf des Gesamtpolarisationswiderstands bei $T = 900\ °C$ nahezu konstant, d.h. die Zunahme von R_{3A} und R_{2C}, wie im Folgenden geklärt wird, wird offensichtlich von den abnehmenden Verlustanteilen R_{1A} und R_{2A} kompensiert.

5.2.5 Gesamtanodenpolarisationswiderstand $R_{anode,gesamt}$

Der Anodenpolarisationswiderstand $R_{anode,gesamt}$ setzt sich aus den drei Verlustanteilen der Anode R_{1A}, R_{2A} und R_{3A} zusammen. Wie aus Abbildung 5.5 (f) deutlich wird, trägt die Summe aller Anodenverluste nicht zur Degradation der Zellen bei. Vergleicht man allerdings die Anfangswerte der Anodenverluste mit dem Gesamtpolarisationswiderstand, so ist zu erkennen, dass die Anodenverluste den Hauptteil der Polarisationsverluste verursachen. Tabelle 5-6 gibt die Werte für die Anodenpolarisationsverluste bei t_{start}, $t_{\sim 300h}$ und t_{ende} an sowie die jeweiligen prozentualen Anteile der Anodenverluste im Vergleich zum Gesamtpolarisationswiderstand. Zu Beginn der Messung nimmt der Gesamtanodenwiderstand mit 86.86 - 92.75 % bei allen Temperaturen den größten Teil der Verluste ein. Abhängig von der Betriebstemperatur bleibt der Anteil von $R_{anode,gesamt}$ am Gesamtpolarisationswiderstand für $T = 900\ °C$ konstant (91.8 % bei $t = 306$ h und 91.9 % bei $t = 1031$ h), nimmt für $T = 750\ °C$ um 16.45 % ab (78.5 % bei $t = 304$ h und 76.3 % bei $t = 1012$ h) und für $T = 600\ °C$ um 61 % (70.6 % bei $t = 304$ h und 25.8 % bei $t = 1033$ h).

Tabelle 5-6 $R_{anode,\ gesamt} = R_{pol} - R_{2C}$ bei t_{start}, $t_{\sim 300h}$ und t_{ende} sowie der Anteil der Anode im Vergleich zum Gesamtpolarisationswiderstand bei einer anodenseitigen Gasmischung ② H_2-H_2O (60/40) für $T = 600\ °C$ und ③ CO-CO_2 (50/50) für $T = 750\ °C$ und 900 °C, sowie Luft an der Kathode.

$R_{anode,gesamt}$	$T_{Messung}$	$R_{anode,gesamt}$ bei t_{start} [Ωcm^2]	Anteil Anode im Vergleich zum Gesamtpolarisationswiderstand [%]	$R_{anode,gesamt}$ bei $t_{\sim 300h}$ [Ωcm^2]	Anteil Anode im Vergleich zum Gesamtpolarisationswiderstand [%]	$R_{anode,gesamt}$ bei t_{ende} [Ωcm^2]	Anteil Anode im Vergleich zum Gesamtpolarisationswiderstand [%]
$R_{anode,gesamt}$ Z1_196	600 °C	1.144	86.86	1.065	70.6	0.981	25.8
$R_{anode,gesamt}$ Z1_198	750 °C	0.192	92.75	0.168	78.5	0.187	76.3
$R_{anode,gesamt}$ Z1_197	900 °C	0.091	91.9	0.089	91.8	0.089	91.9

5.2.6 Kathodenverluste R_{2C}

Die Kathodenverluste entstehen bei $pO_2 = 0.21$ atm und 250 ml/min Gasfluss aufgrund der Kinetik des Sauerstoffeinbaus an der Oberfläche sowie der Diffusion der Sauerstoffionen durch das LSCF Korn [64], [115]. Der Frequenzbereich dieses Verlustprozesses liegt für $T = 600\,°C$ bei $f = 10^{-2} - 10^2$ Hz, für $T = 750\,°C$ bei $f = 10$-100 Hz und für $T = 900\,°C$ bei $f = 10 - 30$ Hz. Wie aus Abbildung 5.5 (g) und Tabelle 5-7 hervorgeht, hängt die Degradation des Kathodenpolarisationswiderstandes stark von der Betriebstemperatur ab. Bei $T = 600\,°C$ steigt R_{2C} nichtlinear von $0.173\ \Omega cm^2$ auf $0.444\ \Omega cm^2$. Dies entspricht einer Zunahme von $0.27\ \Omega cm^2$ zwischen $t = 8 - 304$ h (0.53 % / h) und $2.379\ \Omega cm^2$ zwischen $t = 304 - 1033$ h (0.734 % / h). Eine derart deutliche Zunahme des Kathodenpolarisationswiderstandes hat sich schon in der Darstellung der DRT und der Impedanzspektren in Abbildung 5.1 abgezeichnet. Tabelle 5-8 zeigt entsprechend Tabelle 5-6 die Anteile der Kathodenverluste am Gesamtpolarisationswiderstand. Am Anfang der Messung bei $T = 600\,°C$ hat die Kathode demnach einen Anteil von 13.14 % am Gesamtpolarisationsverlust. Dieser erhöht sich aufgrund der starken Degradation auf 29.4 % nach 304 h und 74.2 % nach 1033 h. Somit trägt die Kathode nach 1000 h bei $T = 600\,°C$ den größten Anteil am Polarisationsverlust.

Ein ebenfalls nichtlinearer Anstieg von R_{2C} konnte für $T = 750\,°C$ beobachtet werden. Von $t = 11 - 304$ h steigt R_{2C} sehr stark von $0.015\ \Omega cm^2$ auf $0.047\ \Omega cm^2$ (0.72 % / h), von $t = 304$-1012 h nur noch minimal von $0.047\ \Omega cm^2$ auf $0.058\ \Omega cm^2$ (0.033 % / h). Dabei hat die Kathode zu Beginn der Messung einen Anteil von 7.25 % verglichen zum Gesamtpolarisationswiderstand, nach ca. 300 h schon einen Anteil von 21.5 %, sowie 23.7 % nach 1012 h (Tabelle 5-8). Dieser auffällige Verlauf, vor allem während der ersten 300 h ist nahezu deckungsgleich mit den R_{2C}-Verhalten der Zellen Z2_159 und Z1_191, die ebenfalls bei $T = 750\,°C$ für $t = 180$ h und $t = 700$ h vermessen wurden (Dateien siehe Anhang 7.2). Offensichtlich ist die Alterung der Kathode bei $T = 750\,°C$ über $t = 1000$ h von zwei unterschiedlichen Degradationsmechanismen bestimmt. Für die Entwicklung der ASCs im Betriebsbereich $T = 750\,°C$ ist daher vor allem die starke Degradation in den ersten $t = 200$ h genauer zu untersuchen, da diese Alterungsrate für den Betrieb einer ASC nicht tolerabel ist. Im Vergleich zum Gesamtpolarisationswiderstand kann bei $T = 900\,°C$ ein kleiner aber dennoch ansteigender Trend von R_{2C} beobachtet werden. Der Kathodenpolarisationswiderstand steigt zwischen $t = 3 - 319$ h von $0.0071\ \Omega cm^2$ auf $0.0078\ \Omega cm^2$ (0.013% / h) und zwischen $t = 319$- 1031 h von $0.0078\ \Omega cm^2$ auf $0.008\ \Omega cm^2$ (0.0036 % / h). Von allen Messungen hat die Kathode bei $T = 900\,°C$ nahezu konstant über die Messzeit einen Anteil von ca. 8 % am Gesamtpolarisationswiderstand. Hierbei ist anzumerken, dass die Kathodenwiderstandswerte für $T = 900\,°C$ wie für die übrigen Zellen mittels CNLS Fit bestimmt wurden., Aufgrund des sehr kleinen Wertes muss aber mit einem Fehler gerechnet werden, da schon der Gesamtpolarisationswiderstand bei $T = 900\,°C$ mit einer Messgenauigkeit von nur 10% ermittelt wird, siehe Kapitel 5.1.3. Damit ist die stärkste Kathodendegradation bei $T = 600\,°C$, die geringste bei $T = 900\,°C$ zu beobachten, d.h. die Alterung sinkt mit steigender Temperatur. Im Vergleich zum Gesamtpolarisationswiderstand hat die Kathode nach 1000 h bei $T = 600\,°C$ den größten Anteil von 74.2 %, bei $T = 750\,°C$ einen Anteil von 23.7 % und bei $T = 900\,°C$ den geringsten Anteil von 8.1 %. Die Ergebnisse aus Kapitel 5.2.1 bis 5.2.6 sind im nächsten Kapitel zusammenfassend dargestellt.

Tabelle 5-7 R_{2C} bei t_{start}, $t_{\sim300h}$ und t_{ende} sowie die berechnete Degradation in % / h.

R_{2C}	$T_{Messung}$	R_{2C} bei t_{start} $[\Omega cm^2]$	R_{2C} bei $t_{\sim300h}$ $[\Omega cm^2]$	Degradation $[\% / h]$	R_{2C} bei t_{ende} $[\Omega cm^2]$	Degradation $[\% / h]$
R_{2C} Z1_196	600 °C	0.173	0.444	0.53	2.823	0.734
R_{2C} Z1_198	750 °C	0.015	0.047	0.72	0.058	0.033
R_{2C} Z1_197	900 °C	0.0071	0.0078	0.031	0.008	0.0036

Tabelle 5-8 R_{2C} bei t_{start}, $t_{\sim300h}$ und t_{ende} sowie der Anteil der Kathode im Vergleich zum Gesamtpolarisationswiderstand. Zur Ermittlung der prozentualen Anteile der Kathode wurden die Anodenwerte aus Tabelle 5-6 verwendet.

R_{2C}	$T_{Messung}$	R_{2C} bei t_{start} $[\Omega cm^2]$	Anteil Kathode im Vergleich zum Gesamtpola-risationswi-derstand [%]	R_{2C} bei $t_{\sim300h}$ $[\Omega cm^2]$	Anteil Kathode im Vergleich zum Gesamtpola-risationswi-derstand [%]	R_{2C} bei t_{ende} $[\Omega cm^2]$	Anteil Kathode im Vergleich zum Gesamtpola-risationswi-derstand [%]
R_{2C} Z1_196	600 °C	0.173	13.14	0.444	29.4	2.823	74.2
R_{2C} Z1_198	750 °C	0.015	7.25	0.047	21.5	0.058	23.7
R_{2C} Z1_197	900 °C	0.0071	8.1	0.0078	8.2	0.008	8.1

5.2.7 Fazit der elektrischen Impedanz- und DRT- Analyse

Die Ergebnisse zum temperatur- und zeitabhängigen Verhalten der anodenseitigen und kathodenseitigen Verluste sollen mit Hilfe der Tortendiagramme in Abbildung 5.7 und der Balkendiagramme in Abbildung 5.8 bis Abbildung 5.10 zusammenfassend verdeutlicht werden. Abbildung 5.7 zeigt den prozentualen Anteil der anoden- und kathodenseitigen Verluste am Gesamtpolarisationswiderstand für die Temperaturen $T = 600\,°C$, $750\,°C$ und $900\,°C$ zu Beginn t_{start} und Ende t_{end} der Messung. Es ist zu beachten, dass die Anteile für $T = 600\,°C$ im H_2-H_2O Betrieb (Gasmischung②) und für $T = 750\,°C$ und $900\,°C$ im CO-CO_2 Betrieb (Gasmischung③) berechnet wurden.

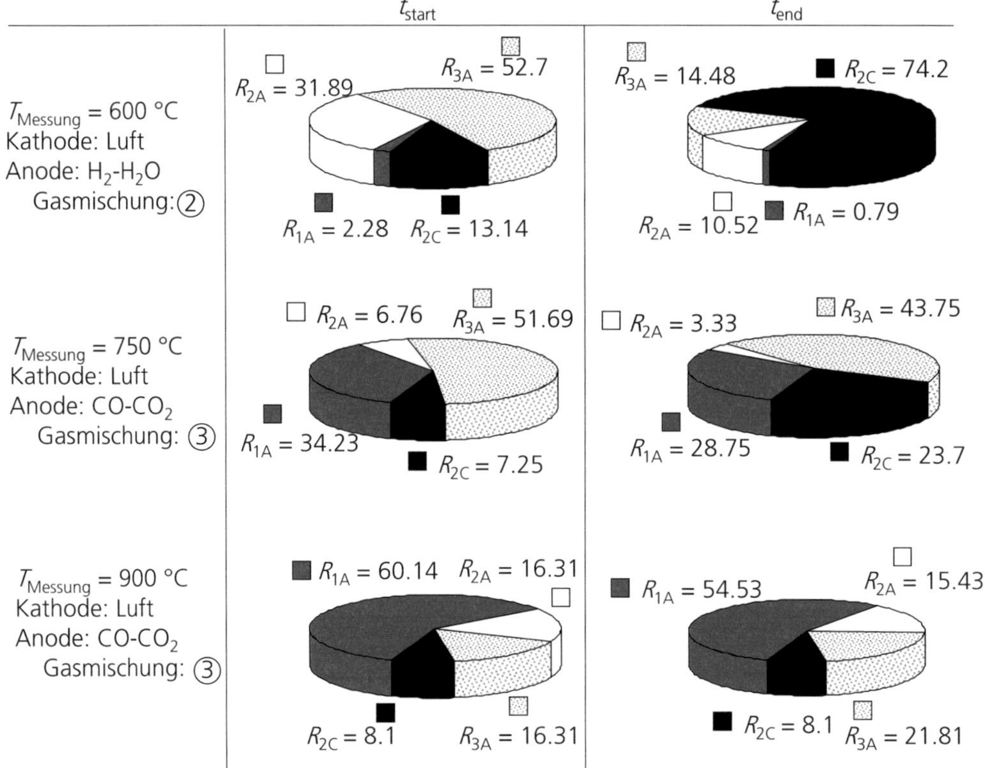

Abbildung 5.7 Prozentualer Anteil der anoden- und kathodenseitigen Verluste am Gesamtpolarisationswiderstand

Alle Angaben in %. Die Anteile für $T = 600\,°C$ wurden im H_2-H_2O Betrieb (Gasmischung②), für $T = 750\,°C$ und $900\,°C$ im CO-CO_2 Betrieb (Gasmischung③) berechnet.

Aus Abbildung 5.7 ergeben sich die folgenden Aussagen:

- Die Änderung der Polarisationsverlustanteile über der Zeit ist stark temperaturabhängig.

- Der Anteil des Gasdiffusionswiderstands R_{1A} am Gesamtpolarisationswiderstand nimmt bei allen Temperaturen leicht ab und trägt damit nicht zur Alterung der Zelle bei. R_{1A} ist bei $T = 600\,°C$ aufgrund der H_2-H_2O Gasmischung an der Anode am kleinsten und bei t_{start} für 2.28 % und bei t_{end} für 0.79 % des Polarisationsverlustes verantwortlich. Der Anteil von R_{1A} am R_{pol} ist bei $T = 750\,°C$ und $900\,°C$ aufgrund der CO-CO_2 Gasmischung und damit einem höheren Gasdiffusionswiderstand an der Anode wesentlich größer. Bei $T = 750\,°C$ hat R_{1A} bei t_{start} einen Anteil von 34.23 % und nach 1000 h einen Anteil von 28.75 % am Gesamtpolarisationswiderstand. Den größten Anteil hat R_{1A} bei $T = 900\,°C$ mit 60.14 % bei t_{start} und 54.23 % bei t_{end}.

- Die Summe der RQ Elemente mit den Widerständen R_{2A} und R_{3A} repräsentiert die Impedanz der Leiterstruktur der Ni/8YSZ Anode. Der Anteil beider Widerstände am Gesamtpolarisationswiderstand ist zeit- und temperaturabhängig. So nimmt der Anteil von R_{2A} bei allen Temperaturen innerhalb der Messzeit ab. Bei $T = 600\,°C$ von 31.89 % auf 10.52 %, bei $T = 750\,°C$ von 6.76 % auf 3.33 % und bei $T = 900\,°C$ von 16.31 % auf 15.42 %. Demnach ist R_{2A} maximal für ca. ein Drittel (bei t_{start} bei $T = 600\,°C$) des Gesamtpolarisationsverlustes verantwortlich. Durch die Abnahme des Anteils bei allen Temperaturen ist R_{2A} aber nicht für die Alterung der Zelle verantwortlich. R_{3A} hat für $T = 600\,°C$ (52.7 %) und $T = 750\,°C$ (41.69 %) zu Beginn der Messung den größten Anteil am Polarisationswiderstand, während bei $T = 900\,°C$ der Anteil nur 16.31 % beträgt, aufgrund des großen Anteils von R_{1A}. Für $T = 600\,°C$ und $750\,°C$ nimmt der Anteil von R_{3A} über der Zeit auf 14.48 % (600 °C) und 43.75 % (750 °C) ab. Nur bei $T = 900\,°C$ kommt es nach 1000 h zu einer Erhöhung auf 21.81 %. Dies ist wahrscheinlich auf die Alterung der Anode aufgrund der hohen Temperatur zurückzuführen.

- Der Kathodenverlust R_{2C}, der aufgrund der Kinetik des Sauerstoffeinbaus an der Oberfläche, sowie der Sauerstoffdiffusion durch das Kathodenkorn entsteht, ist stark temperaturabhängig und beeinflusst das Alterungsverhalten der Zellen bei $T = 600\,°C$ und $750\,°C$ maßgeblich. Der Anteil der Kathode steigt bei $T = 600\,°C$ in 1000 h von 13.14 % auf 74.2 % und bei $T = 750\,°C$ von 7.25 % auf 23.7 %. Bei $T = 900\,°C$ bleibt der Anteil von R_{2C} dagegen konstant bei 8.1 %.

- Die Polarisationsverluste der Zellen sind somit zu Beginn der Messung durch die Anodenverluste bestimmt. Der Anteil der Anodenverluste liegt für $T = 600\,°C$ bei 86.6 %, für $T = 750\,°C$ bei 92.75 % und für $T = 600\,°C$ bei 91.9 %.

- Aufgrund des starken Anstiegs der Kathodenverluste über der Zeit bei $T = 600\ °C$ bestimmten diese am Ende der Messung bei $t = 1000\ h$ die Gesamtpolarisation während sich der Anteil der Anode dabei auf 25.8 % verkleinert hat.

- Der Anteil der Anode bei $T = 750\ °C$ beträgt am Ende der Messung nach 1000 h 76.3 %, bei $T = 900\ °C$ 91.9 %. Damit bestimmen die Anodenverluste bei diesen Temperaturen weiterhin die Gesamtverluste.

Abbildung 5.8 bis Abbildung 5.10 zeigen die absoluten Werte der Verlustanteile R_{2C}, $R_{anode,gesamt}$, R_0 und R_{pol} für $T = 600\ °C$ (Abbildung 5.8), $T = 750\ °C$ (Abbildung 5.9) und $T = 900\ °C$ (Abbildung 5.10). Die Werte sind dabei aus Tabelle 5-1, Tabelle 5-2, Tabelle 5-6 und Tabelle 5-7 entnommen. Aus den Balkendiagrammen wird deutlich, wie sich die Verluste einschließlich R_0 über 3 Messzeitpunkte bei $t = t_{start}$, $t_{~300h}$ und t_{end} verändern. Es ist zu beachten, dass die Werte für $T = 600\ °C$ im H_2-H_2O Betrieb (Gasmischung②) und für $T = 750\ °C$ und 900 °C im CO-CO_2 Betrieb (Gasmischung③) bestimmt wurden. Außerdem sind die Maßstäbe der Grafiken aufgrund der besseren Lesbarkeit auf die temperaturabhängigen Werte angepasst und damit für jede Temperatur unterschiedlich.

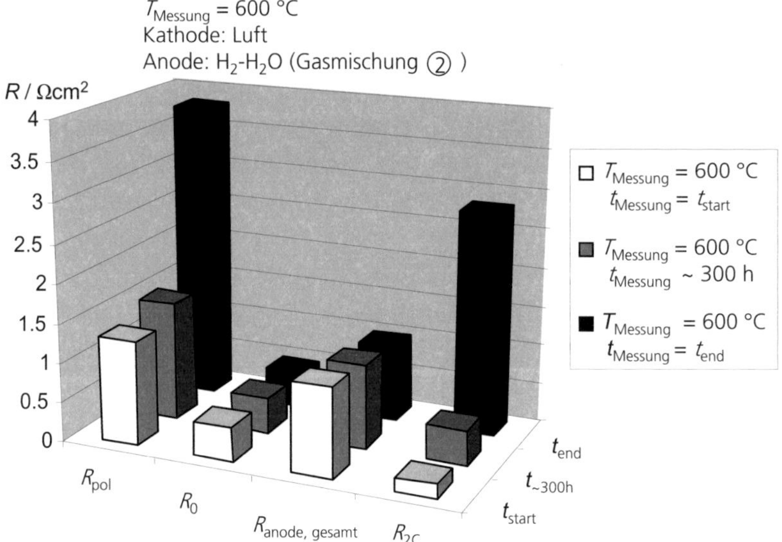

Abbildung 5.8 Verlustanteile R_{pol}, R_0, $R_{anode,gesamt}$ und R_{2C} der Messung bei $T = 600\ °C$

Zelle Z1_196, Kathode: Luft, Anode: H_2-H_2O (Gasmischung ②) bei $t = t_{start}$, $t_{~300h}$ und t_{end}.

Bei $T = 600\ °C$ bleiben die Widerstandswerte von R_0 und $R_{anode,gesamt}$ über der Zeit von t_{start} bis t_{end} weitgehend konstant, siehe Abbildung 5.8. Der starke Anstieg des R_{pol} zwischen $t_{~300h}$ und t_{end} ist durch den Anstieg von R_{2C} in der gleichen Zeit verursacht. Somit verursacht nur die Alterung der LSCF Kathode die Gesamtalterung der Zelle. R_{2C} erhöht sich schon zwischen t_{start} und $t_{~300h}$ um Faktor 2.5, die stärksten Änderungen von R_{2C} (Faktor 6.3) und damit von R_{pol} (Faktor 2.5) sind aber zwischen 300 h und 1000 h zu beobachten. Somit ist der Gesamtverlust der Zelle bei t_{start} hauptsächlich durch die Anodenverluste und R_0 verursacht. Bei $t_{\sim300h}$ nimmt $R_{anode,gesamt}$ immer noch einen Großteil der Verluste ein, allerdings ist der Kathodenverlust schon in der Größenordnung des R_0. Bei t_{end} überragt R_{2C} deutlich alle übrigen Verluste und bestimmt somit den Gesamtwiderstand der Zelle.

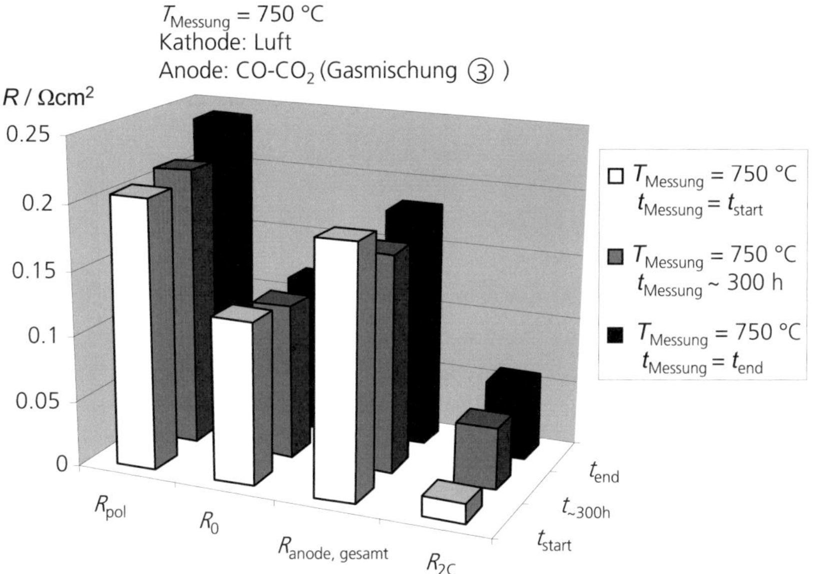

Abbildung 5.9 Verlustanteile R_{pol}, R_0, $R_{anode,gesamt}$ und R_{2C} der Messung bei T = 750 °C

Zelle Z1_198, Kathode: Luft, Anode: CO-CO$_2$ (Gasmischung ③) bei t = t_{start}, $t_{\sim300h}$ und t_{end}.

Bei T = 750 °C bleibt der Wert für R_0 wie bei T = 600 °C über der Messzeit weitgehend konstant, siehe Abbildung 5.9. $R_{anode,gesamt}$ hat einen Startwert von 0.192 Ωcm^2, 0.167 Ωcm^2 bei $t_{\sim300h}$ und endet bei 0.182 Ωcm^2. Der Anstieg von R_{pol} zwischen t_{start} und $t_{\sim300h}$ ist hauptsächlich auf den starken Anstieg von R_{2C} von 0.015 Ωcm^2 auf 0.047 Ωcm^2 zurückzuführen, der zudem den Rückgang von $R_{anode,gesamt}$ in dieser Zeit kompensiert. Zwischen $t_{\sim300h}$ und t_{end} erhöht sich R_{pol} weiter von 0.214 Ωcm^2 auf 0.240 Ωcm^2 durch den Anstieg von R_{2C} aber auch durch die leichten Anstiege von R_0 und $R_{anode,gesamt}$. Wie schon im Tortendiagramm zu erkennen war, ist der absolute Wert von $R_{anode,gesamt}$ immer höher als R_{2C}, sodass die Verluste der Zelle bei T = 750 °C über der gesamten Zeit trotz Anstieg von R_{2C} eindeutig von der Anode bestimmt werden.

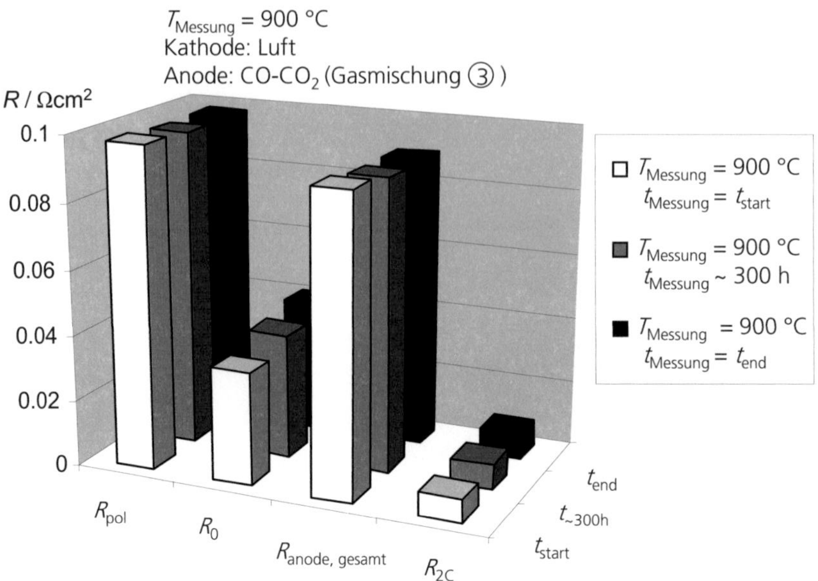

Abbildung 5.10 Verlustanteile R_{pol}, R_0, $R_{anode,gesamt}$ und R_{2C} der Messung bei T = 900 °C

Zelle Z1_197, Kathode: Luft, Anode: CO-CO$_2$ (Gasmischung ③) bei t = t_{start}, $t_{~300h}$ und t_{end}.

Noch stärker ist der Gesamtverlust bei T = 900 °C von den Anodenverlusten $R_{anode,gesamt}$ abhängig, siehe Abbildung 5.10. Da der sehr kleine Kathodenwiderstand R_{2C} über der Zeit weitgehend konstant bleibt, ebenso die vergleichbar großen Anodenverluste $R_{anode,gesamt}$, bleibt auch der Polarisationswiderstand R_{pol} konstant mit kleinen Schwankungen (0.981 Ωcm^2 bei t_{start}, 0.969 Ωcm^2 bei $t_{~300h}$, 0.972 Ωcm^2 bei t_{end}). Der ohmsche Widerstand ist über die gesamte Messzeit mindestens um Faktor 4.8 größer als R_{2C}. Damit ist der Gesamtverlust der Zelle ist bei T = 900 °C hauptsächlich von den Anodenverlusten und R_0 abhängig. Auch bei T = 750 °C sind die Anodenverluste und die ohmschen Verluste für den Großteil der Gesamtverluste verantwortlich, obwohl der Kathodenwiderstand um das Dreifache ansteigt. Einzig bei T = 600 °C ist der Gesamtverlust am Ende der Messung zu 74 % vom Kathodenwiderstand abhängig, da dieser bei T = 600 °C den stärksten Anstieg über der Zeit zeigt.

Diese „Aufschlüsselung" des Polarisationswiderstandes über der Zeit und die Erkenntnisse, welcher Prozess (P_{1A}, P_{2A}, P_{3A}, P_{2C}) abhängig von der Temperatur für die Zellalterung verantwortlich ist, wurde zum ersten Mal im Rahmen dieser Arbeit erreicht. Bisher ist es keiner Gruppe, die sich mit SOFC Verlusten und deren zeitlichen Veränderung beschäftigt, gelungen, temperaturabhängig die anoden- und kathodenseitigen Verlustanteile einer ASC Einzelzelle mit LSCF Kathode zu bestimmen und deren zeitliche Veränderung zu analysieren. Auf Basis des Ersatzschaltbildes für anodengestützte Zellen, das am IWE entwickelt wurde, sowie der am Institut vorhandenen leistungsfähigen Messtechnik konnten *in-situ* über 1000 h neben dem ohmschen Widerstand die vier verschiedenen Polarisationsverluste

R_{1A}, R_{2A}, R_{3A} und R_{2C} der Zelle einzeln gemessen und analysiert werden. Mit Hilfe dieser neuen Ergebnisse ist es jetzt möglich, je nach Betriebstemperatur gezielt die Komponenten zu verbessern und weiterzuentwickeln, die die größten Verluste erzeugen. Diese Resultate, die essentiell zum Verständnis der Elektrodenleistungsfähigkeit in Abhängigkeit der Betriebstemperatur beitragen, sind in [146], [155], [159] und [160], sowie in zahlreichen Tagungsbeiträgen siehe Anhang 8.6 veröffentlicht.

In der Literatur gibt es speziell zum Alterungsverhalten von LSCF Kathoden auf ASC Zellen kaum Veröffentlichungen, da es bisher nicht möglich war, direkt aus den Impedanzspektren den Anteil der Kathode zuverlässig zu separieren und über der Zeit zu quantifizieren. Mögliche Ursachen für die starke Alterung können (i) Mikrostrukturveränderungen, (ii) Änderungen der Materialzusammensetzung und (iii) Materialstruktur sein. In Kapitel 5.6 sind die Ergebnisse der Post-Test Analyse mittels Rasterelektronenmikroskop gezeigt. Dabei ergibt sich im Material an der Grenzfläche von LSCF zu GCO Siebdruckschicht abhängig von der Betriebstemperatur nur bei $T = 900\,°C$ eine Änderung der Mikrostruktur. Da die Kathode aber offensichtlich eine Änderung während Messung in $t = 1000\,h$, vor allem bei $T = 600\,°C$ und $750\,°C$ erfährt, kann eine Mikrostrukturänderung der Kathode als Alterungsursache ausgeschlossen werden. Verschiedene Untersuchungen aus der Literatur lassen auf eine Entmischung des LSCF Materials schließen. Dazu gehören

- Mai [5], [30] und Becker [3] haben in Langzeitmessung ($t = 1000\,h$) an den gleichen ASC Zellen, die in dieser Arbeit untersucht wurden, eine Sr-Ablagerung in Gasflussrichtung auf der GCO Zwischenschicht mittels Secondary Ion Mass Spectroscopy (SIMS) nachgewiesen. Dies zeigte sich durch eine deutliche Verfärbung der GCO Schicht hinter der Kathodenoberfläche in Gasflussrichtung. Der Grund für den Anstieg des Polarisationswiderstandes R_{2C} könnte demnach auf eine Sr-Verarmung der Oberfläche der LSCF Körner zurückzuführen sein.

- Untersuchungen von Dieterle [48] an LSC Dünnschichten (100 nm) auf YSZ Substraten, die bei $T = 700\,°C$ für $t = 8\,h$ ausgelagert wurden, zeigen eine Sr-Verarmung und die Bildung von Co-reichen Phasen.

- Uhlenbruck [161] hat ASCs mit PVD-GCO Zwischenschicht und LSCF Kathode mittels Transmissionselektronenmikroskop (TEM) analysiert. Neben einer Sr- Abreicherung wurde eine geringe Anreicherung von Gd in der LSCF Kathode nach dem Sintern gefunden, was die Leistungsfähigkeit der Kathode reduziert.

Weitere Degradationsursachen könnten extrinsische Alterungseffekte wie die SO_2-Vergiftung [162] und die Alterung aufgrund der Bildung von Strontium Hydroxid [110] sein. Da bei den hier untersuchten Kathoden keine schwefelhaltige oder befeuchtete Luft verwendet wird, können diese beiden Ursachen für die hier gefundenen Alterungsverhalten ausgeschlossen werden. Ebenfalls wurde im Gegensatz zu den Langzeituntersuchungen von Becker [3] bei den in dieser Arbeit vermessenen Zellen auf der GCO Oberfläche hinter der Kathode in Gasflussrichtung keine Verfärbung beobachtet.

Die vorgestellten Ergebnisse aus der Literatur geben Anhaltspunkte für mögliche Ursachen der Degradation, stellen allerdings keine systematische Betrachtung der Temperaturabhängigkeit der einzelnen Mechanismen dar. Im Bezug auf die in dieser Arbeit untersuchten mischleitenden LSCF Kathoden zeigt sich eine zunehmende Alterung der Kathode mit sinkender Temperatur. Diese Ergebnisse stehen im Gegensatz zu den Erkenntnissen von Becker, der für anodengestützte Zellen mit LSCF Kathode eine stärkere Alterung bei $T = 800\ °C$ verglichen zu $T = 700\ °C$ gefunden hat. Grund dafür kann die für die Impedanzmessungen und Analysen von Becker verwendete Messtechnik sein, die zum Zeitpunkt seiner Messungen noch nicht in der Genauigkeit zur Verfügung stand. Ebenso war es für die Auswertungen von Becker nicht möglich, auf ein physikalisch begründetes Ersatzschaltbild zurück zu greifen, wie es im Rahmen dieser Arbeit durch die Impedanzstudie von Leonide [7] möglich war. Somit konnten die einzelnen Prozesse von Becker nicht präzise analysiert werden, um den für den Anstieg des Polarisationswiderstandes verantwortlichen Prozess zu identifizieren.

5.3 Zeit- und temperaturabhängiger Verlauf der k^δ- und D^δ- Werte

Wie im vorhergehenden Kapitel gezeigt, verhält sich die Kathode über der Zeit stark temperaturabhängig. Der zeitabhängige Verlauf der Kathodenpolarisation folgt je nach Temperatur einer eigenen Gesetzmäßigkeit. Diese neuen Erkenntnisse über die Kathodenalterung sollen im Rahmen dieser Arbeit weiter untersucht werden. Dazu wird eine Auswertemethode verwendet, die den Oberflächenaustausch sowie die Festkörperdiffusion in der Kathode näher beleuchtet. Für beide Mechanismen gibt es einen zugehörigen Koeffizienten, den Oberflächenaustauschkoeffizienten k^δ und den Festkörperdiffusionskoeffizienten D^δ, wie in Kapitel 2.5.3 beschrieben. Aus den elektrochemischen Impedanzmessungen wird mit Hilfe des Ersatzschaltbildes die Gerischer Impedanz betrachtet und damit der Widerstand R_{2C}, der den Kathodenverlust bestimmt. Damit ist es möglich, zur Analyse des temperaturabhängigen Alterungsverhaltens des Kathodenpolarisationswiderstandes die k^δ - und D^δ - Werte des Kathodenmaterials *in-situ* aus den elektrochemischen Impedanzmessungen über $t = 1000\ h$ zu berechnen. Dazu werden, wie in Kapitel 4.4 beschrieben, die aus dem CNLS Fit erhaltenen Parameter R_{2C} und t_{2C} sowie die Strukturparameter aus Tabelle 4-2 verwendet. Aufgrund der Unsicherheiten der berechneten Parameter Oberfläche a und Tortuosität τ werden minimale und maximale Grenzen dieser Werte zusätzlich berechnet.

Aufgrund des zeit- und temperaturabhängigen Verlaufs des Kathodenwiderstands stellt sich dabei die Frage, wie sich die daraus berechneten Koeffizienten k^δ und D^δ verhalten. Dabei ist zu klären, ob eher eine Veränderung des Oberflächenaustauschs oder der Festkörperdiffusion als Ursache für die Alterung verantwortlich ist.

Abbildung 5.11 zeigt den Verlauf von k^δ und D^δ für $T = 600\,°C$, $750\,°C$ und $900\,°C$. Zusätzlich ist zum Vergleich der Verlauf des Kathodenpolarisationswiderstands R_{2C} über der Zeit aufgetragen wie schon in Abbildung 5.5 g) für alle drei Temperaturen gezeigt. Zusätzlich sind in gestrichelten roten Linien die Fehlerbereiche durch die Toleranzen bei der Berechnung mit Hilfe des 3D FEM Mikrostrukturmodells angegeben. Die Ursache des etwas größeren Fehlerbereiches der k^δ-Werte ist vor allem auf die Unsicherheiten der elektrochemisch aktiven Oberfläche a zurückzuführen, während die kleinen Fehlerbereiche für D^δ durch Unsicherheiten in Porosität ε und Tortuosität τ zustande kommen. Da die Fehlerbereiche für alle berechneten Werte immer innerhalb einer Größenordnung liegen, werden diese für die qualitative Betrachtung der zeitabhängigen Verläufe im Folgenden nicht berücksichtigt.

Bei $T = 600\,°C$, Abbildung 5.11 (a) steigt R_{2C} konstant über der Zeit. Das zeitabhängige Verhalten der Koeffizienten k^δ und D^δ nimmt parallel verschoben konstant ab. Somit verringert sich sowohl der Oberflächenaustausch als auch die Festkörperdiffusion im Material mit zunehmender Messdauer und führen zu einem Anstieg des Kathodenpolarisationswiderstandes um insgesamt 1500 % in $t = 1025\,h$. Somit sind bei $T = 600\,°C$ offensichtlich 2 Mechanismen für den Anstieg von R_{2C} verantwortlich. Bei $T = 750\,°C$, Abbildung 5.11 (b), ist wie schon in Abbildung 5.5 (g) der charakteristische nichtlineare Anstieg von R_{2C} zu erkennen. Der k^δ - Wert bleibt über der Messzeit bis auf minimale Schwankungen konstant, während D^δ in Korrelation zum Anstieg des Widerstandes R_{2C} um eine Größenordnung abnimmt. Somit kann die Alterung des Kathodenmaterials bei $T = 750\,°C$ vorwiegend durch die Abnahme der Festkörperdiffusion begründet werden.

In deutlich geringerem Maße ist eine Abnahme des D^δ - Wertes auch bei $T = 900\,°C$ zu erkennen. Abbildung 5.11 (c) zeigt den leichten Anstieg (ca. $1\,m\Omega cm^2$) von R_{2C}. Damit verglichen bleibt der k^δ - Wert konstant, während der D^δ - Wert in den ersten 200 h eine leichte Abnahme erfährt. Dies korreliert mit dem Anstieg von R_{2C} in den ersten 200 h, der jedoch aufgrund der extrem kleinen Änderung des Kathodenwiderstandes eher als Trend angesehen werden muss.

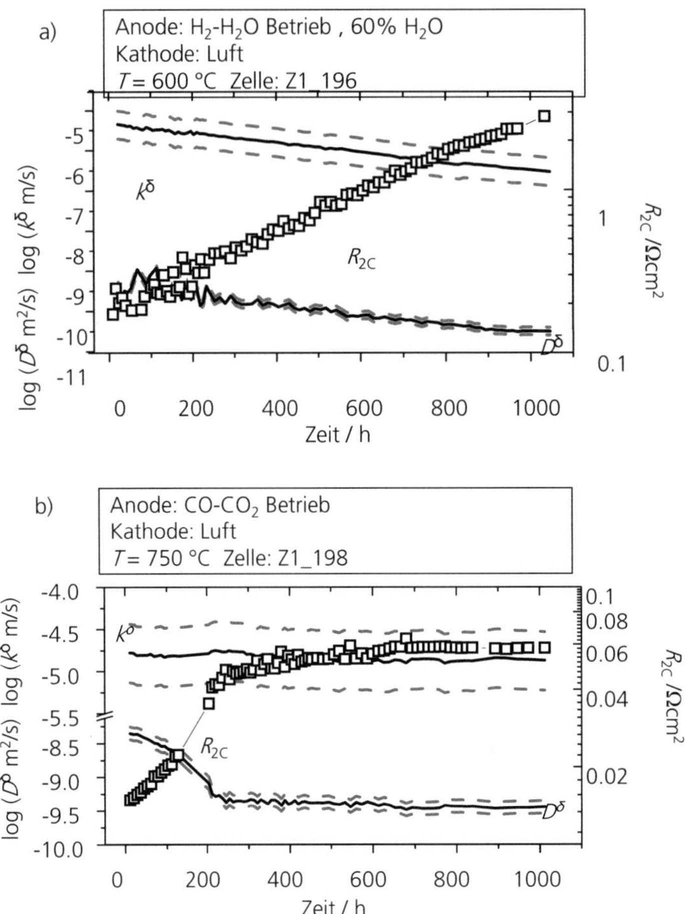

Fortsetzung der Grafik auf der nächsten Seite

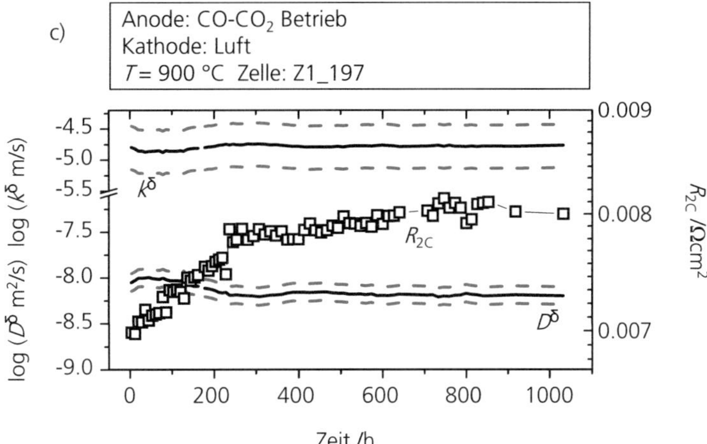

Abbildung 5.11 k^δ- und D^δ- Werte der Langzeitmessungen bei a) T = 600 °C, b) T = 750 °C und c) T = 900 °C

Die Koeffizienten wurden mittels des Modellansatzes von Adler, siehe Kapitel 4.4 berechnet. Neben den k^δ - und D^δ - Werten der jeweiligen Messungen sind auch die Kathodenpolarisationswiderstände R_{2C} (-□-) und die Fehlerbereiche (- - -) aufgrund von Unsicherheiten bei der Berechnung der Oberfläche a und der Tortuosität τ mit Hilfe des 3D FEM Modells dargestellt.

Es lässt sich zusammenfassen, dass das zeitabhängige Verhalten der k^δ- und D^δ- Werte in Korrelation zum Verlauf von R_{2C} stark temperaturabhängig ist. Während bei T = 600 °C beide Koeffizienten während der Messzeit abnehmen, ist bei T = 750 °C nur der stark abnehmende D^δ- Wert für den Widerstandsanstieg der Kathode verantwortlich. Bei T = 900 °C sind die Verläufe von k^δ und D^δ bis auf eine schwache Abnahme von D^δ in den ersten 200 h im Vergleich zu den beiden anderen Messungen als nahezu konstant anzusehen. Dies wird besonders deutlich, wenn die k^δ - und D^δ - Werte zusammen in einem Diagramm dargestellt werden, siehe Abbildung 5.12. Betrachtet man die k^δ - Werte in Abhängigkeit von der Betriebstemperatur, so ist deutlich zu erkennen, dass die Werte bei T = 750 °C und 900 °C bis auf kleine Schwankungen nahezu konstant und fast deckungsgleich verlaufen, während der k^δ- Wert für T = 600 °C von Anfang an wesentlich kleiner ist und im Laufe der Messung linear abfällt. Zusätzlich sind die Literaturwerte von Bouwmeester [52] für das Material $La_{0.6}Sr_{0.4}Co_{0.2}Fe_{0.8}O_{3-\delta}$ für T = 600 °C und T = 750 °C angegeben, die mittels „conductivity relaxation" an dichten Bulk-Proben (relative Dichte: 95 %) ermittelt wurden.

Die mittels EIS bestimmten k^δ- Werte liegen bei T = 75 0°C sehr gut in dem von Bouwmeester [52] bestimmten Bereich, während der Wert für T = 600 °C aus der Literatur einem k^δ - Wert nach ca. 800 h der Langzeitmessung entspricht. Eine mögliche Erklärung wäre hierfür, dass die Messungen an den Bulk-Proben bei T = 600 °C im schon gealterten Zustand durchgeführt wurden, und somit im Vergleich zu den Werten bei T = 750 °C einen wesentlich geringeren k^δ - Wert zeigen.

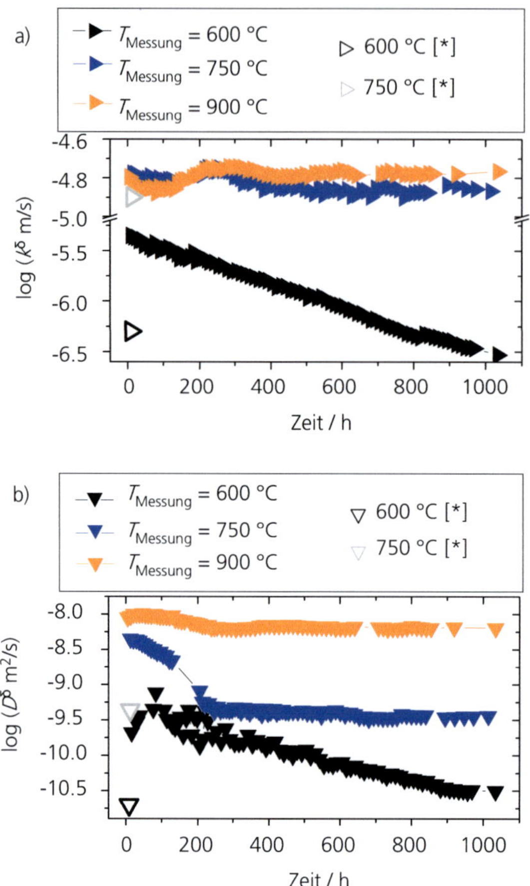

Abbildung 5.12 Temperaturabhängiges Verhalten der k^δ - (a) und D^δ - Werte (b) im Vergleich mit den Literaturwerten *:[52]

Aufgrund der besseren Lesbarkeit wurden bei den Vergleichen der k^δ - und D^δ - Werte bei den drei Temperaturen die Fehlerbereiche nicht dargestellt

Abbildung 5.12 (b) zeigt die D^δ- Werte bei allen drei Temperaturen, ebenfalls im Vergleich mit den von Bouwmeester bestimmten Werten der Bulk-Proben. Die D^δ -Werte bei T = 600 °C fallen über der Messzeit linear ab und weisen trotz der verrauschten Werte in den ersten 150 h einen geringeren Anfangswert verglichen mit den Messungen bei höheren Temperaturen auf. Bei t = 0 h ist der D^δ -Wert bei T = 600 °C am kleinsten, mit log D^δ = -9.68 m²/s, mehr als eine Größenordnung darüber liegt der Wert bei T = 750 °C mit log D^δ = -8.35 m²/s und T = 900 °C mit log D^δ = -8.05 m²/s. Im Laufe der ersten 200 h fällt der D^δ- Wert der T = 750 °C Messung um ca. eine Größenordnung ab, während der D^δ-Wert bei T = 900 °C in derselben Zeit nur um 1.99 x 10⁻⁹ m²/s abnimmt. Der Literaturwert für T = 750 °C liegt im Bereich der gemessenen Werte für t > 200 h, während der D^δ -Wert für T = 600 °C unter den mittels EIS bestimmten Werten über t = 1000 h liegt. Auch hier könnte eine mögliche Alterung der Bulk-Probe vor der D^δ - Wert Bestimmung die Festkörperdiffusion reduzieren und zu einem Wert führen, der die gealterte Struktur beschreibt. Zusätzlich muss erwähnt werden, dass die Zusammensetzung des LSCF Materials von Bouwmeester nicht exakt die gleiche ist wie bei den hier vermessenen LSCF Schichten. Allerdings ist dieser Einfluss im Vergleich zu den unterschiedlichen Werten, die von verschiedenen Gruppen ermittelt wurden, zu vernachlässigen siehe Kapitel 2.5.3.

Die zeitliche Veränderung der k^δ - und D^δ - Werte wurde erstmals im Rahmen dieser Arbeit *in-situ* gemessen und bestimmt. Die Berechnungsmethode sowie erste Ergebnisse bei $T = 750°C$ wurden bereits in [163] veröffentlicht. Die verwendete Methode ist ein alternatives Verfahren im Gegensatz zu den in der Literatur beschriebenen Messverfahren an dicht gesinterten Proben zur Bestimmung dieser Koeffizienten. Dabei wird im Gegensatz zu einer quaderförmigen, dichten Probe, die *ex-situ* vermessen wird, hier die poröse LSCF Kathode im Schichtverbund auf der anodengestützten Einzelzelle unter anwendungsrelevanten Bedingungen (Einfahrprogramm der gesamten Zelle, Beströmung mit 250 ml/min Luft) vermessen und daraus die Koeffizienten bestimmt. Dabei zeigt sich, dass sich je nach Temperatur k^δ und D^δ verändert ($T = 600\ °C$), sich nur der D^δ - Wert verändert ($T = 750\ °C$) oder beide Werte nahezu konstant bleiben ($T = 900\ °C$). Eine Änderung dieser Werte über der Zeit wird bisher von keiner Gruppe, die k^δ- und D^δ - Werte experimentell bestimmt, berücksichtigt bzw. veröffentlicht.

Eine mögliche Erklärung der Temperaturabhängigkeit der Kathode kann die Temperaturabhängigkeit des Sauerstoffdefizits im Material sein. Diese kann z.B. durch Thermogravimetrie oder Festkörper-Coulometrie erfasst werden. Abbildung 5.13 zeigt das mit diesen Methoden ermittelte Sauerstoffdefizit bzw. den Gewichtsverlust von $La_{0.6}Sr_{0.4}Co_{0.2}Fe_{0.8}O_{3-\delta}$ in Abhängigkeit der Temperatur und des $p(O_2)$ von Messungen aus der Literatur [24, 26, 44, 150]. Übereinstimmend zeigt sich, dass das $La_{0.6}Sr_{0.4}Co_{0.2}Fe_{0.8}O_{3-\delta}$ in Luft ab ca. $T = 600\ °C$ anfängt, Sauerstoff auszubauen. Dies wird an der Massenänderung in Abbildung 5.13 a) und b) ab $T = 600\ °C$ sowie am abnehmenden Sauerstoffgehalt $3-\delta$ in Abbildung 5.13 c) und zunehmender O_2 Nichtstöchiometrie δ in Abbildung 5.13 d) deutlich. Diese Erkenntnis legt die Vermutung nahe, dass sich die Kristallstruktur des LSCF Materials bei ca. $T = 600\ °C$ ändert, um in einer veränderten Struktur Sauerstoff ausbauen zu können. Dies könnte auf eine Phasen- oder Strukturwandlung des Materials bei Temperaturen zwischen $600\ °C$ und $900\ °C$ hindeuten.

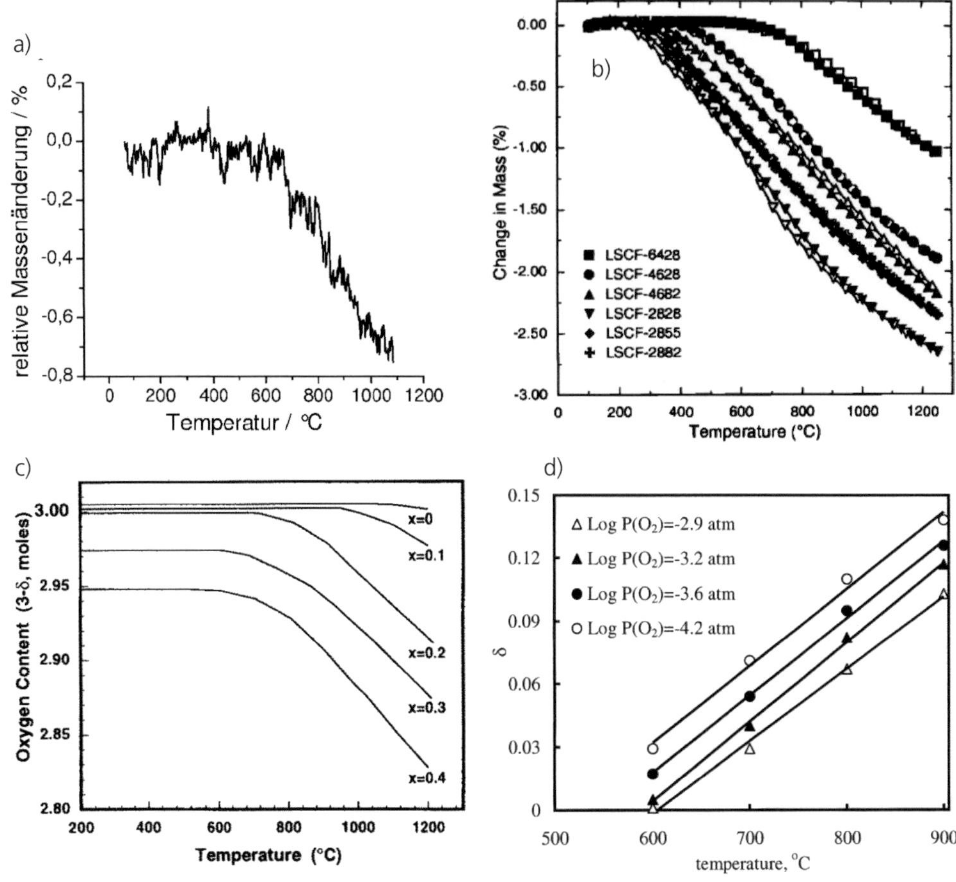

Abbildung 5.13 Sauerstoffdefizit im Material anhand Untersuchungen aus der Literatur

a) Mittels Thermogravimetrie bestimmter relativer Gewichtsverlust von $La_{0.6}Sr_{0.4}Co_{0.2}Fe_{0.8}O_{3-\delta}$ [26], b) Gewichtsverlust abhängig von der Temperatur für verschiedene LSCF Zusammensetzungen [44] c) Sauerstoffgehalt (3-**δ**) oder Sauerstoffdefizit (**δ**) von $La_{1-x}Sr_xCo_{0.2}Fe_{0.8}O_{3-\delta}$ als Funktion der Temperatur und des Sr-Gehaltes (mol) in Luft [24], d) Mittels Festkörper Coulometrie (solid electrolyte coulometry, SEC) ermittelte Sauerstoffnichtstöchiometrie als Funktion der Temperatur und des $p(O_2)$ für $La_{0.6}Sr_{0.4}Co_{0.2}Fe_{0.8}O_{3-\delta}$ [150] .

Im Kapitel 5.4 wird diese Möglichkeit anhand einer Temperaturerhöhung auf $T = 900\,°C$ nach der Langzeitmessung von Probe Z1_199 untersucht. Zunächst werden im nächsten Kapitel die Ergebnisse der XRD Messungen betrachtet, um mögliche Unterschiede in Gitterkonstanten oder Phasen vor und nach den Langzeitmessungen zu analysieren.

5.4 Reversible Kathodenalterung

Die Ergebnisse der Impedanzmessungen aus Kapitel 5.2 haben gezeigt, dass der Anstieg des Kathodenwiderstands mit sinkender Temperatur zunimmt, d.h. die Kathode mit sinkender Temperatur stärker altert. Die XRD Spektren in Kapitel 5.5 geben einen ersten Hinweis darauf, dass bei der Probe, die für $t = 1000$ h bei $T = 900$ °C vermessen wurde, eine Phasenumwandlung von rhomboedrisch zu kubisch stattgefunden haben könnte. Daraus ergibt sich die Frage, ob der Prozess der Alterung evtl. reversibel ist, wenn die Temperatur über einen bestimmten Wert erhöht wird. Zudem ist zu klären, ob und wie sich der Oberflächenaustauschkoeffizient k^δ und der Festkörperdiffusionskoeffizient D^δ während und nach einer solchen Temperaturerhöhung im Anschluss an die Langzeitmessung verändern. Für diese Untersuchung wird die Zelle Z1_199 wie die Zellen Z2_159, Z1_191 und Z1_198 bei $T = 750$ °C für $t = 1000$ h vermessen. Danach wird die Temperatur der Zelle Z1_199 auf $T = 900$ °C erhöht und die Änderung des Kathodenwiderstandes in dieser Zeit beobachtet. Nach einer Haltezeit von $t = 160$ h wird die Temperatur wieder auf $T = 750$ °C abgesenkt, um den Effekt der Temperaturerhöhung zu analysieren. Die detaillierte Vorgehensweise sowie die Ergebnisse der Temperaturerhöhung sind im zweiten Teil dieses Kapitels dargestellt.

Zunächst soll im folgenden Einschub ein zusätzliches Experiment im Rahmen der Zellmessung Z1_199 erklärt werden.

Die Messung der Zelle Z1_199 hat neben der Temperaturerhöhung nach $t = 1000$ h eine weitere Besonderheit. Wie in Kapitel 2.6.3 erläutert, stellen Mai und Becker [3] [5] [30] in Langzeitmessungen Sr- Abdampfung aus dem LSCF Material fest. Demnach wird diese Abdampfung von Sr aus der LSCF Kathode als Grund für die Alterung der Kathode postuliert. Dabei wird angenommen, dass die an der Kathode vorbeiströmende Luft Sr aus dem Kathodenmaterial über die Gasphase abtransportiert und damit die Zusammensetzung des LSCF ändert. Um diesen Abtransport zu verhindern, soll hier die Luft, die über die Kathode strömt, mit La, Sr, Co und Fe angereichert werden, sodass diese mit Kathodenmaterial „gesättigt" ist. Dies könnte eine Zersetzung des LSCF Materials und damit die starke Alterung gemäß der Erklärung aus der Literatur verhindern. Um die Luft kathodenseitig mit LSCF anzureichern, wurde ein Goldsäckchen mit gesintertem LSCF Pulver gefüllt, Abbildung 5.14 (a), und in die Gaszuleitung der Kathode in den Kathodengasstrom ins Housing eingebaut, Abbildung 5.14 (b). Ein kleiner Luftspalt zwischen Goldsäckchen und Innenwand des Al_2O_3 Rohres verhindert ein zu starkes Abbremsen der Luft. Somit ist kontinuierlich ein Luftstrom vorhanden, der bei $T = 750$ °C aus dem Goldsäckchen verdampfendes Sr und/oder Co aufnimmt und an die Kathode führt. Die Zelle wird daraufhin wie in Kapitel 3.2.2 beschrieben über $T = 1000$ h bei $T = 750$ °C vermessen. Die Auswertung der Widerstände über der Zeit erfolgt analog zur Beschreibung für $T = 750$ °C in Kapitel 5.1.2. Abbildung 5.15 zeigt den Vergleich zwischen dem Kathodenpolarisationswiderstand der Zelle Z1_198 ohne LSCF Anreicherung in der Kathodenluftzufuhr und Z1_199 mit LSCF Anreicherung.

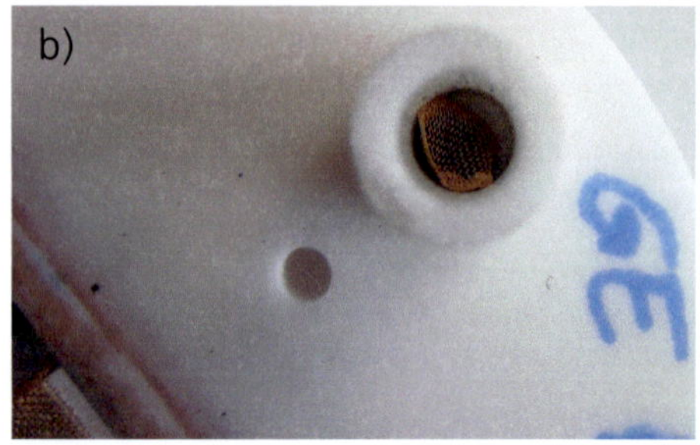

Abbildung 5.14 Goldsäckchen, gefüllt mit LSCF Pulver

a) Goldsäckchen gefüllt mit LSCF Pulver zum Anreichern der Kathodenluft mit Sr und/oder Co, b) Einbau in der Kathodengaszuleitung

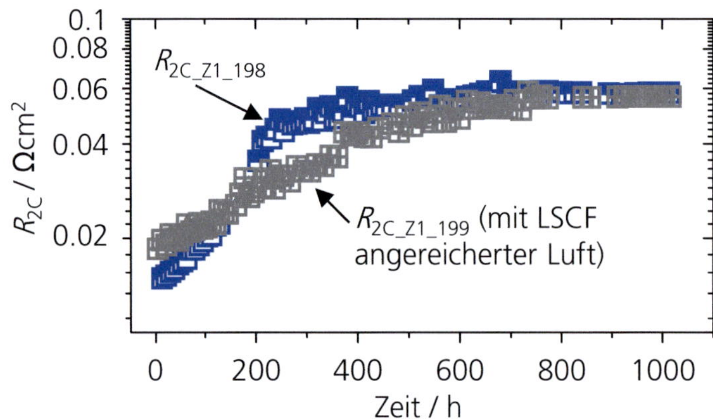

Abbildung 5.15 Alterungsverhalten der Kathodenpolarisationswiderstände für Z1_198 (ohne LSCF Anreicherung der Kathodenluft) und Z1_199 (mit LSCF Anreicherung). Werte siehe Anhang 7.4.

Tabelle 5-9 gibt in den ersten 7 Spalten die Werte bei t_{start}, $t_{\sim300h}$ und t_{end} sowie Degradationsraten im Vergleich an. Obwohl Zelle Z1_199 mit einem etwas höheren Anfangswert bei $t = t_{start}$ beginnt, ist der Degradationsverlauf wesentlich flacher ($r_{Deg} = 0.28$ % / h) verglichen mit Zelle Z1_198 ($r_{Deg} = 0.72$ % / h). Dies ist wahrscheinlich auf die Anreicherung der Kathodenluft mit LSCF zurückzuführen. Dennoch erreicht die Zelle Z1_199 nach ca. $t = 800$ h den Kurvenverlauf der Zelle Z1_198 und beide Zellen erreichen den nahezu identischen Endwert bei $t = 1000$ h von 0.057 und 0.058 Ωcm^2. Das führt zu der Vermutung, dass die Sättigung der Kathodenluft einen kurzfristigen Effekt erzielt, ab ca. 800 h aber keinen Einfluss mehr auf das Degradationsverhalten der Kathode hat. Im Folgenden wird davon ausgegangen, dass die Alterung der Kathode beider Zellen nach ca. $t = 800$ h identisch ist.

Tabelle 5-9 R_{2C} bei t_{start}, $t_{\sim 300h}$ und t_{ende} sowie die berechnete Degradation in % / h. Zusätzlich ist für die Zelle Z1_199 der R_{2C} nach $t = 160$ h Haltezeit bei $T = 900$ °C gegeben.

R_{2C}	$T_{Messung}$	R_{2C} bei t_{start} $[\Omega cm^2]$	R_{2C} bei $t_{\sim 300h}$ $[\Omega cm^2]$	Degradation [% / h]	R_{2C} bei t_{ende} $[\Omega cm^2]$	Degradation [% / h]	R_{2C} bei $t = 1374$ h nach 160 h bei $T = 900$ °C $[\Omega cm^2]$
R_{2C} Z1_199	750 °C	0.018	0.033	0.28	0.057	0.104	0.010
R_{2C} Z1_198	750 °C	0.015	0.047	0.72	0.058	0.033	

Der Verlauf der Kathodendegradation bei $T = 900$ °C der Zelle Z1_197 legt die Vermutung nahe, dass die Alterung des Materials nicht durch die Temperatur begünstigt wird. Im Gegenteil, eine hohe Temperatur führt offensichtlich zu mehr Stabilität der hier untersuchten LSCF Zusammensetzung. Um einen möglicherweise reversiblen Alterungsprozess der Kathode zu ermitteln, wurde, wie am Anfang dieses Kapitels beschrieben, die bei $T = 750$ °C vermessene Zelle Z1_199 nach $t = 1000$ h auf $T = 900$ °C aufgeheizt und der Verlauf des Kathodenwiderstandes während der Haltezeit beobachtet. Nach $t = 160$ h zeigte der Kathodenwiderstand R_{2C} bei ca. 1.4 mΩcm^2 keine Veränderungen mehr, sodass die Temperatur wieder auf $T = 750$ °C abgesenkt und eine Abschlusscharakterisierung durchgeführt wurde. Abbildung 5.16 zeigt zunächst den Verlauf aller Verlustanteile der Zelle Z1_199 über insgesamt $t = 1374$ h bei $T = 750$ °C. Dabei wurden die Werte für die Haltezeit zwischen $t = 1180$ h und $t = 1340$ h bei $T = 900$ °C nicht dargestellt. Der R_{2C} Verlauf während der $T = 750$ °C Langzeitmessung sowie die k^{δ} - und D^{δ} - Werte sind in Abbildung 5.17 a), während der Haltezeit bei $T = 900$ °C in Abbildung 5.17 b) dargestellt.

Die Polarisationswiderstände in Abbildung 5.16 zeigen für den Zeitraum von $t = 1003$ h bis 1374 h das folgende Verhalten:

- Der Kathodenpolarisationswiderstand R_{2C} ist in der Haltezeit bei $T = 900$ °C um 0.047 Ωcm^2 abgesunken (0.057 Ωcm^2 bei $t = 1003$ h, 0.010 Ωcm^2 bei $t = 1374$ h). Dies entspricht 17 % des „gealterten" Widerstandes vor der Haltezeit.

- Die Werte für R_{1A}, R_{2A} (das Symbol wird bei $t = 1374$ h teilweise durch das R_{2C} Symbol verdeckt) und R_0 bleiben nach der Haltezeit konstant bzw. zeigen keine Unstetigkeit im Widerstandswert verglichen zum Zeitpunkt vor der Temperaturerhöhung.

- Der Widerstand R_{3A} steigt um 28 % von 108 Ωcm^2 bei $t = 1003$ h auf 139 Ωcm^2 bei $t = 1374$ h an.

- Der Gesamtpolarisationswiderstand R_{pol} fällt aufgrund des starken Rückgangs von R_{2C} um ca. 10 % ab.

In der weiteren Diskussion soll hier nur auf den Verlauf des Kathodenpolarisationswiderstandes eingegangen werden.

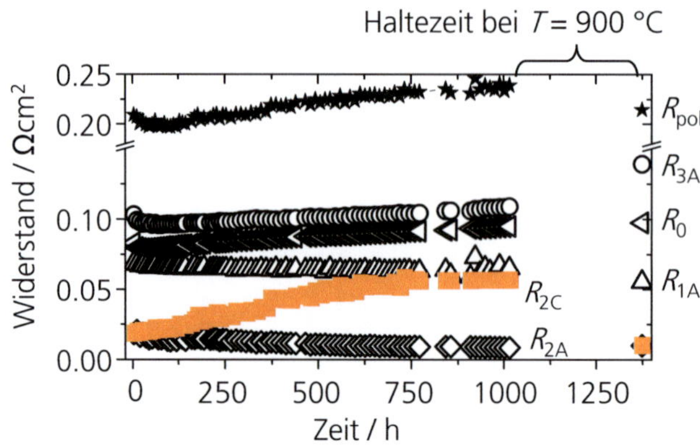

Abbildung 5.16 Zeitabhängiger Verlauf aller Widerstandswerte der Zelle Z1_199 bei T = 750 °C

Betriebsbedingungen: Kathode: Luft, Anode: CO-CO$_2$. Der Kathodenpolarisationswiderstand R_{2C} ist nach der Haltezeit bei T = 900 °C deutlich kleiner geworden. R_{1A}, R_{2A} und R_0 bleiben konstant, während R_{3A} größer wird. Dennoch fällt aufgrund des starken Rückgangs von R_{2C} der Gesamtpolarisationswiderstand R_{pol} ab. Werte siehe Anhang 7.4.

Wie in Kapitel 5.3 für die Zellen Z1_196 (T = 600 °C), Z1_198 (T = 750 °C) und Z1_197 (T = 900 °C) gezeigt, werden für die Zelle Z1_199 aus dem Kathodenwiderstand die k^δ - und D^δ - Werte berechnet. Der D^δ - Wert sinkt bei Zelle Z1_199, siehe Abbildung 5.17 a), gemäß dem R_{2C} Anstieg während der Langzeitmessung bei T = 750 °C während der k^δ - Wert weitgehend konstant bleibt. Die Zunahme des Kathodenwiderstandes R_{2C} ist somit durch die Abnahme der Festkörperdiffusion begründet. Wie in Abbildung 5.12 sind auch hier die k^δ - und D^δ- Werte aus der Literatur [52] angegeben. Während der k^δ - Wert in der Größenordnung des hier bestimmten Wertes liegt, ist der D^δ -Wert aus der Literatur vergleichbar dem berechneten D^δ - Wert aus den Impedanzmessungen bei ca. t = 700 h. Dies kann, wie schon in Kapitel 5.3 besprochen, auf die Alterung der Bulk-Probe bei der Messung des Festkörperdiffusionskoeffizienten zurückzuführen sein. Aus der Literatur geht nicht hervor, zu welchem Zeitpunkt die Probe vermessen wurde, bzw. welchen Bedingungen (Temperatur, pO_2, etc.) die Probe vor der D^δ -Wert Bestimmung bei T = 750 °C ausgesetzt war. Abbildung 5.17 b) zeigt den Kathodenwiderstand, der bei T = 900 °C in der 160 h langen Haltezeit aus dem Gesamtpolarisationswiderstand separiert und quantifiziert wurde sowie die daraus berechneten k^δ - und D^δ - Werte. R_{2C} bleibt in den ersten 200 h der Haltezeit konstant auf 0.0057 Ωcm^2, sinkt dann über t = 110 h linear ab und bleibt in den letzten 35 h der Haltezeit wieder weitgehend konstant auf 0.0014 Ωcm^2. Im selben Zeitraum steigt der D^δ - Wert um ca. eine Größenordnung an, während sich der k^δ - Wert etwas weniger von 8.9 x 10^{-5} m/s auf 1.99 x 10^{-4} m/s erhöht. Die starke Abnahme des Widerstandes R_{2C} bei T = 900 °C ist durch die Zunahme beider Koeffizienten zu erklären, wobei die Zunahme des D^δ - Wertes den größten Anteil hat. Somit erhöht sich sowohl der

Oberflächenaustausch, als auch die Festkörperdiffusion während der Haltezeit bei $T = 900\,°C$, was zu einem Anstieg der Kathodenleistung führt.

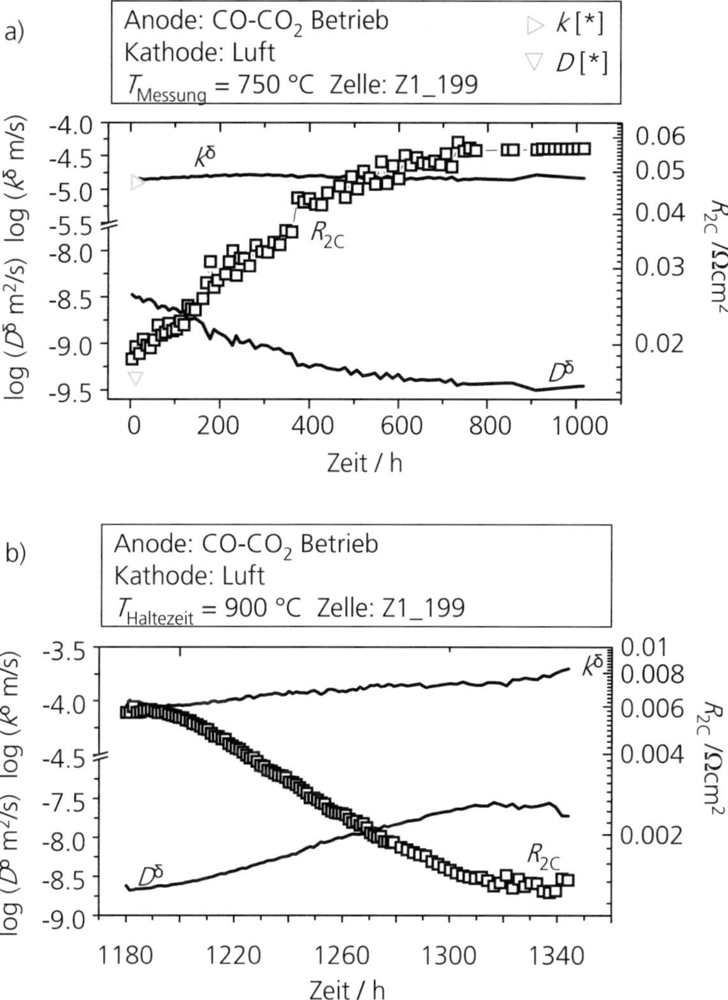

Abbildung 5.17 k^δ - und D^δ - Werte der Messungen bei a) $T = 750\,°C$ und b) während der Haltezeit bei $T = 900\,°C$

Die Koeffizienten wurden mittels des Modellansatzes von Adler, siehe Kapitel 4.4 berechnet. Neben den k^δ - und D^δ - Werten der jeweiligen Messungen (-) ist auch der Kathodenpolarisationswiderstand R_{2C} (-□-) und die k^δ - und D^δ - Werte aus der Literatur *: [52] dargestellt. Werte siehe Anhang 7.4.

Aus Abbildung 5.16 und Abbildung 5.17 lässt sich folgendes zusammenfassen:

- Der Kathodenwiderstand R_{2C} steigt über $t = 1000\,h$ an und lässt sich durch die Haltezeit bei $T = 900\,°C$ auf 17 % des gealterten Wertes reduzieren.

- Während der Haltezeit bei $T = 900\,°C$ für $t = 160\,h$ sinkt der Kathodenwiderstand stark ab.

- Das heißt, dass der Anstieg des Widerstandes durch die Temperaturerhöhung auf $T = 900\,°C$ für $t = 160\,h$ rückgängig gemacht werden kann.

- Für den Widerstandsanstieg bei $T = 750\,°C$ ist der Rückgang des D^δ - Wertes um eine Größenordnung verantwortlich.

- Die R_{2C} Abnahme während der Haltezeit korreliert dagegen sowohl mit einem Anstieg des D^δ - Wertes als auch mit einem geringen Anstieg des k^δ - Wertes.

- Damit ist die Alterung der Kathode nach den Erkenntnissen dieser Messung reversibel.

Diese Aussage steht im Widerspruch zu den Erkenntnissen von Becker [3], der annimmt, dass Sr- Abdampfung und daraufhin eine Entmischung des LSCF Materials für die Alterung verantwortlich ist.

Aufgrund der Reversibilität des Prozesses wird als Ursache des temperaturabhängigen Alterungsverhaltens eine Phasenumwandlung vermutet. Iberl [164] hat in temperaturabhängigen XRD Messungen an $La_{0.8}Sr_{0.2}Mn_{0.4}Co_{0.6}O_{3-\delta}$ eine Phasenumwandlung abhängig vom Co-Anteil im Material gefunden. Dabei ändert sich die Kristallstruktur von rhomboedrisch zu kubisch je nach Co-Gehalt von $950\,°C$ bis $1250\,°C$. In der Literatur wird für $La_{0.58}Sr_{0.4}Co_{0.2}Fe_{0.8}O_{3-\delta}$ bei Raumtemperatur eine rhomboedrische Struktur angegeben [26], [161], ebenso bei $La_{0.55}Sr_{0.4}Co_{0.2}Fe_{0.8}O_{3-\delta}$ [27] und bei $La_{0.6}Sr_{0.4}Co_{0.2}Fe_{0.8}O_{3-\delta}$ [24]. Eine Phasenumwandlung von rhomboedrisch zu orthorhombisch bei $La_{0.6}Sr_{0.4}Co_{0.2}Fe_{0.8}O_{3-\delta}$ mit $Sr = 0.4$ wird erst unterhalb der Raumtemperatur beobachtet [28]. Serra [165] findet für die Zusammensetzung $La_{0.68}Sr_{0.3}Co_{0.2}Fe_{0.8}O_{3-\delta}$ in XRD Messungen eine orthorhombische Struktur. Eine Phasenumwandlung von rhomboedrisch zu kubisch zwischen $400\,°C$ und $500\,°C$ wird von Wang [57] mittels XRD Messungen an $La_{0.6}Sr_{0.4}Co_{0.8}Fe_{0.2}O_{3-\delta}$ Pulver gefunden. Der Co-Gehalt ist dabei mit 0.8 wesentlich höher als der des in dieser Arbeit untersuchten Materials mit einem Co-Gehalt von 0.2. Iberl [164] hat, wie oben beschrieben, eine Abnahme der Phasen-Umwandlungs-Temperatur mit zunehmendem Co-Gehalt an $La_{0.8}Sr_{0.2}Mn_{0.4}Co_{0.6}O_{3-\delta}$ Pulvern gefunden. Dies könnte bedeuten, dass das hier untersuchte LSCF mit einem geringen Co-Gehalt von 0.2 möglicherweise eine höhere Phasen-Umwandlungs-Temperatur zwischen $600\,°C$ und $900\,°C$ besitzt. Diese Vermutung muss allerdings durch temperaturabhängige XRD-Messungen am hier untersuchten Material $La_{0.58}Sr_{0.4}Co_{0.2}Fe_{0.8}O_{3-\delta}$ analysiert werden. Einen ersten Hinweis über die mögliche Bildung von Zweitphasen nach der Langzeitmessung liefern XRD Messungen der hier vermessenen Proben nach dem Abkühlen, wie in Kapitel 5.5 beschrieben ist. Erste Mikrostrukturanalysen am TEM, siehe Kapitel 5.6, zeigen keine Unterschiede der Zelle Z1_199 nach der Messung im Vergleich zur nicht vermessenen Referenzprobe.

5.5 Ergebnisse XRD Messungen

Um eine mögliche Phasenumwandlung bei Temperaturen zwischen $T = 600\,°C$ und $T = 900\,°C$ zu detektieren, wurden wie in Kapitel 4.5.3 beschrieben, an den vermessenen Zellen XRD Analysen durchgeführt. Abbildung 5.16 zeigt die Röntgendiffraktogramme der LSCF Schichten der Zellen (Z1_196, Z1_197, Z1_198, Z1_199) im Vergleich mit einer nicht vermessenen Zelle ($T_{Sinter} = 1080\,°C$). Dabei gibt a) den Gesamtbereich zwischen 20 ° und 80 ° an, während b), c) und d) die jeweiligen Ausschnitte in Vergrößerung zeigen. Die Zelle Z1_199 wurde ebenso wie die Zelle Z1_198 bei $T = 750\,°C$ für $t = 1000\,h$ vermessen. Allerdings wurde nach $t = 1000\,h$ die Temperatur auf $T = 900\,°C$ erhöht, um möglicherweise eine Änderung oder Reversibilität des Alterungsverhaltens zu erreichen. Die Vorgehensweise sowie die Ergebnisse zu dieser Messung sind in Kapitel 5.4 beschrieben.

Prinzipiell ist es schwierig, anhand von XRD Spektren eines Schichtverbundes Aussagen bzgl. Gitterkonstanten und Phasen zu machen, da die Reflexe der unter der LSCF Schicht liegenden GCO- Schicht ebenfalls in das Spektrum mit eingehen und somit die Reflexlagen sehr dicht beieinander stehen. In den hier vorliegenden Spektren wurden Reflexe sowohl der GCO Zwischenschicht als auch des 8YSZ Elektrolyten neben den LSCF Reflexen gefunden. Zur Auswertung wurden folgende Muster aus der JCPDS Datenbank verwendet: (i) $Gd_{0.10}Ce_{0.9}O_{1.95}$ kubisch[15] (ii) $((ZrO_2)_{0.88}(Y_2O_3)_{0.12})_{0.893}$ kubisch[16] (iii) $La_{0.6}Sr_{0.4}Co_{0.4}Fe_{0.6}O_3$ hexagonal[17]. Aufgrund der Übersichtlichkeit wurden die Positionen der kubischen Zusammensetzung $(La_{0.6}Sr_{0.4})(Co_{0.9}Fe_{0.1})O_3$ in Abbildung 5.18 nicht dargestellt. Diese unterscheidet sich von der hexagonalen Verbindung $La_{0.6}Sr_{0.4}Co_{0.4}Fe_{0.6}O_3$ durch eine minimale Verschiebung der einfachen Reflexe zu kleineren Winkeln, im Gegensatz zu den doppelten bzw. dreifachen Reflexen der hexagonalen Zusammensetzung. Abbildung 5.16 a) zeigt neben den GCO und 8YSZ Reflexen die LSCF Reflexe, deren Position mit den LSCF Reflexen für $La_{0.58}Sr_{0.4}Co_{0.2}Fe_{0.8}O_3$ übereinstimmen, die Mai an Pulvern untersucht hat [26]. Im Ausschnitt von 20 ° - 40 ° Abbildung 5.18 b) sind Breite und Höhe der LSCF Peaks für jede Zelle nahezu identisch. Auffällig ist ein unbekannter Peak bei ca. 29.5 ° im Spektrum der Zelle Z1_197, die bei $T = 900\,°C$ vermessen wurde. Dieser zusätzliche Peak konnte nicht durch die oben genannten Zusammensetzungen definiert werden. Abbildung 5.16 c) und d) zeigen für die Zelle Z1_197 eine Verbreiterung des Peaks und eine Verschiebung zu kleineren Winkeln. Die Verbreiterung deutet darauf hin, dass es viele unterschiedliche Zusammensetzungen geben kann, während die Verschiebung zu kleineren Winkeln eine deutliche Änderung im Vergleich zur Ausgangszusammensetzung anzeigt. Eine Phasen- und Strukturumwandlung des Materials von kubisch in z.B. hexagonal oder rhomboedrisch lässt sich auch am Aufspalten eines Einfachpeaks in einen Doppelpeak erkennen.

---

[15] 01-075-0161 $Gd_{0.10}Ce_{0.9}O_{1.95}$ kubisch
[16] 01-070-4436 $((ZrO_2)_{0.88}(Y_2O_3)_{0.12})_{0.893}$ kubisch
[17] 01-049-0284 $La_{0.6}Sr_{0.4}Co_{0.4}Fe_{0.6}O_3$ hexagonal

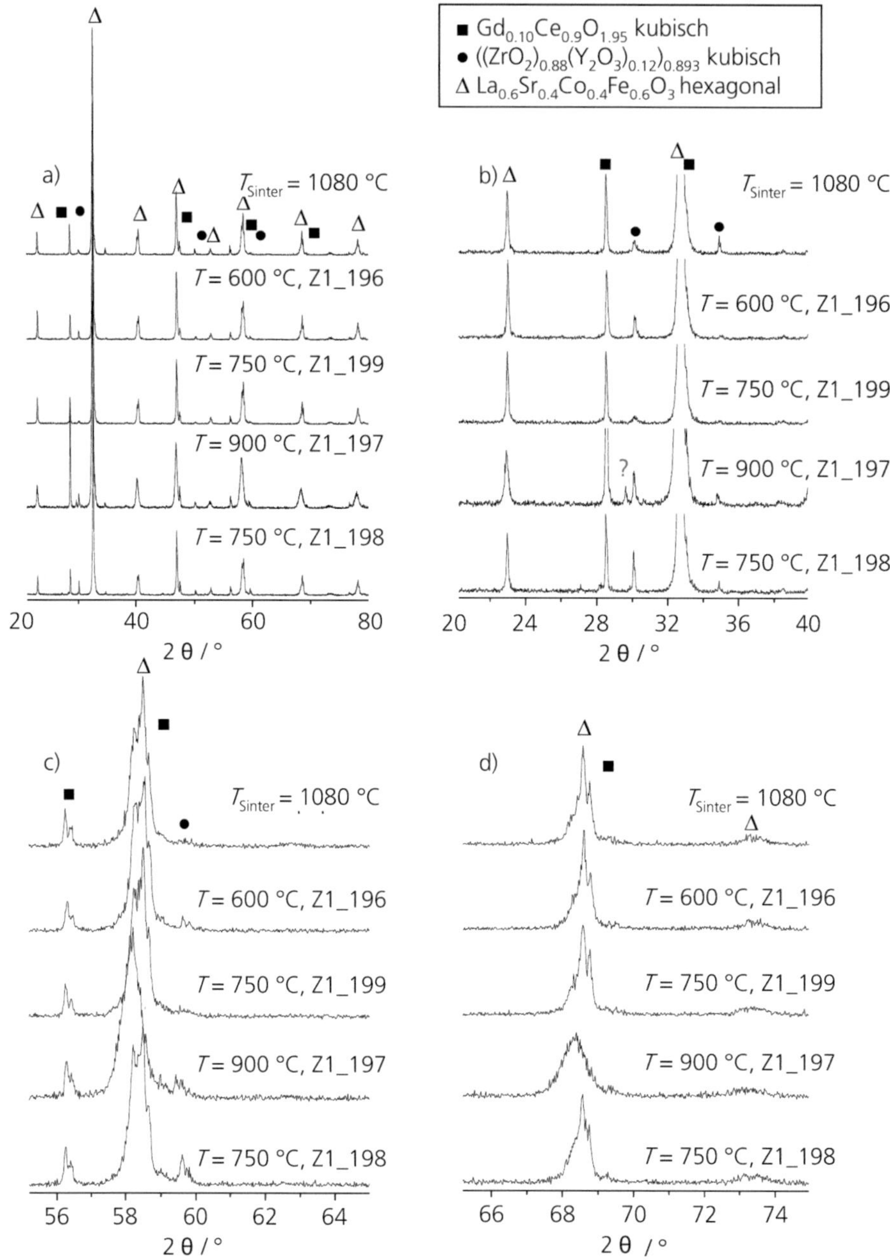

Abbildung 5.18 Röntgendiffraktogramme der LSCF Schichten nach der Messung über 1000 h in Abhängigkeit der Messtemperatur

a) Gesamtes Diffraktogramm von 20°-80°, b) detaillierter Ausschnitt von 20° < 2θ < 40°, c) 56° < 2θ < 64° d) 66° < 2θ < 74°. Die Spektren der vermessenen Zellen sind verglichen mit einer nicht vermessenen Zelle nach der Herstellung (T_{Sinter} = 1080 °C)

Dieser Effekt könnte in Abbildung 5.18 c) und d) an dem verbreiterten Peak für Zelle Z1_197 erkennbar sein. Bei ca. 58.2 ° und 68.5 ° sind für alle Messungen Doppelpeaks zu erkennen, bis auf die Zelle Z1_197, die für 1000 h bei 900 °C vermessen wurde. Mai beschreibt einen orthorhombischen Typ für das Material $La_{0.8}Sr_{0.2}FeO_{3-\delta}$, das einen Reflex zwischen 25 ° - 26 ° und einen Einfachreflex bei ca. 67.5 ° zeigt, während das rhomboedrische Material $La_{0.58}Sr_{0.4}Co_{0.2}Fe_{0.8}O_3$ zwei Reflexe zeigt [26]. Eine orthorhombische Phase kann somit ausgeschlossen werden, da es hier keinen Reflex zwischen 25 ° und 26 ° gibt [26].

Abhängig von der Temperatur hat Iberl [164] eine Phasenumwandlung von $La_{0.8}Sr_{0.2}Mn_{0.4}Co_{0.6}O_{3-\delta}$ von rhomboedrisch zu kubisch bei ca. 1110 °C gemessen. Diese Umwandlungstemperatur verringert sich mit steigendem Co-Anteil. In der vorliegenden Messung b) und c) liegt direkt neben den LSCF Peaks der Reflex für GCO, der den LSCF Peak mit beeinflussen könnte. Geht man davon aus, dass die Unterschiede in Reflextyp und Position nur auf das LSCF Material zurückzuführen sind, so könnte dies bei T = 900 °C einen Hinweis auf eine kubische Zusammensetzung geben. Mit den XRD Untersuchungen von Mai, der für $La_{0.58}Sr_{0.4}Co_{0.2}Fe_{0.8}O_3$ bei Raumtemperatur eine rhomboedrische Struktur angibt und den Erkenntnissen von Wang, der für $La_{0.6}Sr_{0.4}Co_{0.8}Fe_{0.2}O_{3-\delta}$ bei 400 °C – 500 °C eine Phasenumwandlung von rhomboedrisch zu kubisch findet, könnte hier ebenfalls eine Phasenumwandlung von rhomboedrisch zu kubisch der bei T = 900 °C vermessenen Probe stattgefunden haben.

Tabelle 5-10 gibt die aus den XRD Diffraktrogrammen bestimmten Gitterkonstanten an, unter der Annahme, dass sowohl kubische als auch hexagonale Phasen vorliegen.

Tabelle 5-10 Gitterkonstanten, bestimmt aus den in Abbildung 5.18 gezeigten Diffraktogrammen unter der Annahme, dass sowohl kubische als auch hexagonale Phasen vorliegen.

	$T_{Messung}$	a (hex) [Å]	c (hex) [Å]	a (kub) [Å]
Z1_197	900 °C	5.510 +/- 0.005	13.429 +/- 0.023	3.872 +/- 0.004
Z1_196	600 °C	5.497 +/- 0.003	13.377 +/- 0.014	3.871 +/- 0.002
Z1_198	750 °C	5.497 +/- 0.003	13.377 +/- 0.014	3.871 +/- 0.002
Z1_199	750 °C	5.497 +/- 0.003	13.377 +/- 0.014	3.871 +/- 0.002
T_{Sinter}= 1080 °C	-	5.497 +/- 0.003	13.377 +/- 0.014	3.871 +/- 0.002

Hierbei muss berücksichtigt werden, dass bei der Bestimmung der Gitterkonstante aufgrund der relativ breiten Reflexe große Fehler entstehen können. Bei den Proben Z1_196, Z1_198 und Z1_199 zeigt sich anhand der Gitterkonstanten innerhalb der angegebenen Fehler kein Unterschied zum Ausgangszustand der Probe „T_{Sinter} = 1080 °C". Einzig die Gitterkonstanten des Spektrums der Zelle Z1_197 sind im Vergleich zum Ausgangsmaterial größer. Aufgrund der breiten Reflexe und der damit verbundenen Fehler kann hier jedoch keine eindeutige Aussage zur Veränderung der Phasen im LSCF Material der vermessenen Proben gemacht werden. Um eindeutigere Informationen über mögliche Phasenunterschiede zu erhalten, sind detaillierte Analysen mittels Transmissionselektronenmikroskop (TEM) notwendig. Im Rahmen dieser Arbeit wurden die vermessenen Zellen mittels Rasterelektronenmikroskop untersucht, sodass zunächst mikrostrukturelle Veränderungen der Kornoberfläche aufgrund der unterschiedlichen Langzeittemperaturen analysiert werden konnten. Zusätzlich wurden erste Mikrostrukturuntersuchungen mittels TEM einer nicht vermessenen Referenzzelle im Vergleich mit der Zelle Z1_199 durchgeführt. Die Ergebnisse sind im nächsten Kapitel gezeigt.

5.6 Ergebnisse Mikrostruktur

In Abbildung 5.19 sind REM Aufnahmen von Bruchflächen der Grenzfläche GCO/LSCF einer Zelle nach der Herstellung „ T_{Sinter} = 1080 °C" sowie der Zellen Z1_196 ($T_{Messung}$ = 600 °C), Z1_198 ($T_{Messung}$ = 750 °C) und Z1_197 ($T_{Messung}$ = 900 °C) abgebildet. Die Bilder zeigen jeweils einen Teil der porösen LSCF Kathode und einen Teil der porösen GCO Schicht.

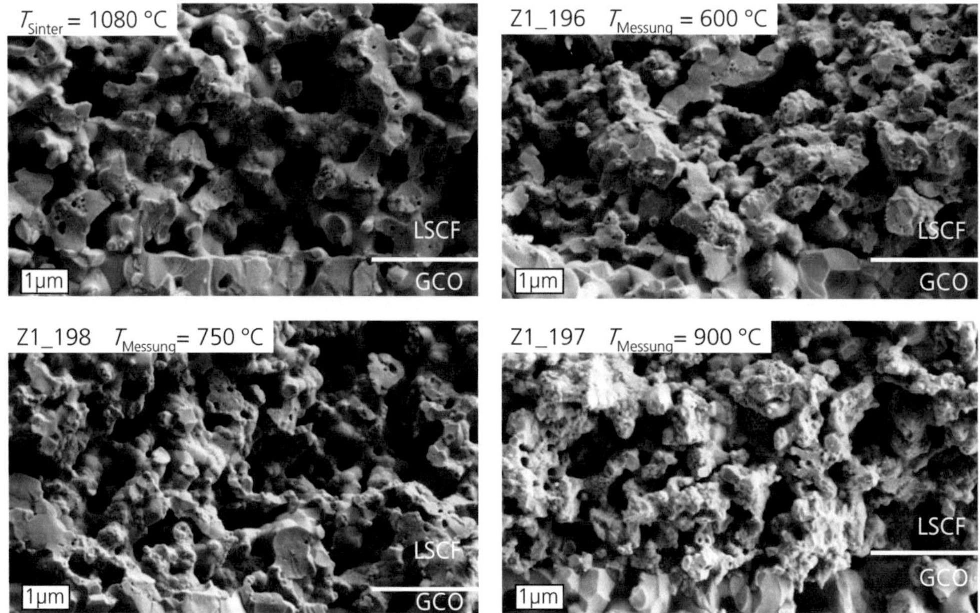

Abbildung 5.19 REM Bruchflächenaufnahmen der Grenzfläche GCO/ LSCF

Alle Aufnahmen zeigen einen Teil der porösen LSCF Kathode auf einem Teil der porösen GCO Schicht.

Sowohl vor als auch nach den Langzeitmessungen haftet die LSCF Schicht bei allen Proben auf der GCO Schicht und zeigt eine gute Versinterung. Bei keiner der vermessenen Zellen kann eine Delamination der Kathode nach der Messung festgestellt werden. Die LSCF Körner zeigen nach dem Sintern eine bimodale Korngrößenverteilung mit Körnern von ca. 100 nm und ca. 500 nm. Am Bruchverhalten, sowie an der Oberflächenbeschaffenheit der LSCF Körner lassen sich bei den Zellen Z1_196 (T = 600 °C) und Z1_198 (T = 750 °C) im Vergleich zur nicht vermessenen Zelle (T_{Sinter} = 1080 °C, im Folgenden Refernzzelle genannt) keine Unterschiede erkennen. Die Strukturen zeigen vergleichbares Bruchverhalten und Nanoporen in den großen LSCF Körnern. Einzig Zelle Z1_197, die bei T = 900 °C über 1000 h vermessen wurde, hat eine veränderte Kornoberfläche und zeigt ein anderes Bruchverhalten. Die Größe der Körner und die Porosität der Schicht sind unverändert, jedoch hat sich eine Art „Überstruktur" auf der Kornoberfläche gebildet.

Abbildung 5.20 vergleicht die Referenzzelle links mit der bei T = 900 °C vermessenen Struktur rechts in größerer Auflösung.

Abbildung 5.20 REM Bruchflächenaufnahmen der Grenzfläche GCO/ LSCF der Referenzzelle und Z1_197

Vergleich einer nicht vermessenen Zelle T_{Sinter} = 1080 °C (Referenzzelle) links mit der bei T = 900 °C vermessenen Zelle Z1_197 rechts. Die Referenzzelle zeigt deutlich eine bimodale Korngrößenverteilung in der LSCF Schicht mit kleinen und großen runden Körnern. Die für t = 1000 h bei T = 900 °C vermessene Kathodenstruktur lässt kleine Körner nur noch erahnen, zusätzlich ist eine Art Überstruktur auf den Kornoberfläche zu erkennen.

Das Bruchverhalten ist im Vergleich zur Referenzprobe unterschiedlich. Der Bruch verläuft bei T = 900 °C nicht durch die Körner wie es bei der Referenzzelle der Fall ist. Deutlich ist eine stark veränderte Oberfläche der Körner bzw. ein „Überwachsen" der Körner mit einer anderen Struktur zu erkennen. Glatte runde Oberflächen, wie bei der Referenzzelle, sind nicht zu erkennen.

Offensichtlich hat die Veränderung der Kathodenkornoberfläche keinen Einfluss auf die elektrische Leistung der Kathode. Die veränderte Morphologie der Körner über der Zeit verursacht keine verstärkte Degradation der Kathode. Im Gegenteil, die Zelle bei $T = 900\,°C$ zeigt insgesamt die geringste Alterung in den elektrochemischen Impedanzmessungen. Wie anhand der XRD Analysen in Kapitel 5.5 gezeigt wurde, weist das Diffraktogramm bei der bei $T = 900\,°C$ vermessenen Zelle einen Einfachpeak auf, wo alle anderen Zellen einen Doppelpeak zeigen. Diese Beobachtung weist auf eine mögliche Phasenumwandlung der bei $T = 900\,°C$ vermessenen Zelle im Vergleich zu den anderen Zellen hin. Hier müssen detaillierte Phasen- und Strukturanalysen an der Mikrostruktur erfolgen, um eine mögliche Zusammensetzungs- oder Strukturänderung nach der Messung zu untersuchen.Im Folgenden wird die Mikrostruktur der Referenzzelle und der „reanimierten" Zelle Z1_199 genauer betrachtet.

Abbildung 5.21 REM Bruchflächenaufnahme der Grenzfläche GCO/LSCF der Referenzzelle und Z1_199.

Vergleich einer nicht vermessenen Zelle $T_{Sinter} = 1080\,°C$ (Referenzzelle) links mit der bei $T = 750\,°C$ und $T = 900\,°C$ (Haltezeit $t = 160\,h$) vermessenen Zelle Z1_199 rechts. Die Referenzzelle zeigt deutlich eine bimodale Korngrößenverteilung in der LSCF Schicht mit kleinen und großen runden Körnern. Die für $t = 1000\,h$ bei $T = 750\,°C$ vermessene Kathodenstruktur, die für $t = 160\,h$ bei $T = 900\,°C$ gehalten wurde, zeigt keine Unterschiede im Vergleich zur Referenzzelle. Bei Z1_199 ist ebenso wie bei die Referenzzelle eine bimodale Korngrößenverteilung und Nanoporen in den Körnern zu erkennen.

Abbildung 5.21 zeigt jeweils ein REM Bild der Grenzfläche GCO/LSCF der Referenzzelle und der Zelle Z1_199. Die nicht vermessene Zelle zeigt, wie schon in Abbildung 5.20 erklärt, deutlich eine bimodale Korngrößenverteilung in der LSCF Schicht mit kleinen und großen runden Körnern. Die für $t = 1000$ h bei $T = 750$ °C vermessene Kathodenstruktur der Zelle Z1_199, die nach der Langzeitmessung für $t = 160$ h bei $T = 900$ °C gehalten wurde, siehe Kapitel 5.4, zeigt keine Mikrostrukturunterschiede im Vergleich zur Referenzzelle. Die Zelle Z1_199 zeigt wie die Referenzzelle eine bimodale Korngrößenverteilung. Die Porosität der beiden LSCF Schichten ist vergleichbar, in beiden Schichten sind Nanoporen in den Körnern zu erkennen. Die LSCF Struktur beider Proben zeigt eine gute Versinterung mit der GCO Schicht. Die Oberfläche der LSCF Körner der Referenzzelle und der Zelle Z1_199 ist glatt. Das heisst, die Haltezeit über $t = 160$ h bei $T = 900$ °C nach der Langzeitmessung bei $T = 750$ °C hat nicht zu einer Veränderung der Mikrostruktur geführt, wie bei Zelle Z1_197 nach $t = 1000$ h bei $T = 900$ °C siehe Abbildung 5.20. Die stark veränderte Mikrostruktur der Zelle Z1_197 wird offensichtlich durch die lange Zeitspanne bei $T = 900$ °C verursacht. Um die Mikrostruktur der beiden in Abbildung 5.21 gezeigten Strukturen genauer zu untersuchen, wurden an der Referenzzelle und der „reanimierten" Zelle Z1_199 TEM Untersuchungen durchgeführt.

Im Folgenden sind TEM Hellfeldaufnahmen der Referenzzelle und Zelle Z1_199 gezeigt. Abbildung 5.22 zeigt die LSCF Kathode der bei $T = 1018$ °C gesinterten Referenzzelle. Abbildung 5.23 zeigt die LSCF Kathode der für $t = 1000$ h bei $T = 750$ °C gemessene Zelle Z1_199 die nach der Langzeitmessung bei $T = 900$ °C für $t = 160$ h gehalten wurde und einen reversiblen Alterungseffekt aufweist. Die Übersichtsaufnahmen (Abbildung 5.22 a) und Abbildung 5.23 a)) der beiden Proben zeigen in beiden Fällen deutlich eine bimodale Korngrößenverteilung der LSCF Kristallite, d.h. es existieren sowohl Körner im Größenbereich von 500 nm als auch nanokristalline Bereiche mit wenigen 10 nm. Ein repräsentativer Probenbereich mit nanokristallinen Körnern der jeweiligen Probe ist in Abbildung 5.22 b) und Abbildung 5.23 b) gegeben.

Deutlich erkennbar ist auch hier in beiden Proben das Vorhandensein von Poren in der Größenordnung von 100 nm (und kleiner) innerhalb der versinterten Struktur. Mikrostrukturell zeigen sich zwischen der Referenzzelle und Z1_199 somit keine Unterschiede. Eine Aussage über mögliche Veränderungen in der chemischen Zusammensetzung der nano- und mikrokristallinen Körner sowie der Korngrenzen aufgrund der Langzeitbelastung kann jedoch nicht gegeben werden. Eine umfassende analytische Charakterisierung der Proben mittels Elektronen- Energieverlust-Spektroskopie (EELS) und Energiedispersive Röntgenanalyse (EDX) im TEM ist Gegenstand weiterführender Untersuchungen.

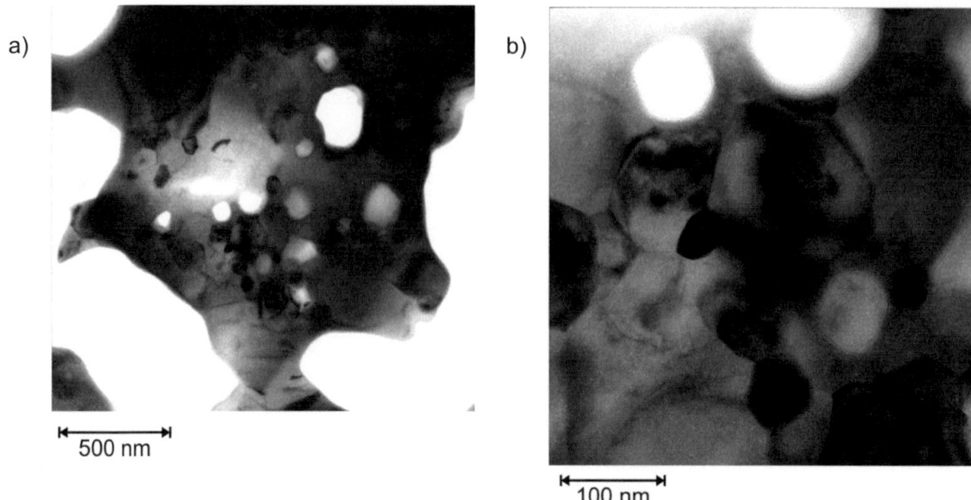

Abbildung 5.22 TEM Aufnahme der bei $T = 1080\,°C$ gesinterten, nicht vermessenen Schicht

Die Übersichtsaufnahme (links) zeigt deutlich eine bimodale Korngrößenverteilung, In der zweiten Hellfeldaufnahme (höhere Vergrößerung) sind nanokristalline LSCF Körner sowie Poren in der Größenordnung von 100 nm zu erkennen. Die Nanoporen innerhalb der LSCF Struktur waren schon auf dem REM Bild siehe Abbildung 5.16 zu erkennen.

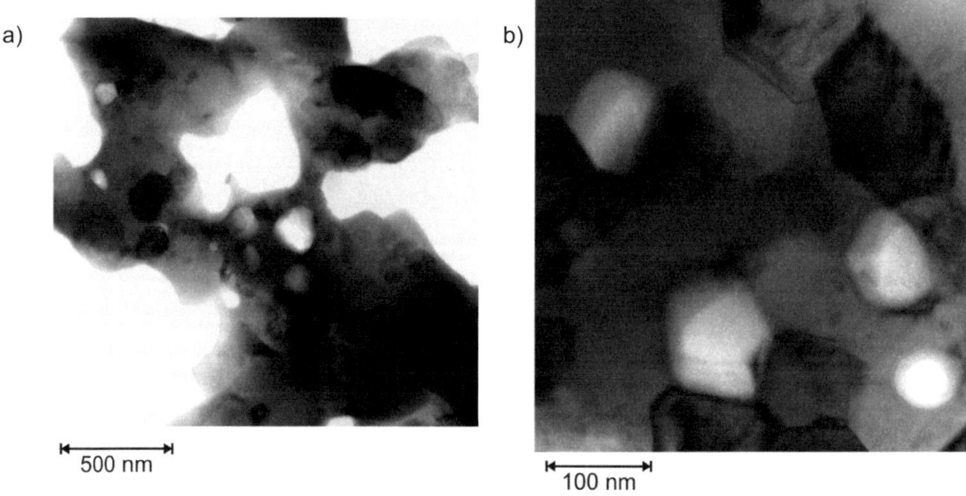

Abbildung 5.23 TEM Aufnahme der Zelle Z1_199 nach der Messung bei $T = 750\,°C$ für $t = 1000$ h und $t = 160$ h Haltezeit bei $T = 900\,°C$

Wie in Abbildung 5.22 ist auch hier eine bimodale Korngrößenverteilung (links) sowie das Vorhandensein von Nanoporen in der versinterten Struktur (rechts) deutlich zu erkennen. Mikrostrukturell zeigen sich zwischen Referenzzelle und Z1_199 somit keine Unterschiede.

Um die Nanoporosität der LSCF Struktur zu untersuchen, wurden an verschiedenen Stellen der Kathode der Zelle Z1_199 mittels TEM Dunkelfeldaufnahmen gemacht.

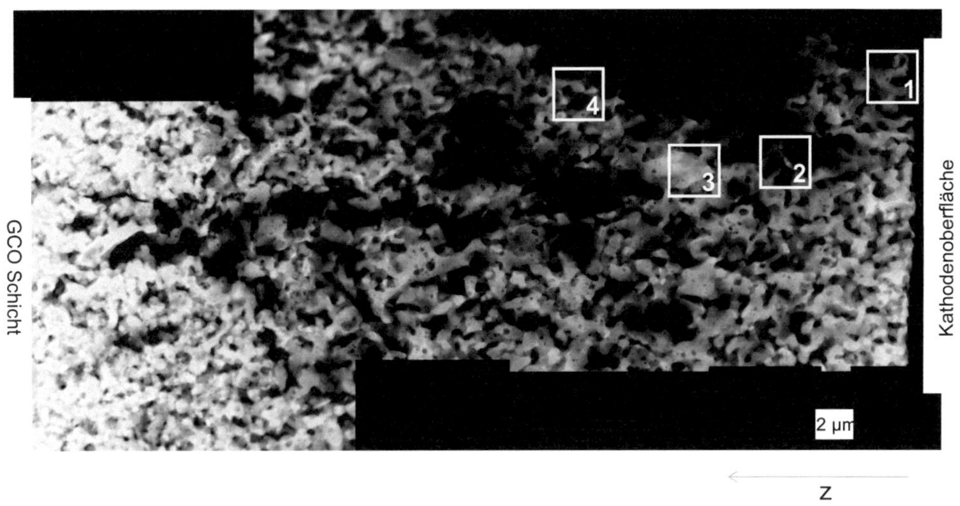

Abbildung 5.24 TEM Aufnahme der LSCF Kathode der Zelle Z1_199

Die Probe wird aufgrund der Präparationstechnik von rechts nach links dicker. Die vier Markierungen zeigen die Positionen der Ausschnitte, die in Abbildung 5.25 gezeigt sind.

Abbildung 5.24 zeigt das Übersichtsbild der LSCF Kathode von der Kathodenoberfläche am rechten Rand bis zur GCO Schicht am linken Rand. Die Probe wird aufgrund der Präparationstechnik von rechts nach links dicker. Das Bild ist aus mehreren Einzelbildern zusammengesetzt. Die großen schwarzen Flächen innerhalb der LSCF Struktur sind ausgebrochene Bereiche, die durch das Ar-Ätzen entstanden sind. Die vier Markierungen zeigen die Positionen der Ausschnitte, die in Abbildung 5.25 gezeigt sind. Wie schon in den Hellfeldaufnahmen zu erkennen war, weist die versinterte Struktur intergranulare Poren in der Größenordnung von 100 nm und kleiner auf. Diese sind auf allen vier Bildern zu erkennen, es gibt keine Unterschiede bzgl, der Position innerhalb der Kathodenschicht. Anhand der Mikrostruktur kann keine Ursache für das Alterungsverhalten der LSCF Struktur bestimmt werden. Um eine mögliche Phasenumwandlung, Entmischung, Verarmung im Submikrometerbereich oder eine Änderung der Defektkonzentration als Ursache der Kathodenalterung zu erhalten, muss die LSCF Zusammensetzung umfassend, wie oben beschrieben, mittels EELS und EDX im TEM analytisch charakterisiert werden.

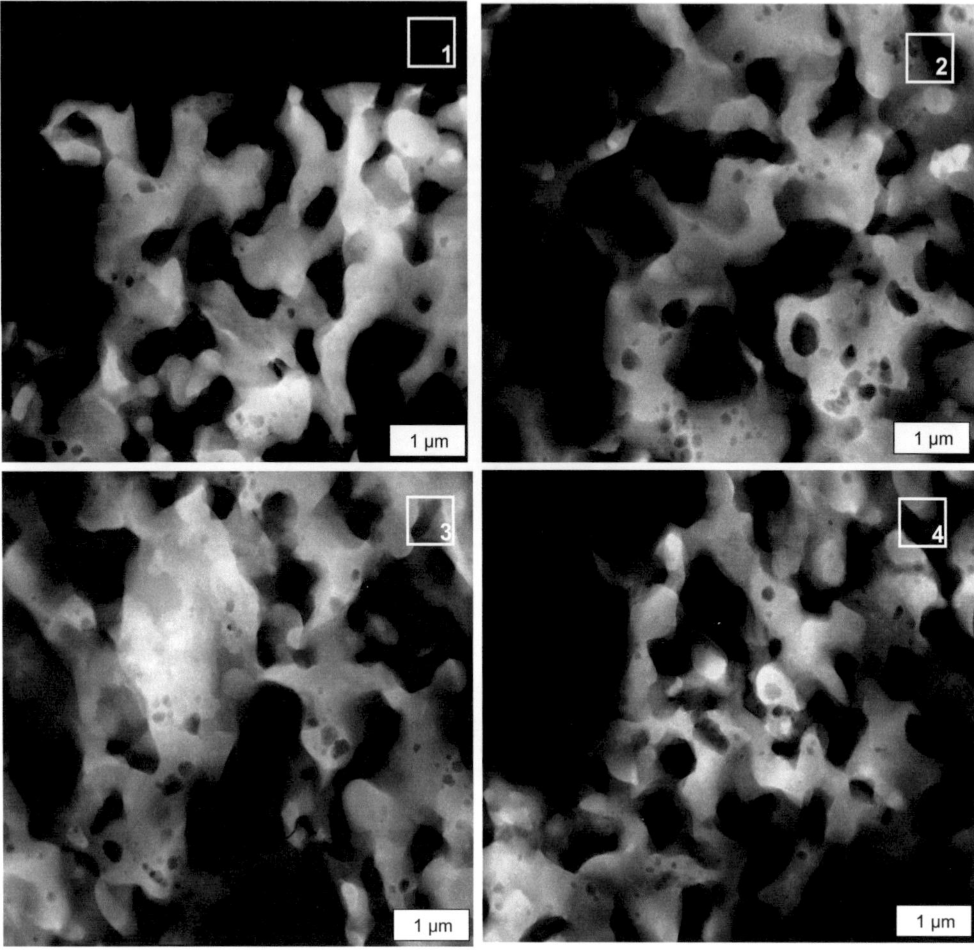

Abbildung 5.25 TEM Aufnahmen der LSCF Kathodenstruktur der Zelle Z1_199. Die Nummern geben die Position des Ausschnitts siehe Abbildung 5.24 an.

Wie in den Hellfeldaufnahmen schon zu erkennen war, sind in der LSCF Struktur unabhängig von der Position in der LSCF Kathodenschicht Nanoporen vorhanden.

Um die Veränderungen in der Materialzusammensetzung vor und nach der Langzeitmessung bei verschiedenen Temperaturen zu untersuchen, sind neben den TEM Analysen weitere Methoden zur Materialanalyse möglich. (i) Chemische Analyse des LSCF Pulvers "nach der Herstellung" im Vergleich mit dem LSCF Material nach der Langzeitmessung kann Aufschluss über eine mögliche Änderung der Zusammensetzung geben. Diese Methode kann die Stöchiometrie des Materials mit einer Genauigkeit von 3-20 %, je nach Pulvermenge, bestimmen. (ii) Mit der zerstörungsfreien Methode der Röntgendiffraktometrie (siehe Kapitel 5.5) können die Gitterparameter vor und nach der Messung bestimmt werden. Der Nachteil dieser Methode ist eine minimale Auflösung von ca. 3%. Zudem ist es prinzipiell schwierig, anhand von XRD Spektren eines Schichtverbundes Aussagen bzgl.

Gitterkonstanten und Phasen zu machen, da die Reflexe der unter der LSCF Schicht liegenden GCO - Schicht ebenfalls in das Spektrum mit eingehen und somit die Reflexlagen sehr dicht beieinander stehen. (iii) Möglich wären EDX Messungen an Bruchflächen der LSCF Kathode. Durch die hohe Porosität der Probe an der Stelle, an der die Elektronen angeregt werden, sind jedoch selbst qualitative Aussagen bezüglich der Zusammensetzung des Materials vor und nach der Messung schwierig.

5.7 Einfluss der GCO Zwischenschicht und der LSCF Sintertemperatur

Wie in den vorhergehenden Kapiteln besprochen, ist die Alterung der LSCF Kathode stark temperaturabhängig. So ist die Zunahme des Kathodenpolarisationswiderstandes bei einer Messung bei $T = 900\,°C$ am geringsten. Das Konzept der ASCs sieht vor, aufgrund des sehr dünnen Elektrolyten und dadurch geringen R_0, die Zellen bei abgesenkten Temperaturen von 600 °C bis ~770 °C, siehe Abbildung 2.3, zu betreiben. Da die Kathode in diesem Temperaturbereich stark altert, stellt sich die Frage, welche Parameter den Verlauf des zeitabhängigen Widerstandsanstiegs neben der Temperatur beeinflussen. Gibt es weitere Möglichkeiten, um die Kathodenalterung vor allem im für ASCs technisch relevanten Temperaturbereich von $T = 750\,°C$ zu reduzieren? Im Rahmen dieser Arbeit wird dazu der Einfluss der GCO Zwischenschicht und der LSCF Sintertemperatur auf die Alterung der Kathode untersucht. Dazu wird die Zelle Z1_194 mit einer PVD - GCO Zwischenschicht hergestellt und über $t = 1015\,h$ bei $T = 750\,°C$ vermessen. PVD steht für physikalische Gasphasenabscheidung (engl. Physical Vapor Deposition) wie z.B. Reaktivsputtern, bei dem bei relativ niederen Temperaturen von ca. 700 °C eine GCO Schicht auf den YSZ Elektrolyten abgeschieden werden kann. Die LSCF Kathode dieser Zelle wird dabei nur bei $T_{Sinter,LSCF} = 1030\,°C$ gesintert. Grund dafür ist ein Vorversuch mit $T_{Sinter\ LSCF} = 1080\,°C$, bei dem je nach Gaszusammensetzung an der Anode ein um Faktor 2.6 - 5.9 größerer Gesamtpolarisationswiderstand der Zelle gemessen wurde. Offensichtlich ist die Sintertemperatur von 1080 °C für den Schichtverbund YSZ / PVD - GCO / LSCF zu hoch. Die schon in Kapitel 5.2 gezeigte Zelle Z1_198 mit Siebdruck GCO Schicht und Zelle Z1_194 mit PVD - GCO Schicht unterscheiden sich somit sowohl in der Dicke und Herstellungsweise der GCO Schicht als auch in der Sintertemperatur der LSCF Kathode. Zum Einfluss der GCO Zwischenschicht gibt es Untersuchungen vom FZJ. In Langzeitmessungen über 2000 h und 5000 h an ASCs mit PVD - GCO und Siebdruck - GCO wurde kein Unterschied in der Degradation abhängig von der Zwischenschicht festgestellt [30]. Aufgrund dieser Aussage wurde der Parameter der GCO Zwischenschicht für die Kathodendegradation im Folgenden nicht mehr berücksichtigt.

Abbildung 5.26 zeigt das zeitabhängige Verhalten der Kathodenpolarisationswiderstände der beiden Zellen Z1_198 und Z1_194. Tabelle 5-11 gibt die Werte bei t_{start}, $t_{\sim300h}$ und t_{ende} sowie die Degradationsraten in %/ h an.

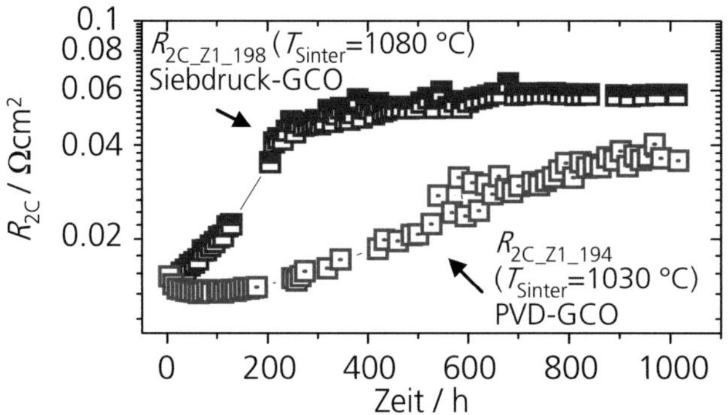

Abbildung 5.26   Zeitabhängiges Verhalten der Kathodenpolarisationswiderstände für Z1_198 und Z1_194 bei $T_{Messung}$= 750 °C

Z1_198: $T_{Sinter,LSCF}$= 1080 °C; Siebdruck-GCO Schicht. Z1_194: $T_{Sinter,LSCF}$ = 1030 °C; PVD - GCO Schicht. Werte siehe Anhang 7.4.

Tabelle 5-11 R_{2C} bei t_{start}, $t_{\sim300h}$ und t_{ende} sowie die berechnete Degradation in % / h der Zellen Z1_194 mit PVD - GCO Zwischenschicht und Z1_198 mit Siebdruck-GCO Zwischenschicht

R_{2C}	GCO Schicht	T_{Sinter_LSCF}	$T_{Messung}$	R_{2C} bei t_{start} [Ωcm^2]	R_{2C} bei $t_{\sim300h}$ [Ωcm^2]	Degradation [% / h]	R_{2C} bei t_{ende} [Ωcm^2]	Degradation [% / h]
R_{2C} Z1_194	PVD	1030 °C	750 °C	0.015	0.016	0.021	0.036	0.179
R_{2C} Z1_198	Siebdruck	1080 °C	750 °C	0.015	0.047	0.72	0.058	0.033

Die Widerstände beider Zellen haben denselben Ausgangswert von 0.015 Ωcm^2, verlaufen danach jedoch mit deutlich unterschiedlichen Steigungen über der Zeit. Zelle Z1_198 (T_{Sinter} = 1080 °C) zeigt, wie in Kapitel 5.2.6 erklärt, eine starke Degradation in den ersten 300 h (0.72 %/ h) während die letzten 700 h die Degradation auf 0.033 %/ h zurückgeht. Das umgekehrte Verhalten ist bei Zelle Z1_194 mit PVD - GCO Schicht (T_{Sinter} = 1030 °C) zu erkennen. Eine geringe Alterung in den ersten 300 h (0.016 %/ h) gefolgt von einer stärkeren Alterung in den letzten 700 h (0.179 %/ h). In den ersten 100 h ist sogar ein leichtes Absinken des Widerstandes um ca. 13 % zu beobachten, was ein Hinweis auf einen Nachsintereffekt der LSCF Schicht sein könnte. In der Gesamtmesszeit von 1000 h erreicht der Widerstand der Zelle Z1_194 (0.036 Ωcm^2) nicht die Werte der Zelle Z1_198 (0.058 Ωcm^2). Anhand der Daten bis t = 1000 h ist somit nicht klar, ob sich die Degradation weiter konstant verhält oder ob ein Sättigungseffekt eintritt.

Um einen Hinweis auf die mögliche Ursache des veränderten Degradationsverhaltens im Gegensatz zu Zelle Z1_198 zu erhalten, zeigt Abbildung 5.27 die k^δ - und D^δ - Werte beider Zellen über der Zeit.

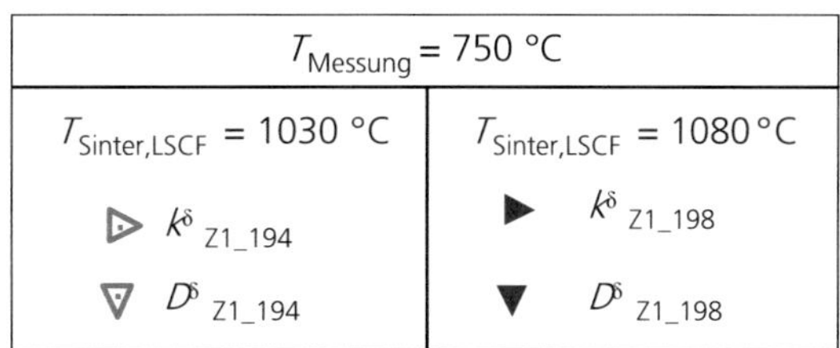

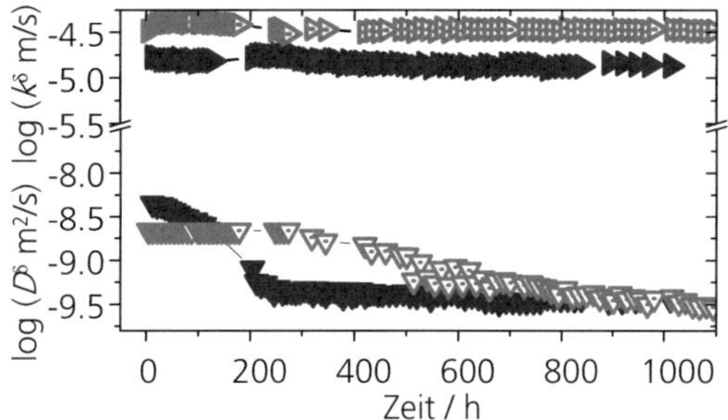

Abbildung 5.27 Zeitabhängiges Verhalten der k^{δ} - und D^{δ} - Werte der Zellen Z1_194 (PVD - GCO) und Z1_198 (Siebdruck - GCO) bei T = 750 °C

Während die k^{δ} - Werte über der Zeit konstant bleiben, sinken die D^{δ} - Werte entsprechend dem Anstieg des Kathodenwiderstandes, siehe Abbildung 5.26. Werte siehe Anhang 7.4.

Der Anfangs- k^{δ} - Wert der Zelle Z1_194 (PVD - GCO, $T_{Sinter,LSCF}$ = 1030 °C) liegt um ca. 1.6 x10⁻⁵ m/s über dem Wert der Zelle Z1_198 (Siebdruck-GCO, $T_{Sinter,LSCF}$ = 1080 °C), während der Anfangs- D^{δ} - Wert um ca. 2.17 x 10⁻⁹ m²/s kleiner ist als bei Z1_198. Die R_{2C} - Abnahme der Zelle Z1_194 in den ersten 100 h (Abbildung 5.26) lässt sich durch die leichte Zunahme des k^{δ} - Wertes in dieser Zeit erklären. Insgesamt bleibt der Verlauf von k^{δ} aber konstant für beide Zellen, während die D^{δ} - Werte mit der Zeit entsprechend dem Anstieg des Kathodenwiderstandes absinken. Die geringere Alterung der bei T = 1030 °C gesinterten Kathode ist somit auf eine geringere Abnahme des D^{δ} - Wertes zurückzuführen. Ab ca. t = 900 h ist der D^{δ} - Wert in den Wertebereich der Zelle Z1_198 abgesunken. Der kleinere Kathodenwiderstand der Zelle Z1_194 (PVD - GCO, $T_{Sinter,LSCF}$ = 1030 °C) wird dabei durch den größeren k^{δ} - Wert über die gesamte Messzeit erreicht. Der Einfluss der Kathodensintertemperatur auf die Mikrostruktur und die Leistungsfähigkeit wurden von Mai [6] untersucht. Dabei wurde eine Vergröberung der Kathodenmikrostruktur mit steigender Sintertemperatur von 1040 °C, 1080 °C und 1120 °C beobachtet. In der Zellleistung zeigt sich ein verschwindend geringer Unterschied zwischen den Zellen, die bei 1040 °C und 1080 °C gesintert wurden. Dagegen ist die Leistung der Zellen mit T_{Sinter} = 1120 °C deutlich geringer. Dies wird auf die kleinere aktive Oberfläche durch die Vergröberung der Partikel und auf die durch die höhere Temperatur verstärkte Bildung von $SrZrO_3$ zurückgeführt. Allerdings wurden keine Langzeituntersuchungen an den Zellen mit unterschiedlichen Sintertemperaturen durchgeführt.

Aufgrund der hier vorgestellten Ergebnisse kann zusammengefasst werden, dass nicht nur die Betriebstemperatur, sondern auch die Sintertemperatur der LSCF Kathode einen Einfluss auf die Alterung hat. Die PVD Schicht ist nach Tietz [30] dagegen nicht für das unterschiedliche Verhalten verantwortlich, wie am Anfang des Kapitels beschrieben.

5.8 Degradationsmechanismus der LSCF Kathode

Mit den in dieser Arbeit erarbeiteten Ergebnissen für das temperatur- und zeitabhängige Verhalten der Kathodenverluste lassen sich Aussagen zum Degradationsmechanismus der $La_{0.58}Sr_{0.4}Co_{0.2}Fe_{0.8}O_{3-\delta}$ Kathode ableiten. Die für die Kathodenalterung relevanten Ergebnisse sind in der folgenden Tabelle 5-12 zur besseren Übersicht für die anschließende Diskussion zusammengefasst. Zusätzlich sind die Nummern der entsprechenden Kapitel der Arbeit angegeben.

Tabelle 5-12 Zusammenstellung der Ergebnisse bezüglich der Kathodenalterung

	Ergebnis	Kapitel
Temperaturabhängigkeit des Kathodenpolarisationswiderstandes R_{2C}	$T = 600\,°C$: Der Anteil von R_{2C} am Gesamtpolarisationswiderstandes R_{pol} steigt von 13.14 % (0.173 Ωcm^2) auf 74.2 % (2.823 Ωcm^2) in $t = 1033$ h. $T = 750\,°C$: Der Anteil von R_{2C} steigt nichtlinearer von 7.25 % (0.015 Ωcm^2) auf 23.7 % (0.058 Ωcm^2) in $t = 1012$ h. $T = 900\,°C$: Der Anteil von R_{2C} am R_{pol} bleibt in $t = 1031$ h konstant auf 8.1 % h (0.0071 - 0.008 Ωcm^2). Damit ist die Alterung der Kathode bei $T = 900\,°C$ am geringsten. → Die Alterung der Kathode steigt mit abnehmender Temperatur.	5.2.6 und 5.2.7
Zeitabhängiger Verlauf von k^δ und D^δ	$T = 600\,°C$: Linearer Abfall (im logarithmischen Maßstab) beider Koeffizienten k^δ und D^δ gemäß dem Anstieg des R_{2C} über der Zeit. $T = 750\,°C$: Abnahme des D^δ - Wertes um eine Größenordnung gemäß dem Anstieg von R_{2C}. k^δ bleibt konstant über der Zeit. $T = 900\,°C$: Leicht abfallender Trend des D^δ - Wertes gemäß dem leicht ansteigenden Trend des R_{2C}. (Auf-	5.3

Fortsetzung Zeitabhängiger Verlauf von k^δ und D^δ	grund der sehr kleinen Widerstände für R_{2C} muss von Messunsicherheiten ausgegangen werden, daher wird die Bezeichnung „Trend" verwendet). Der k^δ - Wert bleibt weitgehend konstant. → Alterung der Kathode vorwiegend durch Abnahme der Festkörperdiffusion verursacht, bei $T = 600\,°C$ zusätzlich durch Abnahme des Oberflächenaustauschs.	
Reversibilität	Nach $t = 1000$ h bei $T = 750°C$ wird die Zelle für $t = 160$ h auf $T = 900°C$ gehalten. Dabei sinkt der Kathodenwiderstand von 0.057 Ωcm^2 (vor der Haltezeit) auf 0.010 Ωcm^2 (nach der Haltezeit). Der Rückgang des Kathodenwiderstandes wird durch den Anstieg von k^δ und D^δ in der Haltezeit verursacht. → Dies zeigt eine Reversibilität der Kathodenalterung durch Erhöhung der Temperatur.	5.4
XRD Analyse	Die XRD Spektren der bei $T = 600\,°C$ und $750\,°C$ vermessenen Kathode zeigen keinen Unterschied im Vergleich zur LSCF Kathode einer nicht vermessenen Zelle. Bei $T = 900\,°C$ ist bei $2\,\theta = 58.2\,°$ und $68.5\,°$ ein Einfachpeak zu erkennen, während bei allen anderen Temperaturen dort ein Doppelpeak auftritt. → Dies deutet auf eine Phasenumwandlung hin.	5.5
Mikrostruktur-analyse	REM: Keine Unterschiede in der Mikrostruktur der LSCF Bruchfläche der bei $T = 600\,°C$ und $750\,°C$ vermessenen Zellen im Vergleich zur LSCF Kathode einer nicht vermessenen Zelle. Bei $T = 900\,°C$ ist eine starke Veränderung der Kornoberfläche erkennbar. Statt kleiner und großer glatter runder Körner der nicht vermessenen Zelle ist bei der LSCF Kathodenstruktur, die für $t = 1031$ h bei $T = 900\,°C$ vermessen wurde, eine raue Kornoberfläche mit einer Überstruktur zu erkennen. → Erhöhte Degradation bei niederen Temperaturen lässt sich nicht auf Mikrostrukturänderungen zurückführen	5.6

Fortsetzung Mikrostruktur-analyse	<u>TEM:</u> Keine Mikrostrukturunterschiede zwischen der bei $T = 1080\,°C$ gesinterten Referenzzelle und der „reanimierten" Zelle Z1_199.	
LSCF Sinter-temperatur	Eine um 50 K niederere Sintertemperatur der LSCF Kathode bewirkt einen deutlich flacheren Verlauf des R_{2C} über der Zeit. Statt 0.72 % / h einer bei 1080 °C gesinterten Kathode steigt der Widerstand einer 1030 °C gesinterten Kathode in den ersten 300 h nur um 0.021 % / h. In den letzten 700 h ist die Alterung umgekehrt (R_{2C} bei T_{Sinter}= 1080 °C: 0.033 % / h; R_{2C} bei T_{Sinter} = 1030 °C: 0.179 % / h). Dennoch erreicht die bei 1030 °C gesinterte Kathode mit 0.036 Ωcm^2 nicht den Wert der stark gealterten 1080°C-Zelle (0.058 Ωcm^2). → Geringere Kathodensintertemperatur führt zu geringerer Alterung der Kathode.	5.7

Die Kathodendegradation nimmt mit steigender Temperatur ab. Daher ist für die Kathodenalterung ein Mechanismus verantwortlich, der nicht durch steigende Temperatur beschleunigt wird, wie z.B. die Agglomeration von Ni bei der Alterung der Anode, die mit steigender Temperatur voranschreitet. Es gibt offensichtlich bei $T = 900\,°C$ einen Gleichgewichtszustand, bei dem die LSCF Kathode keine Veränderungen erfährt, wie in den elektrochemischen Messungen des Kathodenwiderstandes zu beobachten ist. Das temperaturabhängige Alterungsverhalten der Kathode lässt sich mit den temperaturabhängigen Verläufen der k^δ - und D^δ - Werte vergleichen. Bei $T = 600\,°C$ nehmen beide Werte über der Zeit kontinuierlich ab, während der Kathodenwiderstand kontinuierlich zunimmt. Bei $T = 750\,°C$ gibt es einen Sättigungseffekt des D^δ - Wertes nach ca. 200 h in Korrelation mit dem Kathodenwiderstand, der nach einem starken Anstieg in den ersten 200 h eine wesentlich flacheren Verlauf zeigt. Bei $T = 900\,°C$ bleiben die k^δ - und D^δ - Werte bis auf einen minimalen Trend des D^δ - Wertes weitgehend konstant (siehe Abbildung 5.12). Das heißt, der Oberflächenaustausch sowie die Festkörperdiffusion sind bei $T = 900\,°C$ im Gleichgewicht und verändern sich kaum. Die Veränderung der k^δ - und D^δ - Werte bei $T = 600\,°C$ und 750 °C zeigt, dass es bei diesen Temperaturen Veränderungen im Material gibt, die den Oberflächenaustausch und die Festkörperdiffusion beeinflussen.

Die hier analysierte Temperaturabhängigkeit der Kathodenalterung deutet auf eine Struktur- oder Phasenumwandlung im Material hin. Möglicherweise gibt es im Temperaturbereich von 600 – 900 °C eine Änderung der Kathodenstruktur, oberhalb derer ein stabiler Betriebszustand möglich ist Das Reversibilitäts-Experiment gibt einen Anhaltspunkt dafür, dass möglicherweise im Bereich von 750 – 900 °C eine Phasenumwandlung des Materials stattfindet. Durch Aufheizen der bei $T = 750\,°C$ gealterten Kathode auf $T = 900\,°C$ sinkt der Kathodenwiderstand auf 17 % des Wertes vor der Haltezeit. Während 160 h bei $T = 900\,°C$ steigt der Oberflächenaustauschkoeffizient k^δ und der Festkörperdiffusionskoeffizient D^δ an, was zu einem Rückgang des Kathodenpolarisationswiderstandes führt (siehe Abbildung 5.17). Somit ist es möglich, durch Aufheizen der Kathode die Alterung „rückgängig" zu machen. Dies schließt den Abtransport von Kationen wie z.B. Strontium und eine Zersetzung des Materials als Ursache der beobachteten Widerstandsverläufe aus.

Die XRD Messungen geben einen weiteren Hinweis auf eine Phasenumwandlung. Die Diffraktogramme für die Kathode der Referenzzelle sowie der Zellen, die bei $T = 600\,°C$ und $750\,°C$ vermessen wurden, weisen Doppelpeaks bei 58.2 ° und 62.5 ° auf. Das Diffraktogramm der bei $T = 900\,°C$ vermessen Kathode zeigt dagegeb einen Einfachpeak, was auf eine kubische Phase hindeutet. Eine Phasenumwandlung abhängig vom Co-Gehalt wurde auch von Iberl [164] an $La_{0.8}Sr_{0.2}Mn_{0.4}Co_{0.6}O_{3-\delta}$ festgestellt. Mikrostrukturaufnahmen zeigen eine starke Veränderung der Kathodenoberfläche nur bei $T = 900\,°C$, dies kann ein weiterer Hinweis auf eine Strukturänderung des Materials sein. Die Oberflächenveränderung der LSCF Struktur bei gleichbleibender Porosität ist offensichtlich nicht die Ursache eines Widerstandanstiegs. Zudem zeigen detailliertere Mikrostrukturuntersuchungen mittels TEM keine Unterschiede zwischen der nicht vermessene Referenzzelle und der „reanimierten" Zelle Z1_199.

Durch eine um 50 K geringere Sintertemperatur des LSCF Materials zeigt sich eine wesentlich geringere Alterung in den ersten 300 h. Dies zeigt, dass die Kathodendegradation nicht nur durch die Betriebstemperatur der Zelle sondern offensichtlich auch entscheidend durch die Sintertemperatur des Kathodenmaterials bestimmt wird. Anhand dieser Einzelmessung mit geringerer LSCF Sintertemperatur lassen sich allerdings keine weiteren Aussagen bezüglich der Temperaturabhängigkeit der Kathodenalterung und dem damit zusammenhängenden Degradationsmechanismus machen.

Eine Struktur- und Phasenumwandlung im Temperaturbereich von 600 – 900 °C als Ursache der Kathodenalterung steht im Widerspruch zu der von Becker [3] postulierten Entmischung des LSCF Materials als Degradationsursache. Becker findet eine höhere Degradation bei $T = 800\,°C$ gegenüber 700 °C, zudem ist eine Sr-Ablagerung hinter der Kathode in Gasflussrichtung zu beobachten. Laut Becker sind die Diffusionsvorgänge bzw. das Abdampfen von Sr oder La aus der LSCF Kathode stark temperaturabhängig. Damit wird die höhere Kathodendegradation bei 800 °C gegenüber 700 °C erklärt. Dies müsste für die in dieser Arbeit vermessenen Zellen eine stärkere Entmischung und damit eine höhere Degradation bei 900 °C gegenüber 600 °C zur Folge haben. Die Temperaturabhängigkeit, die in dieser Arbeit gefunden wurde, ist aber genau umgekehrt. Das bedeutet: Ein Abdampfen von Sr und/oder La kann nicht ausgeschlossen werden, es kann allerdings nicht als Ursache für die reziprok zur Temperatur auftretende Degradation der Kathode angeführt werden. Zudem wurde an den in dieser Arbeit vermessenen Zellen keine Verfärbung auf der GCO Schicht hinter der Kathode in Gasflussrichtung beobachtet. Die Empfehlung von Becker, für eine geringe Alterung der Zelle die Betriebstemperatur möglichst gering zu halten, um den Materialtransport durch Diffusionsprozesse zu minimieren, kann nach den hier vorgestellten Ergebnissen nicht aufrechterhalten werden.

Mit den in dieser Arbeit gewonnenen Ergebnissen kann folgende Empfehlung für den Betrieb einer ASC mit LSCF Kathode gegeben werden:

- Entscheidend für das Langzeitverhalten einer ASC mit LSCF Kathode in der hier untersuchten Zusammensetzung $La_{0.58}Sr_{0.4}Co_{0.2}Fe_{0.8}O_3$ ist die Wahl der Betriebstemperatur.

- Soll die ASC bei niederen Temperaturen um ca. $T = 600\,°C$ betrieben werden, so muss die LSCF Kathode hinsichtlich der Stabilität optimiert werden, da bei dieser Temperatur in der herkömmlichen Zusammensetzung $La_{0.58}Sr_{0.4}Co_{0.2}Fe_{0.8}O_3$ die größte Alterung beobachtet wird. Allerdings ist die niedrige Betriebstemperatur ideal um eine Alterung der Anode und des ohmschen Widerstandes zu minimieren. Außerdem können Systemkomponenten einfacher für niedere Betriebstemperaturen ausgelegt werden. Eventuell ist es möglich, die Stöchiometrie des Kathodenmaterials so zu ändern, dass die Phasenumwandlungstemperatur abnimmt und eine Stabilität, wie sie hier für $T = 900\,°C$ gefunden wurde, schon bei $T = 600\,°C$ erreicht werden kann. Dazu müsste nach den vorliegenden Recherchen der Co- Anteil erhöht werden. Allerdings führt ein erhöhter Co Anteil auch zu einem Anstieg des TEC. Daher muss ein Kompromiss zwischen chemischer Stabilität und thermischem Ausdehnungskoeffizienten gefunden werden. Eine weitere Möglichkeit, die LSCF Kathode zu optimieren, wäre die Wahl der Sintertemperatur. Eventuell führt eine Absenkung der LSCF Sintertemperatur zu einem veränderten Alterungsverhalten bei $T = 600\,°C$.

- Bei einer Betriebstemperatur von $T = 750\,°C$ ist die starke Alterung des LSCF Materials in den ersten 300 h zu berücksichtigen, während sich in den letzten 700 h eine Sättigung ergibt. Hier liegen offensichtlich zwei Alterungsmechanismen vor, von denen der Mechanismus, der die Alterung in den ersten 300 h hervorruft, eliminiert werden muss, da diese Alterung für den Betrieb der SOFC nicht tolerierbar ist. Erste Messungen siehe Abbildung 5.15 zeigen, dass die Alterung in den ersten 250 h durch Verwendung einer LSCF-„haltigen" Luft verlangsamt werden kann, allerdings nicht zu einer absoluten Abnahme des Kathodenpolarisationswiderstandes über $t = 1000\,h$ führt. Hier müssen weitere Untersuchungen der Kathodenstruktur nach 300 h erfolgen, um den starken Widerstandsanstieg in dieser Zeit zu analysieren.

- Für eine minimale LSCF Kathodenalterung muss die Zelle nach den vorliegenden Erkenntnissen bei $T = 900\,°C$ betrieben werden. Allerdings steigt aufgrund der hohen Temperatur sowohl der ohmsche Widerstand der Zelle als auch der Anodenwiderstand R_{3A} über der Zeit. Dies ist bei der Wahl der Betriebstemperatur zu berücksichtigen. Zusätzlich verändert sich offensichtlich die Mikrostruktur der Kathode während des Betriebs bei $T = 900\,°C$, was evtl. langfristig zu einer Reduzierung der Porosität in der LSCF Schicht führt.

6 Zusammenfassung und Ausblick

Im Betrieb einer anodengestützten Zelle (ASC) mit Ni/8YSZ Anode, 8YSZ Elektrolyt, GCO Zwischenschicht und $La_{0.58}Sr_{0.4}Co_{0.2}Fe_{0.8}O_{3-\delta}$ (LSCF) Kathode sind die anoden- und kathodenseitigen Verluste und deren zeitliche Veränderung von großem Interesse. Mischleitende Kathodenmaterialien wie LSCF sind eine viel versprechende Alternative zu dem rein elektronenleitenden Material $La_xSr_{1-x}MnO_3$ (LSM), um die Leistung von Hochtemperatur-Festoxid-Brennstoffzellen (SOFCs), insbesondere im Temperaturbereich zwischen $T = 600\,°C$ und $800\,°C$, zu steigern. Am Forschungszentrum Jülich (FZJ) werden reproduzierbar ASCs mit LSCF Kathoden hergestellt, die eine sehr hohe Leistungsfähigkeit erreichen. Langzeitmessungen bei $T = 750\,°C$ an ASCs mit LSCF Kathode zeigen allerdings doppelt so hohe Degradationsraten gegenüber ASCs mit LSM Kathoden. In der vorliegenden Arbeit wurde das Alterungsverhalten von mischleitenden LSCF Kathoden für ASCs in Abhängigkeit der Betriebstemperatur untersucht. Die Ziele dieser Arbeit waren: (i) Die Bestimmung der Zellkomponente in Abhängigkeit der Temperatur, die den Gesamtwiderstand der Zelle bestimmt. Mit den gewonnenen Ergebnissen sollte ein Vorschlag gegeben werden, welche Komponente der Zelle abhängig von der Temperatur bei der Entwicklung vorrangig optimiert werden muss, um a) die Gesamtverluste der Zelle und b) die Degradation der Zellleistung zu reduzieren. (ii) Die Bestimmung der Mechanismen, die für die Alterung der Kathode verantwortlich sind.

Zusammenfassung

Im Folgenden sind die zum Erreichen dieser Ziele durchgeführten Analysen und Untersuchungen sowie deren Ergebnisse zusammengefasst:

1. Am FZJ hergestellte ASCs wurden bei $T = 600\,°C$, $750\,°C$ und $900\,°C$ vermessen. Über einen Zeitraum von $t = 200\,h - 1000\,h$ wurden kontinuierlich Impedanzmessungen im Leerlauf bei verschiedenen Anoden - Gasmischungen durchgeführt. Die ASCs bestehen aus einem ca. 1 mm dicken Ni/8YSZ Anodensubstrat, einer ca. 10 µm dicken Ni/8YSZ Anodenfunktionsschicht, einem 10 µm 8YSZ Elektrolyten, einer siebgedruckten Gd-dotierten Ceroxid (GCO) Zwischenschicht und einer LSCF Kathode. Insgesamt 7 Zellen wurden in Standardmessplätzen für 1 cm^2 Elektrodenflächen am IWE charakterisiert. Zur Identifizierung der Alterung der einzelnen Verlustprozesse wurden Impedanzmessungen über $t = 1000\,h$ durchgeführt und mit

einem DRT Ansatz und CNLS Fit Verfahren auf Basis eines physikalisch begründeten Ersatzschaltbildes ausgewertet. Es ist gelungen, das zeit- und temperaturabhängige Verhalten der vier Polarisationsverluste (R_{1A}: Gasdiffusion an der Anode, R_{2A} und R_{3A}: Ladungsaustausch an der Dreiphasengrenze sowie ionischer Transport in der Ni/YSZ Struktur, R_{2C}: Sauerstoffeinbau und Ionentransport in der Kathode) einzeln zu identifizieren. Dies war nur möglich, indem der Frequenzbereich des Gasdiffusionsprozesses der Anode P_{1A}, der im H_2-H_2O Betrieb den Frequenzbereich der Kathodenverluste überlappt, durch CO-CO_2 Gasmischungen an der Anode zu niederen Frequenzen verschoben wurde. Somit konnten über eine Messzeit von über 1000 h die anoden- und kathodenseitigen Verluste kontinuierlich identifiziert und quantifiziert werden. Daraus lassen sich die folgenden Aussagen ableiten:

$\underline{R_0:}$ Der ohmsche Widerstand beschreibt die Verluste des 8YSZ Elektrolyten und der GCO Schicht. R_0 bleibt für T = 600 °C und 750 °C konstant und steigt um 17 % / 1000 h bei T = 900 °C.

$\underline{R_{1A}:}$ Der temperaturunabhängige Gasdiffusionswiderstand der Anode altert nicht und trägt somit insgesamt nicht zur Degradation des Polarisationswiderstandes der Zelle bei.

$\underline{R_{2A}\ und\ R_{3A}:}$ Die Summe beider RQ Elemente mit den Widerständen R_{2A} und R_{3A} repräsentiert die Impedanz der Leiterstruktur der Ni/8YSZ Anode. Diese umfasst die Ladungsaustauschreaktion an der Dreiphasengrenze, den ionischen Transport innerhalb der Ni/YSZ Struktur und die Gasdiffusionslimitation innerhalb der Poren der Anodenfunktionsschicht in den ersten hundert Betriebsstunden. R_{2A} nimmt aufgrund einer Zunahme der Porosität in der Anodenfunktionsschicht in den ersten 150 h ab und bleibt danach konstant. R_{3A} ist deutlich von der Temperatur abhängig. Für T = 600 °C und 750 °C bleibt R_{3A} konstant. Bei T = 900 °C steigt R_{3A} um 32 % über der gesamten Messzeit, was mit einer Vergröberung der Ni-Struktur erklärt werden kann.

$\underline{R_{2C}:}$ Das Verhalten des Kathodenpolarisationswiderstandes ist stark temperaturabhängig. Bei T = 600 °C steigt der Widerstand in den ersten 300 h von 0.173 Ωcm^2 auf 0.444 Ωcm^2 um 0.53 % / h und in den letzten 700 h von 0.444 Ωcm^2 auf 2.823 Ωcm^2 um 0.734 % / h. Bei 750 °C steigt der Widerstand in den ersten 300 h von 0.015 Ωcm^2 auf 0.047 Ωcm^2 um 0.072 % / h und in den letzten 700 h von 0.047 Ωcm^2 auf 0.058 Ωcm^2 um 0.033 % / h. Bei T = 900 °C steigt der Widerstand in den ersten 300 h von 0.0071 Ωcm^2 auf 0.0078 Ωcm^2 um 0.031 % / h und in den letzten 700 h von 0.0078 Ωcm^2 auf 0.008 Ωcm^2 um 0.0036 % / h. Damit ist die größte Widerstandszunahme bei T = 600 °C zu beobachten. Mit steigender Temperatur wird die Zunahme des Widerstands und damit die Alterung der Kathode geringer. Aufgrund der starken Temperaturabhängigkeit des Kathodenpolarisationswiderstandes ergeben sich folgende Anteile der Kathode zu Beginn (t_{start}) und am

Ende (t_{end}) am Gesamtpolarisationswiderstand: 13.14 % (t_{start}) - 74.2 % (t_{end}) bei T = 600 °C, 7.25 % (t_{start}) - 23.7 % (t_{end}) bei T = 750 °C % und 8.1 % (t_{start} und t_{end}) bei T = 900 °C.

Um die mit steigender Temperatur abnehmende Kathodenalterung zu untersuchen, wurde an einer Zelle nach der Langzeitmessung bei T = 750 °C eine 160 h Haltezeit bei T = 900 °C eingefügt. Dabei zeigte sich durch die Abnahme des Kathodenwiderstandes von 57 mΩcm² auf 10 mΩcm² eine „Reanimation" der Kathode. Dieses Ergebnis gab einen ersten Anhaltspunkt auf eine Phasenumwandlung als Ursache des Kathodenalterungsverhaltens.

2. Der Oberflächenaustauschkoeffizient k^δ sowie der Festkörperdiffusionskoeffizient D^δ beschreiben die Sauerstoffreduktion in der Kathode, die für die Leistung der Kathode verantwortlich ist. Mögliche Veränderungen im Material resultieren in einer Änderung der k^δ - und D^δ - Werte. Zur Ermittlung dieser Werte wurde i) der aus den Impedanzmessungen und CNLS Fit gewonnene Kathodenpolarisationswiderstand und (ii) ein elektrochemisches Modell aus der Literatur verwendet. Die dazu benötigten weiteren Parameter wurden aus der Literatur und aus einem am IWE entwickelten 3D-FEM Modell generiert. Bei T = 600 °C nehmen sowohl k^δ als auch D^δ über die Messzeit linear entsprechend dem Anstieg des Kathodenpolarisationswiderstandes ab. Das heisst, sowohl der Oberflächenaustausch als auch die Festkörperdiffusion wird mit der Zeit langsamer. Bei T = 750 °C nimmt der D^δ - Wert in denn ersten 200 h entsprechend dem R_{2C} Anstieg ab und bleibt dann konstant. Der k^δ - Wert bleibt konstant. Damit ist nur die Abnahme der Festkörperdiffusion bei T = 750 °C für den R_{2C} Anstieg verantwortlich. Die geringste Veränderung von k^δ und D^δ zeigt sich bei T = 900 °C, wo D^δ minimal abnimmt, während k^δ über 1000 h konstant bleibt. Die „reanimierte" Zelle, die nach der Langzeitmessung bei T = 750 °C für t = 160 h bei T = 900 °C gehalten wurde, weist während der Haltezeit eine Zunahme des Kathodenwiderstandes auf, der auf einen Anstieg des k^δ - und des D^δ - Wertes zurückzuführen ist.

3. Die Mikrostruktur der Kathode wurde am Rasterelektronenmikroskop (REM) und in Zusammenarbeit mit dem Laboratorium für Elektronenmikroskopie (LEM) am Transmissionselektronenmikroskop (TEM) analysiert. Anhand von Bruchflächenaufnahmen am REM ist nur bei der Zelle, die bei T = 900 °C vermessen wurde, eine Änderung der Mikrostruktur nach der Messung zu beobachten. Erste TEM Untersuchungen zeigen keinen Unterschied in der Mikrostruktur der reanimierten Zelle im Vergleich zu einer nicht vermessenen Zelle. Diese Ergebnisse geben keinen Hinweis auf eine durch die Änderung der LSCF Mikrostrktur verursachte Alterung.

4. Mittels Röntgendiffraktometrie (XRD) wurden die Phasen der vermessenen LSCF Kathoden im Vergleich mit einer nicht vermessenen Kathodenstruktur analysiert. Die Untersuchungen wurden am FZJ durchgeführt. Dabei sind die Diffraktogramme der

Refernzprobe sowie der Zellen, die bei $T = 600\,°C$ und $750\,°C$ vermessen wurden, deckungsgleich. Die bei $T = 900\,°C$ vermessene Probe zeigt eine Änderung der charakteristischen Reflexe und Gitterparameter. Dies deutet auf eine Phasenumwandlung des Materials von rhomboedrisch auf kubisch im Temperaturbereich von $750\,°C$ bis $900\,°C$ hin.

Somit kann eine Aussage gemacht werden, welche Zellkomponente in Abhängigkeit der Tempertur den Gesamtwiderstand der Zelle bestimmt. Zu Beginn der Langzeitmessung ist die Anode bei allen Temperaturen für den größten Teil des Gesamtwiderstandes der Zelle verantwortlich (86.86 % für $T = 600\,°C$, 92.75 % für $T = 750\,°C$ und 91.9 % für $T = 900\,°C$). Nach $t = 1000$ h ist die Kathode bei $T = 600\,°C$ für 74.2 % des Gesamtpolarisationswiderstandes verantwortlich. Bei $T = 750\,°C$ bestimmen weiterhin die Anodenverluste mit 76.3 % nach 1000 h den Gesamtpolarisationswiderstand. Den größten Anteil (91.9 %) am Gesamtpolarisationswiderstand hat die Anode bei $T = 900\,°C$. Die Resultate, die essentiell zum Verständnis der Elektrodenleistungsfähigkeit in Abhängigkeit der Betriebstemperatur beitragen, wurden zum ersten Mal für ASCs mit LSCF Kathoden in dieser Arbeit gezeigt. Bisher ist es keiner Gruppe gelungen, temperaturabhängig die anoden- und kathodenseitigen Verlustanteile einer ASC Einzelzelle mit LSCF Kathode zu bestimmen und deren zeitliche Veränderung zu analysieren. Mit Hilfe dieser neuen Ergebnisse ist es jetzt möglich, je nach Betriebstemperatur gezielt die Komponenten zu verbessern und weiterzuentwickeln, die die größten Verluste erzeugen.

Aus den erarbeiteten Ergebnissen kann als Ursache der Kathodenalterung eine Phasen- oder Strukturänderung im untersuchten Temperaturbereich angenommen werden. Darauf weisen die XRD Untersuchungen und die mit steigender Temperatur abnehmende Kathodenalterung hin.

Ausblick

Für die weitere Zellentwicklung ist die Definition der Betriebsbedingungen, vor allem der Temperatur, essentiell. Abhängig von der angestrebten Betriebstemperatur muss die Anode bzw. die Kathode optimiert werden, um die Zellalterung zu reduzieren.

In letzter Zeit liegt der Fokus der Entwicklungen auf abgesenkten Temperaturen zwischen $600\,°C$ und $700\,°C$. Gründe hierfür sind (i) unterschiedliche thermische Ausdehnungskoeffizienten der beteiligten Materialien, die bei sehr hohen Temperaturen zu erhöhten Spannungen bis zum Bruch der Zelle führen können, (ii) günstigere Materialien für die weiteren Systemkomponenten und (iii) eine einfachere thermische Betriebsführung.

Mit den vorliegenden Ergebnissen sollten ASCs mit LSCF Kathode zur Minimierung der Kathodenalterung bei möglichst hohen Temperaturen betrieben werden. Dies hat allerdings einen Anstieg des ohmschen Widerstands und des Anodenwiderstandes zur Folge. Daher ist es notwendig, für den für ASCs angestrebten Temperaturbereich von $T = 600 - 700\,°C$ das LSCF Material hinsichtlich der Stabilität bei diesen Temperaturen zu optimieren und die Degradationsmechanismen besser zu verstehen. Sollte eine Phasenumwandlung bei Temperaturen zwischen 600 °C und 900 °C stattfinden, so müsste eine LSCF Zusammensetzung gefunden werden, die eine wesentlich niedrigere Phasenumwandlungstemperatur aufweist, sodass ab $T = 600$ °C ein „Gleichgewichtszustand" erreicht ist, der einen stabilen Betrieb der Kathode ermöglicht. Mögliche Parameter wären hier die Sintertemperatur, die Stöchiometrie, die Morphologie der LSCF Körner oder die Herstellungsart des Pulvers und der Paste. Einfluss auf das Kathodenmaterial haben möglicherweise auch die Einfahrbedingungen der Brennstoffzelle. Der Einfluss der Sintertemperatur wurde in dieser Arbeit bei einer Messtemperatur von $T = 750$ °C untersucht. Die Zelle mit der Kathode, die nur bei $T = 1030$ °C gesintert wurde, zeigt gegenüber einer standardmäßig bei $T = 1080$ °C gesinterten LSCF Kathode eine geringere Alterung und damit verbunden eine geringere Abnahme des Festkörperdiffusionskoeffizienten D^δ.

Mit den in dieser Arbeit durchgeführten Materialanalysen konnte keine Änderung der Mikrostruktur als Ursache der Kathodenalterung ermittelt werden. Um eine mögliche Phasenumwandlung, Entmischung, Verarmung im Submikrometerbereich oder eine Änderung der Defektkonzentration als Ursache der Kathodenalterung zu erhalten, muss die LSCF Zusammensetzung umfassend mittels EELS und EDX im TEM analytisch charakterisiert werden. Zusätzlich sind Hochtemperatur-XRD Messungen an reinen LSCF Pulvern sinnvoll, um die Temperatur der hier vorgeschlagenen Phasenumwandlung zu bestimmen.

Auch die Anode, die bei 750 °C und 900 °C für den Hauptteil der Polarisationsverluste verantwortlich ist, kann weiterentwickelt werden, um deren Verluste zu reduzieren. So kann der Anodengasdiffusionswiderstand R_{1A} durch Ändern der Substratporosität und – dicke verkleinert werden. Dabei ist zwischen mechanischer Stabilität, elektrischer Leitfähigkeit und thermischem Ausdehnungskoeffizienten, der mit dem 8YSZ Elektrolyten übereinstimmt, ein Optimum zu finden. Die Verluste der Anoden Ladungstransferreaktion, die durch R_{3A} beschrieben werden, können durch (i) die Elektrodenstruktur, bzw. die Vergrößerung der Dreiphasengrenzen und (ii) durch die Verwendung von Scandium stabilisiertem Zirkonoxid zur Erhöhung der Ionenleitfähigkeit in der Anodenfunktionsschicht reduziert werden.

Zuletzt sollte noch erwähnt werden, dass die Verläufe der Anodenpolarisationswiderstände bei $T = 750$ °C und 900 °C in CO-CO$_2$ Betrieb analysiert wurden. Um die Verluste im realen Betrieb zu quantifizieren, sollte versucht werden, das gefundene zeitabhängige Verhalten noch in anderen Anodenbetriebsbedingungen, z.B. 60% H$_2$O in H$_2$ auszuwerten. Hierzu können die in dieser Arbeit bestimmten Kathodenwiderstände verwendet werden.

7 Anhang

7.1 Herstellungsparameter

Zell-Nr.	FZJ-ID	GCO Schicht	$T_{Sinter, GCO\ Schicht}$	Kathode	$T_{Sinter, Kathode}$
Z2_159	10645	Siebdruck GCO 7µm	1300 °C	Siebdruck LSCF 40µm	1080 °C
Z1_191	10647	Siebdruck GCO 7µm	1300 °C	Siebdruck LSCF 40µm	1080 °C
Z1_194	11132-2	PVD-GCO	-------	Siebdruck LSCF 40µm	1030 °C
Z1_196	10648	Siebdruck GCO 7µm	1300 °C	Siebdruck LSCF 40µm	1080 °C
Z1_197	10653	Siebdruck GCO 7µm	1300 °C	Siebdruck LSCF 40µm	1080 °C
Z1_198	10651	Siebdruck GCO 7µm	1300 °C	Siebdruck LSCF 40µm	1080 °C
Z1_199	10652	Siebdruck GCO 7µm	1300 °C	Siebdruck LSCF 40µm	1080 °C
-	10895	Siebdruck GCO 7µm	1300 °C	Siebdruck LSCF 40µm	1080 °C

7.2 Dateizuordnung

Zellnr.		Z2_159				
FZJ-ID		10645				
T_{LZ} / °C		750				
Gas Kathode		Luft		Luft		Luft
Gas Anode		H_2-H_2O (95/5)		H_2-H_2O (40/60)		CO-CO_2 (50/50)
Langzeittest	t/h	Dateiname	t/h	Dateiname	t/h	Dateiname
	0.00	B3103AI.002	1.84	B3103AI.004	3.47	B3103AI.006
	7.32	B3103AI.008	9.19	B3103AI.010	10.81	B3103AI.012
	14.51	B3103AI.014	16.41	B3103AI.016	18.03	B3103AI.018
	21.73	B3103AI.020	23.63	B3103AI.022	25.25	B3103AI.024
	28.95	B3103AI.026	30.87	B3103AI.028	32.49	B3103AI.030
	36.19	B3103AI.032	38.11	B3103AI.034	39.73	B3103AI.036
	43.44	B3103AI.038	45.36	B3103AI.040	46.99	B3103AI.042
	50.69	B3103AI.044	52.64	B3103AI.046	54.27	B3103AI.048
	58.00	B3103AI.050	59.91	B3103AI.052	61.53	B3103AI.054
	65.23	B3103AI.056	67.49	B3103AI.058	68.78	B3103AI.060
	72.49	B3103AI.062	74.41	B3103AI.064	76.03	B3103AI.066
	79.74	B3103AI.068	81.64	B3103AI.070	83.26	B3103AI.072
	86.96	B3103AI.074	88.89	B3103AI.076	90.51	B3103AI.078
	94.22	B3103AI.080	96.14	B3103AI.082	97.77	B3103AI.084
	101.48	B3103AI.086	103.39	B3103AI.088	105.02	B3103AI.090
	108.72	B3103AI.092	110.64	B3103AI.094	112.27	B3103AI.096
	115.97	B3103AI.098	117.90	B3103AI.100	119.53	B3103AI.102
	123.23	B3103AI.104	125.14	B3103AI.106	126.77	B3103AI.108
	130.48	B3103AI.110	132.40	B3103AI.112	134.03	B3103AI.114
	137.73	B3103AI.116	139.66	B3103AI.118	141.29	B3103AI.120
	145.00	B3103AI.122	146.93	B3103AI.124	148.56	B3103AI.126
	152.27	B3103AI.128	154.18	B3103AI.130	155.80	B3103AI.132
	159.50	B3103AI.134	161.43	B3103AI.136	163.05	B3103AI.138
	166.76	B3103AI.140	168.68	B3103AI.142	170.31	B3103AI.144
	174.01	B3103AI.146	175.93	B3103AI.148	177.55	B3103AI.150
	181.27	B3103AI.152	183.19	B3103AI.154	184.81	B3103AI.156

Zellnr.	Z1_191					
FZJ-ID	10647					
T_{LZ} / °C	750					
Gas Kathode	Luft		Luft		Luft	
Gas Anode	H_2-H_2O (95/5)		H_2-H_2O (40/60)		CO-CO_2 (50/50)	
Langzeittest	t/h	Dateiname	t/h	Dateiname	t/h	Dateiname
	0.00	B2509CI.002	1.87	B2509CI.004	3.41	B2509CI.006
	8.10	B2509CI.008	10.00	B2509CI.010	11.70	B2509CI.012
	16.43	B2509CI.014	18.45	B2509CI.016	19.99	B2509CI.018
	24.67	B2509CI.020	26.59	B2509CI.022	28.20	B2509CI.024
	32.91	B2509CI.026	34.83	B2509CI.028	36.58	B2509CI.030
	41.31	B2509CI.032	43.29	B2509CI.034	44.91	B2509CI.036
	49.62	B2509CI.038	51.58	B2509CI.040	53.16	B2509CI.042
	57.93	B2509CI.044	59.85	B2509CI.046	61.49	B2509CI.048
	66.20	B2509CI.050	68.20	B2509CI.052	69.78	B2509CI.054
	74.53	B2509CI.056	76.53	B2509CI.058	77.98	B2509CI.060
	82.87	B2509CI.062	84.68	B2509CI.064	86.40	B2509CI.066
	91.06	B2509CI.068	93.08	B2509CI.070	94.66	B2509CI.072
	99.47	B2509CI.074	101.41	B2509CI.076	103.01	B2509CI.078
	107.69	B2509CI.080	109.69	B2509CI.082	111.35	B2509CI.084
	116.05	B2509CI.086	117.98	B2509CI.088	119.65	B2509CI.090
	124.32	B2509CI.092	126.30	B2509CI.094	127.92	B2509CI.096
	132.53	B2509CI.098	134.56	B2509CI.100	136.06	B2509CI.102
	140.81	B2509CI.104	142.77	B2509CI.106	144.46	B2509CI.108
	149.11	B2509CI.110	151.05	B2509CI.112	152.67	B2509CI.114
	157.46	B2509CI.116	159.45	B2509CI.118	160.95	B2509CI.120
	165.50	B2509CI.122	167.61	B2509CI.124	169.26	B2509CI.126
	173.82	B2509CI.128	175.81	B2509CI.130	177.53	B2509CI.132
	182.13	B2509CI.134	184.20	B2509CI.136	185.73	B2509CI.138
	190.49	B2509CI.140	192.40	B2509CI.142	193.97	B2509CI.144
	198.76	B2509CI.146	200.71	B2509CI.148	202.29	B2509CI.150
	206.97	B2509CI.152	208.88	B2509CI.154	210.67	B2509CI.156
	215.27	B2509CI.158	217.21	B2509CI.160	218.79	B2509CI.162
	223.53	B2509CI.164	225.57	B2509CI.166	227.15	B2509CI.168
	231.78	B2509CI.170	233.81	B2509CI.172	235.39	B2509CI.174
	240.09	B2509CI.176	242.08	B2509CI.178	243.70	B2509CI.180
	248.45	B2509CI.182	250.35	B2509CI.184	251.93	B2509CI.186
			263.55	B2509CI.190	265.12	B2509CI.192
			276.81	B2509CI.196	278.47	B2509CI.198
			290.50	B2509CI.202	292.18	B2509CI.204
			303.76	B2509CI.208	305.46	B2509CI.210
			317.09	B2509CI.214	318.53	B2509CI.216
			330.40	B2509CI.220	331.88	B2509CI.222
	341.43	B1010AI.002	343.38	B1010AI.004	344.96	B1010AI.006
	354.75	B1010AI.008	356.64	B1010AI.010	358.25	B1010AI.012
	368.00	B1010AI.014	369.88	B1010AI.016	371.50	B1010AI.018
	381.26	B1010AI.020	383.14	B1010AI.022	384.76	B1010AI.024
	394.50	B1010AI.026	396.39	B1010AI.028	398.00	B1010AI.030
	407.77	B1010AI.032	409.62	B1010AI.034	411.23	B1010AI.036
	420.93	B1010AI.038	422.85	B1010AI.040	424.47	B1010AI.042

Zellnr.	Fortsetzung Z1_191					
FZJ-ID	10647					
T_{LZ} / °C	750					
Gas Kathode	Luft		Luft		Luft	
Gas Anode	H_2-H_2O (95/5)		H_2-H_2O (40/60)		CO-CO_2 (50/50)	
Langzeittest	t/h	Dateiname	t/h	Dateiname	t/h	Dateiname
	434.25	B1010AI.044	436.12	B1010AI.046	437.75	B1010AI.048
	447.44	B1010AI.050	449.31	B1010AI.052	450.97	B1010AI.054
	460.70	B1010AI.056	462.56	B1010AI.058	464.22	B1010AI.060
	474.01	B1010AI.062	475.88	B1010AI.064	477.48	B1010AI.066
	487.22	B1010AI.068	489.10	B1010AI.070	490.73	B1010AI.072
	500.49	B1010AI.074	502.37	B1010AI.076	503.99	B1010AI.078
	513.70	B1010AI.080	515.56	B1010AI.082	517.16	B1010AI.084
	526.98	B1010AI.086	528.81	B1010AI.088	530.43	B1010AI.090
	540.14	B1010AI.092	542.07	B1010AI.094	543.65	B1010AI.096
	553.45	B1010AI.098	555.32	B1010AI.100	556.90	B1010AI.102
	566.67	B1010AI.104	568.54	B1010AI.106	570.18	B1010AI.108
	579.90	B1010AI.110	581.78	B1010AI.112	583.43	B1010AI.114
	593.10	B1010AI.116	595.01	B1010AI.118	596.63	B1010AI.120
	606.36	B1010AI.122	608.23	B1010AI.124	609.81	B1010AI.126
	619.54	B1010AI.128	621.45	B1010AI.130	623.05	B1010AI.132
	632.81	B1010AI.134	634.70	B1010AI.136	636.30	B1010AI.138
	646.01	B1010AI.140	647.90	B1010AI.142	649.58	B1010AI.144
	659.21	B1010AI.146	661.16	B1010AI.148	662.72	B1010AI.150
	672.41	B1010AI.152	674.34	B1010AI.154	675.92	B1010AI.156
	685.58	B1010AI.158	687.54	B1010AI.160	689.14	B1010AI.162
	698.92	B1010AI.164	700.78	B1010AI.166	702.43	B1010AI.168
	713.18	B1010AI.170	715.01	B1010AI.172	716.70	B1010AI.174
	726.45	B1010AI.176	728.27	B1010AI.178	729.90	B1010AI.180
	745.61	B1010AI.182	747.12	B1010AI.184	748.74	B1010AI.186
	758.52	B1010AI.188	760.14	B1010AI.190	761.70	B1010AI.192
	771.52	B1010AI.194	773.12	B1010AI.196	774.76	B1010AI.198
	784.43	B1010AI.200	786.10	B1010AI.202	787.63	B1010AI.204
	797.43	B1010AI.206	799.10	B1010AI.208	800.65	B1010AI.210
	810.45	B1010AI.212	812.12	B1010AI.214	813.76	B1010AI.216
	823.45	B1010AI.218	825.16	B1010AI.220		
	846.18	B1010AI.222	847.94	B1010AI.224	849.50	B1010AI.226
	859.30	B1010AI.228	861.01	B1010AI.230	862.63	B1010AI.232
	872.25	B1010AI.234	873.98	B1010AI.236	875.61	B1010AI.238
	785.32	B1010AI.240	887.05	B1010AI.242	888.72	B1010AI.244
	898.47	B1010AI.246	900.25	B1010AI.248	901.76	B1010AI.250
	911.52	B1010AI.252	913.41	B1010AI.254	914.92	B1010AI.256
	924.83	B1010AI.258	938.36	B1010AI.260	840.18	B1010AI.262
	950.01	B1010AI.264	951.87	B1010AI.266	953.65	B1010AI.268
	968.65	B1010AI.270	985.48	B1010AI.272		
	992.90	B1010AI.274	994.77	B1010AI.276	996.54	B1010AI.278
	1006.37	B1010AI.280	1008.32	B1010AI.282	1009.88	B1010AI.284
	1019.88	B1010AI.286	1021.74	B1010AI.288	1023.52	B1010AI.290
	1033.25	B1010AI.292	1035.12	B1010AI.294	1036.81	B1010AI.296
	1046.32	B1010AI.298	1048.32	B1010AI.300	1049.70	B1010AI.302
	1059.74	B1010AI.304	1061.52	B1010AI.306	1063.03	B1010AI.308
	1072.77	B1010AI.310	1074.45	B1010AI.312	1076.14	B1010AI.314
	1085.92	B1010AI.316	1087.57	B1010AI.318	1089.25	B1010AI.320

Zellnr.	Z1_194					
FZJ-ID	11132-2					
T_{LZ} / °C	750					
Gas Kathode	Luft		Luft		Luft	
Gas Anode	H_2-H_2O (95/5)		H_2-H_2O (40/60)		CO-CO_2 (50/50)	
Langzeittest	t/h	Dateiname	t/h	Dateiname	t/h	Dateiname
	0.00	B1203AI.002	2.33	B1203AI.004	3.80	B1203AI.006
	8.47	B1203AI.008	10.45	B1203AI.010	12.08	B1203AI.012
	16.80	B1203AI.014	18.77	B1203AI.016	20.40	B1203AI.018
	25.12	B1203AI.020	27.10	B1203AI.022	28.73	B1203AI.024
	33.45	B1203AI.026	35.42	B1203AI.028	37.05	B1203AI.030
	41.77	B1203AI.032	43.75	B1203AI.034	45.38	B1203AI.036
	50.10	B1203AI.038	52.08	B1203AI.040	53.72	B1203AI.042
	58.43	B1203AI.044	60.40	B1203AI.046	62.03	B1203AI.048
	66.75	B1203AI.050	68.72	B1203AI.052	70.35	B1203AI.054
	75.07	B1203AI.056	77.03	B1203AI.058	78.67	B1203AI.060
	83.38	B1203AI.062	85.37	B1203AI.064	87.00	B1203AI.066
	91.72	B1203AI.068	93.68	B1203AI.070	95.32	B1203AI.072
	100.03	B1203AI.074	102.02	B1203AI.076	103.65	B1203AI.078
	108.37	B1203AI.080	110.35	B1203AI.082	111.98	B1203AI.084
	116.70	B1203AI.086	118.67	B1203AI.088	120.37	B1203AI.090
	120.30	B1203AI.092	127.00	B1203AI.094	128.63	B1203AI.096
	133.33	B1203AI.098	135.32	B1203AI.100	136.95	B1203AI.102
	141.67	B1203AI.104	143.63	B1203AI.106	145.27	B1203AI.108
	149.98	B1203AI.110	151.97	B1203AI.112	153.60	B1203AI.114
	158.32	B1203AI.116	160.30	B1203AI.118	161.93	B1203AI.120
	166.63	B1203AI.122	168.62	B1203AI.124	170.25	B1203AI.126
	174.97	B1203AI.128	176.93	B1203AI.130	178.57	B1203AI.132
	183.28	B1203AI.134	185.27	B1203AI.136	186.90	B1203AI.138
	244.60	B1203AI.140	246.58	B1203AI.142	248.22	B1203AI.144
	252.93	B1203AI.146	254.90	B1203AI.148	256.53	B1203AI.150
	261.25	B1203AI.152	263.22	B1203AI.154	264.85	B1203AI.156
	269.57	B1203AI.158	271.55	B1203AI.160	273.18	B1203AI.162
	277.90	B1203AI.164	279.87	B1203AI.166	281.50	B1203AI.168
	286.22	B1203AI.170	288.20	B1203AI.172		
	292.83	B1203AI.174	294.82	B1203AI.176	296.45	B1203AI.178
	301.17	B1203AI.180	303.13	B1203AI.182	304.77	B1203AI.184
	314.50	B1203AI.186	316.48	B1203AI.188	318.12	B1203AI.190
	327.80	B1203AI.192	329.82	B1203AI.194	331.45	B1203AI.196
	341.18	B1203AI.198	343.17	B1203AI.200	344.80	B1203AI.202
	354.52	B1203AI.204	356.48	B1203AI.206	358.12	B1203AI.208
	415.83	B3003AI.002	417.82	B3003AI.004	419.45	B3003AI.006
	429.15	B3003AI.008	431.13	B3003AI.010	432.77	B3003AI.012
	442.48	B3003AI.014	444.45	B3003AI.016	446.08	B3003AI.018
	455.80	B3003AI.020	457.77	B3003AI.022	459.42	B3003AI.024
	469.97	B0104AI.002	471.93	B0104AI.004	473.55	B0104AI.006
	483.27	B0104AI.008	485.25	B0104AI.010	486.88	B0104AI.012
	496.60	B0104AI.014	498.58	B0104AI.016	500.22	B0104AI.018
	509.92	B0104AI.020	511.90	B0104AI.022	513.53	B0104AI.024
	523.25	B0104AI.026	525.18	B0104AI.028	526.82	B0104AI.030

Zellnr.	Fortsetzung Z1_194					
FZJ-ID	11132-2					
T_{LZ} / °C	750					
Gas Kathode	Luft		Luft		Luft	
Gas Anode	H_2-H_2O (95/5)		H_2-H_2O (40/60)		CO-CO_2 (50/50)	
Langzeittest	t/h	Dateiname	t/h	Dateiname	t/h	Dateiname
	536.53	B0104AI.032	538.52	B0104AI.034	540.15	B0104AI.036
	550.87	B0104AI.038	552.83	B0104AI.040	554.47	B0104AI.042
	564.18	B0104AI.044	566.15	B0104AI.046	567.78	B0104AI.048
	577.50	B0104AI.050	579.45	B0104AI.052	581.08	B0104AI.054
	590.80	B0104AI.056	592.77	B0104AI.058	594.40	B0104AI.060
	604.12	B0104AI.062	606.10	B0104AI.064	607.73	B0104AI.066
	617.45	B0104AI.068	619.42	B0104AI.070	621.05	B0104AI.072
	630.77	B0104AI.074	632.73	B0104AI.076	634.37	B0104AI.078
	644.08	B0104AI.080	646.05	B0104AI.082	647.68	B0104AI.084
	657.40	B0104AI.086	659.37	B0104AI.088	661.00	B0104AI.090
	667.72	B0104AI.092	672.68	B0104AI.094	674.32	B0104AI.096
	684.03	B0104AI.098	686.00	B0104AI.100	687.63	B0104AI.102
	697.35	B0104AI.104	699.32	B0104AI.106	700.95	B0104AI.108
	710.67	B0104AI.110	712.63	B0104AI.112	714.27	B0104AI.114
	723.98	B0104AI.116	725.92	B0104AI.118	727.55	B0104AI.120
	737.27	B0104AI.122	739.20	B0104AI.124	740.83	B0104AI.126
	750.55	B0104AI.128	752.53	B0104AI.130	754.17	B0104AI.132
	763.88	B0104AI.134	765.83	B0104AI.136	767.45	B0104AI.138
	777.17	B0104AI.140	779.12	B0104AI.142	780.75	B0104AI.144
	790.47	B0104AI.146	792.42	B0104AI.148	794.05	B0104AI.150
	804.57	B0104AI.153	806.50	B0104AI.155	808.13	B0104AI.157
	817.85	B0104AI.159	819.80	B0104AI.161	821.42	B0104AI.163
	831.13	B0104AI.165	833.12	B0104AI.167	834.75	B0104AI.169
	844.47	B0104AI.171	846.42	B0104AI.173	848.05	B0104AI.175
	857.77	B0104AI.177	859.70	B0104AI.179	861.33	B0104AI.181
	871.05	B0104AI.183	873.05	B0104AI.185	874.67	B0104AI.187
	884.38	B0104AI.189	886.33	B0104AI.191	887.97	B0104AI.193
	897.67	B0104AI.195	899.62	B0104AI.197	901.25	B0104AI.199
	910.97	B0104AI.201	912.92	B0104AI.203	914.55	B0104AI.205
	924.27	B0104AI.207	926.23	B0104AI.209	927.87	B0104AI.211
	937.58	B0104AI.213	939.53	B0104AI.215	941.17	B0104AI.217
	950.88	B0104AI.219	952.82	B0104AI.221	954.45	B0104AI.223
	964.17	B0104AI.225	966.12	B0104AI.227	967.75	B0104AI.229
	977.47	B0104AI.231	979.43	B0104AI.233	981.07	B0104AI.235
	1025.05	B0104AI.241	1013.70	B0104AI.237	1015.33	B0104AI.239
	1038.35	B0104AI.247	1027.00	B0104AI.243	1028.63	B0104AI.245
	1051.68	B0104AI.253	1040.33	B0104AI.249	1041.97	B0104AI.251
	1065.00	B0104AI.259	1053.65	B0104AI.255	1055.28	B0104AI.257
	1078.32	B0104AI.265	1066.98	B0104AI.261	1068.62	B0104AI.263
	1091.22	B0104AI.271	1080.30	B0104AI.267	1081.93	B0104AI.269
			1093.20	B0104AI.273	1094.83	B0104AI.275

Zellnr.	\multicolumn{4}{c}{Z1_196}

Zellnr.		Z1_196		
FZJ-ID		10648		
T_{LZ} / °C		600		
Gas Kathode		Luft		Luft
Gas Anode		H_2-H_2O (95/5)		H_2-H_2O (40/60)
Langzeittest	t/h	Dateiname	t/h	Dateiname
	0.00	B3004AI.002	1.28	B3004AI.004
	7.58	B3004AI.006	8.87	B3004AI.008
	15.15	B3004AI.010	16.43	B3004AI.012
	22.73	B3004AI.014	24.00	B3004AI.016
	30.30	B3004AI.018	31.58	B3004AI.020
	37.88	B3004AI.022	39.15	B3004AI.024
	45.45	B3004AI.026	46.73	B3004AI.028
	53.03	B3004AI.030	54.32	B3004AI.032
	60.60	B3004AI.034	61.90	B3004AI.036
	68.18	B3004AI.038	69.48	B3004AI.040
	75.77	B3004AI.042	77.05	B3004AI.044
	83.35	B3004AI.046	84.63	B3004AI.048
	90.93	B3004AI.050	92.22	B3004AI.052
	98.52	B3004AI.054	99.80	B3004AI.056
	106.10	B3004AI.058	107.38	B3004AI.060
	113.68	B3004AI.062	114.97	B3004AI.064
	121.25	B3004AI.066	122.53	B3004AI.068
	128.83	B3004AI.070	130.12	B3004AI.072
	136.42	B3004AI.074	137.70	B3004AI.076
	144.00	B3004AI.078	145.27	B3004AI.080
	151.57	B3004AI.082	152.85	B3004AI.084
	159.15	B3004AI.086	160.43	B3004AI.088
	166.72	B3004AI.090	168.00	B3004AI.092
	174.30	B3004AI.094	175.58	B3004AI.096
	181.87	B3004AI.098	183.15	B3004AI.100
	189.45	B3004AI.102	190.73	B3004AI.104
	197.03	B3004AI.106	198.32	B3004AI.108
	204.60	B3004AI.110	205.88	B3004AI.112
	212.18	B3004AI.114	213.47	B3004AI.116
	219.75	B3004AI.118	221.03	B3004AI.120
	227.33	B3004AI.122	228.62	B3004AI.124
	239.92	B3004AI.126	241.18	B3004AI.128
	252.48	B3004AI.130	253.75	B3004AI.132
	265.03	B3004AI.134	266.32	B3004AI.136
	277.62	B3004AI.138	278.90	B3004AI.140
	290.18	B3004AI.142	291.47	B3004AI.144
	302.77	B3004AI.146	304.03	B3004AI.148
	315.33	B3004AI.150	316.60	B3004AI.152
	327.90	B3004AI.154	329.17	B3004AI.156
	340.47	B3004AI.158	341.73	B3004AI.160
	353.03	B3004AI.162	354.30	B3004AI.164
	365.60	B3004AI.166	366.87	B3004AI.168
	378.17	B3004AI.170	379.43	B3004AI.172
	390.73	B3004AI.174	392.00	B3004AI.176

Zellnr.	Fortsetzung Z1_196			
FZJ-ID	10648			
T_{LZ} / °C	600			
Gas Kathode	Luft		Luft	
Gas Anode	H_2-H_2O (95/5)		H_2-H_2O (40/60)	
Langzeittest	t/h	Dateiname	t/h	Dateiname
	403.28	B3004AI.178	404.57	B3004AI.180
	415.85	B3004AI.182	417.12	B3004AI.184
	428.42	B3004AI.186	429.68	B3004AI.188
	440.98	B3004AI.190	442.25	B3004AI.192
	453.55	B3004AI.194	454.82	B3004AI.196
	466.12	B3004AI.198	467.37	B3004AI.200
	478.67	B3004AI.202	479.93	B3004AI.204
	491.23	B3004AI.206	492.50	B3004AI.208
	503.80	B3004AI.210	505.05	B3004AI.212
	516.35	B3004AI.214	517.62	B3004AI.216
	528.92	B3004AI.218	530.18	B3004AI.220
	541.48	B3004AI.222	542.75	B3004AI.224
	554.03	B3004AI.226	555.30	B3004AI.228
	566.58	B3004AI.230	567.85	B3004AI.232
	579.15	B3004AI.234	580.42	B3004AI.236
	591.70	B3004AI.238	592.97	B3004AI.240
	604.25	B3004AI.242	605.52	B3004AI.244
	616.82	B3004AI.246	618.07	B3004AI.248
	629.37	B3004AI.250	630.62	B3004AI.252
	641.92	B3004AI.254	643.17	B3004AI.256
	654.47	B3004AI.258	655.72	B3004AI.260
	667.02	B3004AI.262	668.27	B3004AI.264
	679.57	B3004AI.266	680.82	B3004AI.268
	692.12	B3004AI.270	693.37	B3004AI.272
	704.65	B3004AI.274	705.92	B3004AI.276
	717.20	B3004AI.278	718.47	B3004AI.280
	729.75	B3004AI.282	731.00	B3004AI.284
	742.30	B3004AI.286	743.53	B3004AI.288
	754.83	B3004AI.290	756.08	B3004AI.292
	767.37	B3004AI.294	768.62	B3004AI.296
	779.92	B3004AI.298	781.15	B3004AI.300
	792.45	B3004AI.302	793.70	B3004AI.304
	804.98	B3004AI.306	806.23	B3004AI.308
	817.53	B3004AI.310	818.77	B3004AI.312
	830.07	B3004AI.314	831.32	B3004AI.316
	842.62	B3004AI.318	843.85	B3004AI.320
	855.15	B3004AI.322	856.40	B3004AI.324
	867.68	B3004AI.326	868.92	B3004AI.328
	880.22	B3004AI.330	881.45	B3004AI.332
	892.75	B3004AI.334	893.98	B3004AI.336
	905.28	B3004AI.338	906.52	B3004AI.340
	917.82	B3004AI.342	919.07	B3004AI.344
	930.35	B3004AI.346	931.60	B3004AI.348
	942.88	B3004AI.350	944.13	B3004AI.352
	955.42	B3004AI.354	956.65	B3004AI.356
	967.95	B3004AI.358	969.18	B3004AI.360
	1032.42	B1606AI.002	1033.65	B1606AI.004

1036.43	B1606AI.006	1037.68	B1606AI.008
1039.37	B1606AI.010	1040.58	B1606AI.012
1042.77	B1606AI.014	1043.98	B1606AI.016
1046.17	B1606AI.018	1047.37	B1606AI.020
1049.53	B1606AI.022	1050.73	B1606AI.024
1052.92	B1606AI.026	1054.10	B1606AI.028

Zellnr.		Z1_197			
FZJ-ID		10653			
T_{LZ} / °C		750			
Gas Kathode		Luft		Luft		Luft
Gas Anode		H_2-H_2O (95/5)		H_2-H_2O (40/60)		CO-CO_2 (50/50)
Langzeittest	t/h	Dateiname	t/h	Dateiname	t/h	Dateiname
	0.00	B1906AI.002	1.98	B1906AI.004	3.62	B1906AI.006
	8.33	B1906AI.008	10.30	B1906AI.010	11.93	B1906AI.012
	16.65	B1906AI.014	18.62	B1906AI.016	20.25	B1906AI.018
	24.97	B1906AI.020	26.95	B1906AI.022	28.58	B1906AI.024
	33.30	B1906AI.026	35.27	B1906AI.028	36.92	B1906AI.030
	41.63	B1906AI.032	43.60	B1906AI.034	45.23	B1906AI.036
	49.95	B1906AI.038	51.92	B1906AI.040	53.55	B1906AI.042
	58.27	B1906AI.044	60.25	B1906AI.046	61.88	B1906AI.048
	66.60	B1906AI.050	68.58	B1906AI.052	70.22	B1906AI.054
	74.93	B1906AI.056	76.90	B1906AI.058	78.53	B1906AI.060
	83.25	B1906AI.062	85.22	B1906AI.064	86.85	B1906AI.066
	91.57	B1906AI.068	93.55	B1906AI.070	95.18	B1906AI.072
	99.90	B1906AI.074	101.87	B1906AI.076	103.50	B1906AI.078
	108.22	B1906AI.080	110.20	B1906AI.082	111.83	B1906AI.084
	116.55	B1906AI.086	118.52	B1906AI.088	120.15	B1906AI.090
	124.87	B1906AI.092	126.85	B1906AI.094	128.48	B1906AI.096
	133.20	B1906AI.098	135.17	B1906AI.100	136.80	B1906AI.102
	141.52	B1906AI.104	143.48	B1906AI.106	145.12	B1906AI.108
	149.83	B1906AI.110	151.80	B1906AI.112	153.43	B1906AI.114
	158.15	B1906AI.116	160.13	B1906AI.118	161.75	B1906AI.120
	166.47	B1906AI.122	168.45	B1906AI.124	170.08	B1906AI.126
	174.80	B1906AI.128	176.77	B1906AI.130	178.40	B1906AI.132
	183.12	B1906AI.134	185.08	B1906AI.136	186.72	B1906AI.138
	191.43	B1906AI.140	193.42	B1906AI.142	195.05	B1906AI.144
	199.77	B1906AI.146	201.73	B1906AI.148	203.37	B1906AI.150
	208.08	B1906AI.152	210.07	B1906AI.154	211.70	B1906AI.156
	216.42	B1906AI.158	218.38	B1906AI.160	220.02	B1906AI.162
	224.73	B1906AI.164	226.70	B1906AI.166	228.33	B1906AI.168
	233.05	B1906AI.170	235.03	B1906AI.172	236.67	B1906AI.174
	241.38	B1906AI.176	243.35	B1906AI.178	244.98	B1906AI.180
	249.70	B1906AI.182	251.67	B1906AI.184	253.30	B1906AI.186
	263.02	B1906AI.188	264.98	B1906AI.190	266.62	B1906AI.192
	276.33	B1906AI.194	278.32	B1906AI.196	279.95	B1906AI.198
	289.67	B1906AI.200	291.65	B1906AI.202	293.28	B1906AI.204
	303.00	B1906AI.206	304.97	B1906AI.208	306.60	B1906AI.210
	316.32	B1906AI.212	318.28	B1906AI.214	319.92	B1906AI.216
	329.63	B1906AI.218	331.62	B1906AI.220	333.25	B1906AI.222
	342.95	B1906AI.224	344.93	B1906AI.226	346.57	B1906AI.228
	356.28	B1906AI.230	358.25	B1906AI.232	359.88	B1906AI.234
	369.60	B1906AI.236	371.58	B1906AI.238	373.20	B1906AI.240
	382.92	B1906AI.242	384.90	B1906AI.244	386.53	B1906AI.246
	396.25	B1906AI.248	398.22	B1906AI.250	399.85	B1906AI.252
	409.57	B1906AI.254	411.55	B1906AI.256	413.18	B1906AI.258
	422.90	B1906AI.260	424.87	B1906AI.262	426.50	B1906AI.264

Zellnr.	Fortsetzung Z1_197					
FZJ-ID	10653					
T_{LZ} / °C	750					
Gas Kathode	Luft		Luft		Luft	
Gas Anode	H_2-H_2O (95/5)		H_2-H_2O (40/60)		CO-CO_2 (50/50)	
Langzeittest	t/h	Dateiname	t/h	Dateiname	t/h	Dateiname
	436.22	B1906AI.266	438.18	B1906AI.268	439.82	B1906AI.270
	449.53	B1906AI.272	451.50	B1906AI.274	453.13	B1906AI.276
	462.85	B1906AI.278	464.83	B1906AI.280	466.47	B1906AI.282
	476.18	B1906AI.284	478.15	B1906AI.286	479.78	B1906AI.288
	489.50	B1906AI.290	491.48	B1906AI.292	493.10	B1906AI.294
	502.82	B1906AI.296	504.80	B1906AI.298	506.43	B1906AI.300
	516.15	B1906AI.302	518.12	B1906AI.304	519.75	B1906AI.306
	529.47	B1906AI.308	531.43	B1906AI.310	533.07	B1906AI.312
	542.78	B1906AI.314	598.75	B1906AI.316	546.38	B1906AI.318
	556.10	B1906AI.320	558.08	B1906AI.322	559.72	B1906AI.324
	569.43	B1906AI.326	571.40	B1906AI.328	573.03	B1906AI.330
	582.75	B1906AI.332	584.73	B1906AI.334	586.37	B1906AI.336
	596.08	B1906AI.338	598.05	B1906AI.340	599.68	B1906AI.342
	609.42	B1906AI.344	611.38	B1906AI.346	613.02	B1906AI.348
	622.73	B1906AI.350	624.72	B1906AI.352	626.35	B1906AI.354
	636.07	B1906AI.356	638.03	B1906AI.358	639.67	B1906AI.360
	702.75	B1906AI.362	704.70	B1906AI.364	706.33	B1906AI.366
	716.05	B1906AI.368	718.03	B1906AI.370	719.67	B1906AI.372
	729.38	B1906AI.374	731.37	B1906AI.376	732.98	B1906AI.378
	742.70	B1906AI.380	744.68	B1906AI.382	746.32	B1906AI.384
	756.03	B1906AI.386	758.02	B1906AI.388	759.65	B1906AI.390
	769.37	B1906AI.392	771.35	B1906AI.394	772.98	B1906AI.396
	782.70	B1906AI.398	784.67	B1906AI.400	786.30	B1906AI.402
	796.02	B1906AI.404	798.00	B1906AI.406	799.63	B1906AI.408
	809.33	B1906AI.410	811.32	B1906AI.412	812.95	B1906AI.414
	822.67	B1906AI.416	824.65	B1906AI.418	826.28	B1906AI.420
	836.00	B1906AI.422	837.97	B1906AI.424	839.62	B1906AI.426
	849.32	B1906AI.428	851.30	B1906AI.430	852.93	B1906AI.432
	913.63	B1906AI.436	1030.28	B1906AI.446	917.25	B1906AI.440
	1028.30	B1906AI.444			1031.92	B1906AI.448

Zellnr.		Z1_198			
FZJ-ID		10651			
T_{LZ} / °C		750			
Gas Kathode		Luft		Luft		Luft	
Gas Anode		H_2-H_2O (95/5)		H_2-H_2O (40/60)		CO-CO_2 (50/50)	
Langzeittest	t/h	Dateiname	t/h	Dateiname	t/h	Dateiname
	0.00	B0209AI.006	1.92	B0209AI.008	3.55	B0209AI.010
	8.27	B0209AI.012	10.23	B0209AI.014	11.87	B0209AI.016
	16.57	B0209AI.018	18.55	B0209AI.020	20.18	B0209AI.022
	24.90	B0209AI.024	26.88	B0209AI.026	28.52	B0209AI.028
	33.23	B0209AI.030	35.22	B0209AI.032	36.85	B0209AI.034
	41.57	B0209AI.036	43.53	B0209AI.038	45.17	B0209AI.040
	49.88	B0209AI.042	51.87	B0209AI.044	53.50	B0209AI.046
	58.22	B0209AI.048	60.18	B0209AI.050	61.83	B0209AI.052
	66.55	B0209AI.054	68.52	B0209AI.056	70.15	B0209AI.058
	74.87	B0209AI.060	76.85	B0209AI.062	78.48	B0209AI.064
	83.20	B0209AI.066	85.18	B0209AI.068	86.82	B0209AI.070
	91.53	B0209AI.072	93.50	B0209AI.074	95.13	B0209AI.076
	99.85	B0209AI.078	101.83	B0209AI.080	103.47	B0209AI.082
	108.18	B0209AI.084	110.15	B0209AI.086	111.78	B0209AI.088
	116.50	B0209AI.090	118.48	B0209AI.092	120.12	B0209AI.094
	124.83	B0209AI.096	126.82	B0209AI.098	128.45	B0209AI.100
	200.93	B1109BI.002	202.90	B1109BI.004	204.53	B1109BI.006
	209.27	B1109BI.008	211.23	B1109BI.010	212.87	B1109BI.012
	217.58	B1109BI.014	219.53	B1109BI.016	221.17	B1109BI.018
	225.88	B1109BI.020	227.87	B1109BI.022	229.50	B1109BI.024
	234.22	B1109BI.026	236.15	B1109BI.028	237.80	B1109BI.030
	242.52	B1109BI.032	244.50	B1109BI.034	246.13	B1109BI.036
	250.85	B1109BI.038	252.78	B1109BI.040	254.42	B1109BI.042
	259.13	B1109BI.044	261.08	B1109BI.046	262.72	B1109BI.048
	267.43	B1109BI.050	269.42	B1109BI.052	271.05	B1109BI.054
	275.77	B1109BI.056	277.73	B1109BI.058	279.38	B1109BI.060
	284.08	B1109BI.062	286.07	B1109BI.064	287.70	B1109BI.066
	292.42	B1109BI.068	294.38	B1109BI.070	296.02	B1109BI.072
	300.73	B1109BI.074	302.72	B1109BI.076	304.35	B1109BI.078
	309.07	B1109BI.080	311.03	B1109BI.082	312.67	B1109BI.084
	317.40	B1109BI.086	319.37	B1109BI.088	320.98	B1109BI.090
	325.70	B1109BI.092	327.67	B1109BI.094	329.30	B1109BI.096
	334.02	B1109BI.098	335.98	B1109BI.100	337.63	B1109BI.102
	342.35	B1109BI.104	344.30	B1109BI.106	345.93	B1109BI.108
	350.65	B1109BI.110	352.62	B1109BI.112	354.25	B1109BI.114
	358.97	B1109BI.116	360.90	B1109BI.118	362.53	B1109BI.120
	367.27	B1109BI.122	369.18	B1109BI.124	370.82	B1109BI.126
	375.53	B1109BI.128	377.45	B1109BI.130	379.10	B1109BI.132
	383.82	B1109BI.134	385.73	B1109BI.136	387.37	B1109BI.138
	392.08	B1109BI.140	394.05	B1109BI.142	395.68	B1109BI.144
	400.40	B1109BI.146	402.35	B1109BI.148	403.98	B1109BI.150
	408.70	B1109BI.152	410.62	B1109BI.154	412.25	B1109BI.156
	416.97	B1109BI.158	418.92	B1109BI.160	420.55	B1109BI.162
	425.27	B1109BI.164	427.23	B1109BI.166	428.87	B1109BI.168

Zellnr.	Fortsetzung Z1_198					
FZJ-ID	10651					
T_{LZ} / °C	750					
Gas Kathode	Luft		Luft		Luft	
Gas Anode	H_2-H_2O (95/5)		H_2-H_2O (40/60)		CO-CO_2 (50/50)	
Langzeittest	t/h	Dateiname	t/h	Dateiname	t/h	Dateiname
	433.58	B1109BI.170	435.53	B1109BI.172	437.17	B1109BI.174
	441.88	B1109BI.176	443.83	B1109BI.178	445.47	B1109BI.180
	450.18	B1109BI.182	452.10	B1109BI.184	453.73	B1109BI.186
	463.45	B1109BI.188	465.38	B1109BI.190	467.02	B1109BI.192
	476.73	B1109BI.194	478.68	B1109BI.196	480.32	B1109BI.198
	490.03	B1109BI.200	491.93	B1109BI.202	493.57	B1109BI.204
	503.28	B1109BI.206	505.18	B1109BI.208	506.83	B1109BI.210
	516.55	B1109BI.212	518.45	B1109BI.214	520.08	B1109BI.216
	529.78	B1109BI.218	531.70	B1109BI.220	533.33	B1109BI.222
	543.05	B1109BI.224	544.98	B1109BI.226	546.62	B1109BI.228
	556.33	B1109BI.230	558.27	B1109BI.232	559.90	B1109BI.234
	569.62	B1109BI.236	571.57	B1109BI.238	573.20	B1109BI.240
	582.92	B1109BI.242	584.83	B1109BI.244	586.47	B1109BI.246
	596.18	B1109BI.248	598.13	B1109BI.250	599.77	B1109BI.252
	609.48	B1109BI.254	611.40	B1109BI.256	613.03	B1109BI.258
	622.75	B1109BI.260	624.67	B1109BI.262	626.30	B1109BI.264
	636.02	B1109BI.266	637.92	B1109BI.268	639.55	B1109BI.270
	649.27	B1109BI.272	651.17	B1109BI.274	652.80	B1109BI.276
	662.53	B1109BI.278	664.45	B1109BI.280	666.08	B1109BI.282
	675.80	B1109BI.284	677.72	B1109BI.286	679.35	B1109BI.288
	689.07	B1109BI.290	691.00	B1109BI.292	692.63	B1109BI.294
	702.35	B1109BI.296	703.75	B1109BI.298	705.88	B1109BI.300
	715.60	B1109BI.302	717.48	B1109BI.304	719.13	B1109BI.306
	728.85	B1109BI.308	730.75	B1109BI.310	732.38	B1109BI.312
	742.10	B1109BI.314	743.97	B1109BI.316	745.60	B1109BI.318
	755.32	B1109BI.320	757.22	B1109BI.322	758.87	B1109BI.324
	768.58	B1109BI.326	770.48	B1109BI.328	772.12	B1109BI.330
	781.83	B1109BI.332	783.70	B1109BI.334	785.33	B1109BI.336
	795.05	B1109BI.338	796.93	B1109BI.340	798.57	B1109BI.342
	808.28	B1109BI.344	810.15	B1109BI.346	811.80	B1109BI.348
	821.52	B1109BI.350	823.37	B1109BI.352	825.00	B1109BI.354
	834.72	B1109BI.356	836.60	B1109BI.358	838.23	B1109BI.360
	862.60	B1109BI.362	864.48	B1109BI.364	866.12	B1109BI.366
	875.83	B1109BI.368	877.72	B1109BI.370	879.35	B1109BI.372
	889.07	B1109BI.374	890.97	B1109BI.376	892.58	B1109BI.378
	902.30	B1109BI.380	904.20	B1109BI.382	905.83	B1109BI.384
	915.55	B1109BI.386	917.40	B1109BI.388	919.03	B1109BI.390
	928.75	B1109BI.392	930.63	B1109BI.394	932.27	B1109BI.396
	941.98	B1109BI.398	943.82	B1109BI.400	945.45	B1109BI.402
	955.17	B1109BI.404	957.05	B1109BI.406	958.68	B1109BI.408
	968.40	B1109BI.410	970.25	B1109BI.412	971.88	B1109BI.414
	981.60	B1109BI.416	983.48	B1109BI.418	985.12	B1109BI.420
	994.83	B1109BI.422	996.70	B1109BI.424	998.33	B1109BI.426
	1009.40	B1109BI.428	1011.25	B1109BI.430		

Zellnr.	Z1_199				
FZJ-ID	10652				
T_{LZ} / °C	750				
Gas Kathode	Luft		Luft		Luft
Gas Anode	H_2-H_2O (95/5)		H_2-H_2O (40/60)		CO-CO_2 (50/50)
Langzeittest	t/h	Dateiname	t/h	Dateiname	t/h	Dateiname
	0.00	B2410AI.002	1.98	B2410AI.004	3.62	B2410AI.006
	8.33	B2410AI.008	10.30	B2410AI.010	11.93	B2410AI.012
	16.65	B2410AI.014	18.62	B2410AI.016	20.25	B2410AI.018
	24.97	B2410AI.020	26.95	B2410AI.022	28.58	B2410AI.024
	33.30	B2410AI.026	35.27	B2410AI.028	36.90	B2410AI.030
	41.62	B2410AI.032	43.60	B2410AI.034	45.23	B2410AI.036
	49.95	B2410AI.038	51.92	B2410AI.040	53.57	B2410AI.042
	58.28	B2410AI.044	60.25	B2410AI.046	61.88	B2410AI.048
	66.60	B2410AI.050	68.57	B2410AI.052	70.20	B2410AI.054
	74.92	B2410AI.056	76.03	B2410AI.058	78.53	B2410AI.060
	83.23	B2410AI.062	85.22	B2410AI.064	86.85	B2410AI.066
	91.57	B2410AI.068	93.53	B2410AI.070	95.17	B2410AI.072
	99.88	B2410AI.074	101.87	B2410AI.076	103.50	B2410AI.078
	108.22	B2410AI.080	110.18	B2410AI.082	111.82	B2410AI.084
	116.53	B2410AI.086	118.52	B2410AI.088	120.15	B2410AI.090
	124.85	B2410AI.092	126.83	B2410AI.094	128.47	B2410AI.096
	133.18	B2410AI.098	135.17	B2410AI.100	136.80	B2410AI.102
	141.50	B2410AI.104	143.48	B2410AI.106	145.12	B2410AI.108
	149.83	B2410AI.110	151.82	B2410AI.112	153.43	B2410AI.114
	158.15	B2410AI.116	160.13	B2410AI.118	161.77	B2410AI.120
	166.48	B2410AI.122	168.45	B2410AI.124	170.08	B2410AI.126
	174.80	B2410AI.128	176.78	B2410AI.130	178.42	B2410AI.132
	183.13	B2410AI.134	185.10	B2410AI.136	186.73	B2410AI.138
	191.45	B2410AI.140	193.42	B2410AI.142	195.05	B2410AI.144
	199.77	B2410AI.146	201.75	B2410AI.148	203.38	B2410AI.150
	208.10	B2410AI.152	210.07	B2410AI.154	211.70	B2410AI.156
	216.42	B2410AI.158	218.40	B2410AI.160	220.03	B2410AI.162
	224.75	B2410AI.164	226.73	B2410AI.166	228.37	B2410AI.168
	233.07	B2410AI.170	235.05	B2410AI.172	236.68	B2410AI.174
	241.40	B2410AI.176	243.37	B2410AI.178	245.00	B2410AI.180
	249.72	B2410AI.182	251.68	B2410AI.184	253.32	B2410AI.186
	263.03	B2410AI.188	265.02	B2410AI.190	266.65	B2410AI.192
	276.37	B2410AI.194	278.33	B2410AI.196	279.97	B2410AI.198
	289.68	B2410AI.200	291.65	B2410AI.202	293.28	B2410AI.204
	303.00	B2410AI.206	304.98	B2410AI.208	306.62	B2410AI.210
	316.33	B2410AI.212	318.30	B2410AI.214	319.93	B2410AI.216
	329.65	B2410AI.218	331.60	B2410AI.220	333.23	B2410AI.222
	342.95	B2410AI.224	344.92	B2410AI.226	346.55	B2410AI.228
	356.27	B2410AI.230	358.25	B2410AI.232	359.88	B2410AI.234
	369.60	B2410AI.236	371.57	B2410AI.238	373.20	B2410AI.240
	382.92	B2410AI.242	384.90	B2410AI.244	386.53	B2410AI.246
	396.25	B2410AI.248	398.22	B2410AI.250	399.85	B2410AI.252
	409.57	B2410AI.254	411.55	B2410AI.256	413.18	B2410AI.258
	422.90	B2410AI.260	424.87	B2410AI.262	426.50	B2410AI.264

Zellnr.	Fortsetzung Z1_199					
FZJ-ID	10652					
T_{LZ} / °C	750					
Gas Kathode	Luft		Luft		Luft	
Gas Anode	H_2-H_2O (95/5)		H_2-H_2O (40/60)		CO-CO_2 (50/50)	
Langzeittest	t/h	Dateiname	t/h	Dateiname	t/h	Dateiname
	436.22	B2410AI.266	438.20	B2410AI.268	439.83	B2410AI.270
	449.53	B2410AI.272	451.52	B2410AI.274	453.15	B2410AI.276
	452.87	B2410AI.278	464.83	B2410AI.280	466.47	B2410AI.282
	476.18	B2410AI.284	478.15	B2410AI.286	479.78	B2410AI.288
	489.50	B2410AI.290	491.48	B2410AI.292	493.12	B2410AI.294
	502.82	B2410AI.296	504.80	B2410AI.298	506.43	B2410AI.300
	516.15	B2410AI.302	518.12	B2410AI.304	519.75	B2410AI.306
	529.47	B2410AI.308	531.45	B2410AI.310	533.08	B2410AI.312
	542.80	B2410AI.314	544.77	B2410AI.316	546.40	B2410AI.318
	556.12	B2410AI.320	558.10	B2410AI.322	559.73	B2410AI.324
	569.45	B2410AI.326	571.42	B2410AI.328	573.05	B2410AI.330
	582.77	B2410AI.332	584.73	B2410AI.334	586.37	B2410AI.336
	596.08	B2410AI.338	598.07	B2410AI.340	599.70	B2410AI.342
	609.42	B2410AI.344	611.40	B2410AI.346	613.03	B2410AI.348
	622.73	B2410AI.350	624.72	B2410AI.352	626.35	B2410AI.354
	636.07	B2410AI.356	638.03	B2410AI.358	639.67	B2410AI.360
	649.38	B2410AI.362	651.36	B2410AI.364	653.00	B2410AI.366
	662.72	B2410AI.368	664.68	B2410AI.370	666.32	B2410AI.372
	676.03	B2410AI.374	678.02	B2410AI.376	679.65	B2410AI.378
	689.37	B2410AI.380	691.33	B2410AI.382	692.97	B2410AI.384
	702.68	B2410AI.386	704.65	B2410AI.388	706.28	B2410AI.390
	716.00	B2410AI.392	717.98	B2410AI.394	719.62	B2410AI.396
	729.32	B2410AI.398	731.30	B2410AI.400	732.93	B2410AI.402
	742.63	B2410AI.404	744.62	B2410AI.406	746.25	B2410AI.408
	755.97	B2410AI.410	757.95	B2410AI.412	759.57	B2410AI.414
	769.28	B2410AI.416	771.25	B2410AI.418	772.88	B2410AI.420
	839.70	B2410AI.422	841.65	B2410AI.424	843.27	B2410AI.426
	852.98	B2410AI.428	854.96	B2410AI.430	856.60	B2410AI.432
	866.32	B2410AI.434	868.28	B2410AI.436	869.92	B2410AI.438
	879.63	B2410AI.440	881.62	B2410AI.442	883.23	B2410AI.444
	892.95	B2410AI.446	894.90	B2410AI.448	896.53	B2410AI.450
	906.25	B2410AI.452	908.22	B2410AI.454	909.85	B2410AI.456
	919.57	B2410AI.458	921.53	B2410AI.460	923.17	B2410AI.462
	932.88	B2410AI.464	934.85	B2410AI.466	936.48	B2410AI.468
	946.20	B2410AI.470	948.17	B2410AI.472	949.80	B2410AI.474
	959.52	B2410AI.476	961.50	B2410AI.478	963.12	B2410AI.480
	972.83	B2410AI.482	974.82	B2410AI.484	976.45	B2410AI.486
	986.17	B2410AI.488	988.13	B2410AI.490	989.77	B2410AI.492
	999.48	B2410AI.494	1001.45	B2410AI.496	1003.08	B2410AI.498
	1012.80	B2410AI.500	1014.78	B2410AI.502	1016.40	B2410AI.504
	1026.12	B2410AI.506	1028.07	B2410AI.508	1029.70	B2410AI.510
	1039.42	B2410AI.512	1041.40	B2410AI.514	1051.53	B2410AI.532
	1059.55	B2410AI.534	1048.78	B2410AI.528	1072.32	B2410AI.554
	1080.32	B2410AI.556	1069.57	B2410AI.550	1092.87	B2410AI.576
	1100.87	B2410AI.578	1090.10	B2410AI.572	1136.08	B2410AI.622
	1132.47	B2410AI.618	1110.50	B2410AI.594	1148.40	B2410AI.628
	1144.80	B2410AI.624	1126.08	B2410AI.614	1160.70	B2410AI.634

7.3 Parameter Impedanzmessungen

$T_{Messung}$	Betriebsbedingung	Frequenz-bereich	Messpunkte pro Dekade	Umschaltung von DC auf AC	Perioden Integrationszeit	Perioden Delay	Testmessung zur Bestimmung von t_a
600 °C; 750 °C; 900 °C	Anode: H_2-H_2O (95/5), H_2-H_2O (40/60), Kathode: Luft	1 MHz - 70 mHz	12	1000 Hz	10	3	ja
750 °C; 900 °C	Anode: CO-CO_2 (50/50) Kathode: Luft	1 MHz - 20 mHz	12	1000 Hz	10	3	ja

7.4 Wertetabellen zu den Abbildungen aus Kapitel 5

Abbildung 5.5 Zeit- und temperaturabhängiges Verhalten der einzelnen Verlustanteile

R_{pol}					
600 °C Z1_196		750 °C Z1_198		900 °C Z1_197	
Zeit/h	R_{pol}/Ωcm^2	Zeit/h	R_{pol}/Ωcm^2	Zeit/h	R_{pol}/Ωcm^2
8,867	1,31665	11,867	0,20663	3,617	0,0985
16,433	1,34692	20,183	0,2043	11,934	0,09807
24	1,31952	28,517	0,20334	20,25	0,09778
31,583	1,32821	36,85	0,20067	28,584	0,09755
39,15	1,31359	45,167	0,20128	36,917	0,09738
46,733	1,27956	53,5	0,19878	45,234	0,0973
54,317	1,3043	61,833	0,19661	53,55	0,09708
61,9	1,28976	70,15	0,19892	61,884	0,09711
69,483	1,27728	78,483	0,19664	70,217	0,09715
77,05	1,30182	86,817	0,19538	78,534	0,09708
84,633	1,32754	95,133	0,19833	86,85	0,09706
92,217	1,26634	103,467	0,19796	95,184	0,09696
99,8	1,34347	111,783	0,19699	103,5	0,09694
107,383	1,35123	120,117	0,19999	111,834	0,09682
114,967	1,33112	128,45	0,20076	120,15	0,09677
122,533	1,33624	204,5	0,21002	128,484	0,09674
130,117	1,37208	212,867	0,21188	136,8	0,09675
137,7	1,34585	221,167	0,21134	145,117	0,09671
145,267	1,34671	229,5	0,21014	153,434	0,09666
152,85	1,38781	237,8	0,2134	161,75	0,09663
160,433	1,35807	246,133	0,21631	170,084	0,09661
168	1,36652	254,417	0,21169	178,4	0,09656
175,583	1,43823	262,717	0,21399	186,717	0,09657
183,15	1,39479	271,05	0,21365	203,367	0,09655
190,733	1,36013	279,383	0,21398	211,7	0,09658
198,317	1,33686	287,7	0,21341	220,017	0,0966
205,883	1,406	296,017	0,21703	228,334	0,09664
213,467	1,38131	304,35	0,21443	236,667	0,09666

Fortsetzung R_{pol}					
600 °C		750 °C		900 °C	
Z1_196		Z1_198		Z1_197	
Zeit/h	$R_{pol}/\Omega cm^2$	Zeit/h	$R_{pol}/\Omega cm^2$	Zeit/h	$R_{pol}/\Omega cm^2$
221,033	1,44799	312,667	0,21563	244,984	0,0968
228,617	1,37128	320,983	0,22106	253,3	0,0968
241,183	1,43292	329,3	0,21592	266,617	0,09682
253,75	1,47097	337,633	0,21931	279,95	0,09688
266,317	1,4709	345,933	0,22049	293,284	0,09679
278,9	1,48648	354,25	0,21765	306,6	0,09689
291,47	1,45606	362,533	0,21765	319,917	0,09684
304,03	1,50908	370,817	0,21983	333,25	0,09677
316,6	1,49311	379,1	0,22486	346,567	0,09685
329,17	1,51666	387,367	0,21918	359,884	0,09673
341,73	1,5572	395,683	0,22402	373,2	0,09657
354,3	1,54608	403,983	0,22129	386,534	0,09652
366,87	1,53905	412,25	0,22178	399,85	0,09652
379,43	1,59359	420,55	0,22538	413,184	0,0964
392	1,62814	428,867	0,22167	426,5	0,09646
404,57	1,61853	437,167	0,2245	439,817	0,09643
417,12	1,69818	445,467	0,22509	453,134	0,09647
429,68	1,63649	453,733	0,22351	466,467	0,09652
442,25	1,66601	467,017	0,22509	479,784	0,0966
454,82	1,657	480,317	0,22351	493,1	0,09658
467,37	1,727	493,567	0,22607	506,434	0,09669
479,93	1,707	506,833	0,22661	519,75	0,09671
492,5	1,778	520,083	0,23039	533,067	0,09672
505,05	1,898	533,333	0,22694	546,384	0,09668
517,62	1,856	546,617	0,23405	559,717	0,09663
530,18	1,897	559,9	0,22951	573,034	0,09658
542,75	1,857	573,2	0,23247	586,367	0,09684
555,3	1,876	586,467	0,23134	599,684	0,09688
567,85	1,986	599,767	0,2337	613,017	0,09686
580,42	2,002	613,033	0,23569	626,35	0,09678
592,97	1,984	626,3	0,23601	639,667	0,09669
605,517	2,044	639,55	0,23753	706,334	0,09683
618,067	2,115	652,8	0,23646	719,667	0,09688
630,617	2,094	666,083	0,23082	732,984	0,09709
643,167	2,165	679,35	0,23966	746,317	0,09701
655,717	2,163	692,633	0,23607	759,65	0,09691
668,267	2,253	705,883	0,24261	772,984	0,0968
680,817	2,362	719,133	0,23892	786,3	0,0967
693,367	2,292	732,383	0,23691	799,634	0,09659
705,917	2,35	745,6	0,23831	812,95	0,0967
718,467	2,402	758,867	0,2362	826,284	0,09678
731	2,529	772,117	0,24286	839,617	0,09697
743,533	2,52	785,333	0,237	852,934	0,09684
756,083	2,559	798,567	0,24439	917,25	0,09666
768,617	2,62	811,8	0,23977	1031,917	0,09679
781,15	2,722	825	0,2465		
793,7	2,7	838,233	0,24653		
806,233	2,827	892,5	0,23865		
818,767	2,86	919	0,2404		

| Fortsetzung R_{pol} | | | | | |
| 600 °C Z1_196 | | 750 °C Z1_198 | | 900 °C Z1_197 | |
Zeit/h	$R_{pol}/\Omega cm^2$	Zeit/h	$R_{pol}/\Omega cm^2$	Zeit/h	$R_{pol}/\Omega cm^2$
831,317	2,872	945,4	0,25067		
843,85	2,858	971,8	0,25171		
856,4	2,939	1012	0,2452		
868,917	2,949				
881,45	3,02				
893,983	3,044				
906,517	3,115				
919,067	3,138				
931,6	3,187				
944,133	3,328				
956,65	3,338				
969,183	3,348				
1033,65	3,804				

| R_0 | | | | | |
| 600 °C Z1_196 | | 750 °C Z1_198 | | 900 °C Z1_197 | |
Zeit/h	$R_0/\Omega cm^2$	Zeit/h	$R_0/\Omega cm^2$	Zeit/h	$R_0/\Omega cm^2$
8,867	0,4438	11,867	0,12495	3,617	0,03449
16,433	0,44458	20,183	0,12231	11,934	0,03494
24	0,44439	28,517	0,12042	20,25	0,03533
31,583	0,44443	36,85	0,11926	28,584	0,03562
39,15	0,44542	45,167	0,1185	36,917	0,03588
46,733	0,44512	53,5	0,11815	45,234	0,03605
54,317	0,44547	61,833	0,11756	53,55	0,03619
61,9	0,44554	70,15	0,1173	61,884	0,0362
69,483	0,4456	78,483	0,1165	70,217	0,03626
77,05	0,44617	86,817	0,11573	78,534	0,03632
84,633	0,44765	95,133	0,11542	86,85	0,03641
92,217	0,44647	103,467	0,11532	95,184	0,03649
99,8	0,44621	111,783	0,11549	103,5	0,03655
107,383	0,44697	120,117	0,11527	111,834	0,03661
114,967	0,44702	128,45	0,11508	120,15	0,03668
122,533	0,44591	204,5	0,11664	128,484	0,03675
130,117	0,44618	212,867	0,11494	136,8	0,03677
137,7	0,4465	221,167	0,1169	145,117	0,03682
145,267	0,44614	229,5	0,11779	153,434	0,03687
152,85	0,44643	237,8	0,11795	161,75	0,03692
160,433	0,44629	246,133	0,1182	170,084	0,03695
168	0,44638	254,417	0,11786	178,4	0,03699
175,583	0,44647	262,717	0,11816	186,717	0,03707
183,15	0,4467	271,05	0,11802	203,367	0,0373
190,733	0,44652	279,383	0,11845	211,7	0,03737
198,317	0,44044	287,7	0,11836	220,017	0,03742
205,883	0,44388	296,017	0,11818	228,334	0,03744

Fortsetzung R_0					
600 °C		750 °C		900 °C	
Z1_196		Z1_198		Z1_197	
Zeit/h	$R_0/\Omega cm^2$	Zeit/h	$R_0/\Omega cm^2$	Zeit/h	$R_0/\Omega cm^2$
213,467	0,44284	304,35	0,11813	236,667	0,03752
221,033	0,44231	312,667	0,1179	244,984	0,03762
228,617	0,44545	320,983	0,11781	253,3	0,03774
241,183	0,44877	329,3	0,11742	266,617	0,03791
253,75	0,4493	337,633	0,11708	279,95	0,03803
266,317	0,44962	345,933	0,11739	293,284	0,03813
278,9	0,44973	354,25	0,1169	306,6	0,03824
291,47	0,44785	362,533	0,11654	319,917	0,03832
304,03	0,45082	370,817	0,11705	333,25	0,03842
316,6	0,44892	379,1	0,11648	346,567	0,03847
329,17	0,45084	387,367	0,11678	359,884	0,03858
341,73	0,45196	395,683	0,11668	373,2	0,03864
354,3	0,45165	403,983	0,1162	386,534	0,03871
366,87	0,45082	412,25	0,11633	399,85	0,03871
379,43	0,45341	420,55	0,11628	413,184	0,03877
392	0,45457	428,867	0,11574	426,5	0,03886
404,57	0,45262	437,167	0,11664	439,817	0,03893
417,12	0,45006	445,467	0,11571	453,134	0,03898
429,68	0,45402	453,733	0,11527	466,467	0,03903
442,25	0,45277	467,017	0,11702	479,784	0,03905
454,82	0,45596	480,317	0,11604	493,1	0,03909
467,37	0,45278	493,567	0,11559	506,434	0,03915
479,93	0,45415	506,833	0,11449	519,75	0,03921
492,5	0,44954	520,083	0,11384	533,067	0,03924
505,05	0,44426	533,333	0,11309	546,384	0,03932
517,62	0,44913	546,617	0,1123	559,717	0,03935
530,18	0,44702	559,9	0,11181	573,034	0,03939
542,75	0,44848	573,2	0,1111	586,367	0,03945
555,3	0,44927	586,467	0,11132	599,684	0,03949
567,85	0,44646	599,767	0,11148	613,017	0,03955
580,42	0,44683	613,033	0,11137	626,35	0,0396
592,97	0,44622	626,3	0,11195	639,667	0,03967
605,517	0,44689	639,55	0,11189	706,334	0,03978
618,067	0,44519	652,8	0,11104	719,667	0,0398
630,617	0,44651	666,083	0,11197	732,984	0,03986
643,167	0,44563	679,35	0,11368	746,317	0,03988
655,717	0,44589	692,633	0,11417	759,65	0,03994
668,267	0,44455	705,883	0,11483	772,984	0,03999
680,817	0,44111	719,133	0,11497	786,3	0,04001
693,367	0,44514	732,383	0,11454	799,634	0,04008
705,917	0,44383	745,6	0,11407	812,95	0,04006
718,467	0,44469	758,867	0,11353	826,284	0,04013
731	0,44127	772,117	0,11163	839,617	0,04014
743,533	0,44176	785,333	0,11161	852,934	0,04019
756,083	0,44235	798,567	0,11156	917,25	0,04034
768,617	0,43943	811,8	0,11137	1031,917	0,04053
781,15	0,43758	825	0,11207		
793,7	0,43938	838,233	0,11231		
806,233	0,43619	892,5	0,1145		

| Fortsetzung R_0 | | | | | |
| 600 °C Z1_196 | | 750 °C Z1_198 | | 900 °C Z1_197 | |
Zeit/h	$R_0/\Omega cm^2$	Zeit/h	$R_0/\Omega cm^2$	Zeit/h	$R_0/\Omega cm^2$
818,767	0,4367	919	0,11541		
831,317	0,43746	945,4	0,11586		
843,85	0,4384	971,8	0,11675		
856,4	0,43582	1012	0,1194		
868,917	0,43651				
881,45	0,43636				
893,983	0,43712				
906,517	0,4363				
919,067	0,43746				
931,6	0,43737				
944,133	0,4349				
956,65	0,43596				
969,183	0,43606				
1033,65	0,44185				

| R_{1A} | | | | | |
| 600 °C Z1_196 | | 750 °C Z1_198 | | 900 °C Z1_197 | |
Zeit/h	$R_{1A}/\Omega cm^2$	Zeit/h	$R_{1A}/\Omega cm^2$	Zeit/h	$R_{1A}/\Omega cm^2$
8,867	0,03	11,867	0,07107	3,617	0,05912
16,433	0,03	20,183	0,07206	11,934	0,05813
24	0,03	28,517	0,07167	20,25	0,05753
31,583	0,03	36,85	0,07009	28,584	0,05702
39,15	0,03	45,167	0,07045	36,917	0,05649
46,733	0,03	53,5	0,06889	45,234	0,05627
54,317	0,03	61,833	0,06829	53,55	0,05562
61,9	0,03	70,15	0,06877	61,884	0,05564
69,483	0,03	78,483	0,06797	70,217	0,05563
77,05	0,03	86,817	0,06735	78,534	0,05544
84,633	0,03	95,133	0,06831	86,85	0,0553
92,217	0,03	103,467	0,06725	95,184	0,05494
99,8	0,03	111,783	0,06723	103,5	0,05496
107,383	0,03	120,117	0,0675	111,834	0,05468
114,967	0,03	128,45	0,06772	120,15	0,05462
122,533	0,03	204,5	0,06655	128,484	0,05443
130,117	0,03	212,867	0,06952	136,8	0,05445
137,7	0,03	221,167	0,06664	145,117	0,05426
145,267	0,03	229,5	0,06575	153,434	0,05423
152,85	0,03	237,8	0,06687	161,75	0,05405
160,433	0,03	246,133	0,06653	170,084	0,05405
168	0,03	254,417	0,06538	178,4	0,05371
175,583	0,03	262,717	0,06506	186,717	0,05372
183,15	0,03	271,05	0,06578	203,367	0,05449
190,733	0,03	279,383	0,06546	211,7	0,05433
198,317	0,03	287,7	0,06445	220,017	0,0544
205,883	0,03	296,017	0,06587	228,334	0,05449

Fortsetzung R_{1A}					
600 °C		750 °C		900 °C	
Z1_196		Z1_198		Z1_197	
Zeit/h	$R_{1A}/\Omega\,cm^2$	Zeit/h	$R_{1A}/\Omega\,cm^2$	Zeit/h	$R_{1A}/\Omega\,cm^2$
213,467	0,03	304,35	0,06412	236,667	0,05402
221,033	0,03	312,667	0,06448	244,984	0,05426
228,617	0,03	320,983	0,06606	253,3	0,05416
241,183	0,03	329,3	0,0646	266,617	0,05404
253,75	0,03	337,633	0,06541	279,95	0,05417
266,317	0,03	345,933	0,06425	293,284	0,05402
278,9	0,03	354,25	0,06468	306,6	0,05402
291,47	0,03	362,533	0,06458	319,917	0,054
304,03	0,03	370,817	0,06435	333,25	0,05385
316,6	0,03	379,1	0,06517	346,567	0,05393
329,17	0,03	387,367	0,06494	359,884	0,05374
341,73	0,03	395,683	0,06343	373,2	0,05366
354,3	0,03	403,983	0,06577	386,534	0,05358
366,87	0,03	412,25	0,06538	399,85	0,05358
379,43	0,03	420,55	0,06427	413,184	0,05337
392	0,03	428,867	0,0665	426,5	0,05326
404,57	0,03	437,167	0,06625	439,817	0,05332
417,12	0,03	445,467	0,06538	453,134	0,05336
429,68	0,03	453,733	0,06745	466,467	0,05333
442,25	0,03	467,017	0,06542	479,784	0,05333
454,82	0,03	480,317	0,06734	493,1	0,05333
467,37	0,03	493,567	0,06732	506,434	0,05326
479,93	0,03	506,833	0,06781	519,75	0,05334
492,5	0,03	520,083	0,06921	533,067	0,05335
505,05	0,03	533,333	0,06996	546,384	0,05332
517,62	0,03	546,617	0,06999	559,717	0,05324
530,18	0,03	559,9	0,06979	573,034	0,05322
542,75	0,03	573,2	0,07058	586,367	0,0533
555,3	0,03	586,467	0,07097	599,684	0,05344
567,85	0,03	599,767	0,07205	613,017	0,05332
580,42	0,03	613,033	0,07144	626,35	0,0532
592,97	0,03	626,3	0,07045	639,667	0,05306
605,517	0,03	639,55	0,06975	706,334	0,05319
618,067	0,03	652,8	0,069	719,667	0,05326
630,617	0,03	666,083	0,06417	732,984	0,05328
643,167	0,03	679,35	0,06878	746,317	0,05312
655,717	0,03	692,633	0,0704	759,65	0,05312
668,267	0,03	705,883	0,07686	772,984	0,05294
680,817	0,03	719,133	0,07304	786,3	0,05288
693,367	0,03	732,383	0,07036	799,634	0,05298
705,917	0,03	745,6	0,07147	812,95	0,05304
718,467	0,03	758,867	0,06907	826,284	0,05292
731	0,03	772,117	0,07132	839,617	0,05306
743,533	0,03	785,333	0,06583	852,934	0,05288
756,083	0,03	798,567	0,07313	917,25	0,05291
768,617	0,03	811,8	0,06822	1031,917	0,05308
781,15	0,03	825	0,07521		
793,7	0,03	838,233	0,07514		
806,233	0,03	892,5	0,06763		

Fortsetzung R_{1A}					
600 °C		750 °C		900 °C	
Z1_196		Z1_198		Z1_197	
Zeit/h	$R_{1A}/\Omega\text{cm}^2$	Zeit/h	$R_{1A}/\Omega\text{cm}^2$	Zeit/h	$R_{1A}/\Omega\text{cm}^2$
818,767	0,03	919	0,0696		
831,317	0,03	945,4	0,07967		
843,85	0,03	971,8	0,08033		
856,4	0,03	1012	0,07397		
868,917	0,03				
881,45	0,03				
893,983	0,03				
906,517	0,03				
919,067	0,03				
931,6	0,03				
944,133	0,03				
956,65	0,03				
969,183	0,03				
1033,65	0,03				

R_{2A}					
600 °C		750 °C		900 °C	
Z1_196		Z1_198		Z1_197	
Zeit/h	$R_{2A}/\Omega\text{cm}^2$	Zeit/h	$R_{2A}/\Omega\text{cm}^2$	Zeit/h	$R_{2A}/\Omega\text{cm}^2$
8,867	0,42043	11,867	0,01401	3,617	0,01582
16,433	0,39369	20,183	0,01277	11,934	0,01549
24	0,41471	28,517	0,01364	20,25	0,01527
31,583	0,41587	36,85	0,01324	28,584	0,01513
39,15	0,42378	45,167	0,01277	36,917	0,01504
46,733	0,46275	53,5	0,0123	45,234	0,0149
54,317	0,43505	61,833	0,01112	53,55	0,0149
61,9	0,4554	70,15	0,01317	61,884	0,0148
69,483	0,46927	78,483	0,01236	70,217	0,0148
77,05	0,44152	86,817	0,01138	78,534	0,0148
84,633	0,43341	95,133	0,01207	86,85	0,0148
92,217	0,4808	103,467	0,01283	95,184	0,0148
99,8	0,42439	111,783	0,01129	103,5	0,0147
107,383	0,42615	120,117	0,01277	111,834	0,0147
114,967	0,42957	128,45	0,01259	120,15	0,0147
122,533	0,44161	204,5	0,01039	128,484	0,0147
130,117	0,41646	212,867	0,01088	136,8	0,0147
137,7	0,44425	221,167	0,01098	145,117	0,0147
145,267	0,46207	229,5	0,01033	153,434	0,0147
152,85	0,42073	237,8	0,00996	161,75	0,0147
160,433	0,45699	246,133	0,00831	170,084	0,0146
168	0,45579	254,417	0,00827	178,4	0,0146
175,583	0,4124	262,717	0,008	186,717	0,0146
183,15	0,42341	271,05	0,008	203,367	0,0146
190,733	0,47539	279,383	0,008	211,7	0,0146
198,317	0,4	287,7	0,008	220,017	0,0146
205,883	0,4	296,017	0,008	228,334	0,0145
213,467	0,4	304,35	0,008	236,667	0,0145
221,033	0,4	312,667	0,008	244,984	0,0145
228,617	0,4	320,983	0,008	253,3	0,0145
241,183	0,4	329,3	0,008	266,617	0,0145
253,75	0,4	337,633	0,008	279,95	0,0145
266,317	0,4	345,933	0,008	293,284	0,0145
278,9	0,4	354,25	0,008	306,6	0,0145
291,47	0,4	362,533	0,008	319,917	0,0145
304,03	0,4	370,817	0,008	333,25	0,0145
316,6	0,4	379,1	0,008	346,567	0,0145
329,17	0,4	387,367	0,008	359,884	0,0145
341,73	0,4	395,683	0,008	373,2	0,0145
354,3	0,4	403,983	0,008	386,534	0,0145
366,87	0,4	412,25	0,008	399,85	0,0145
379,43	0,4	420,55	0,008	413,184	0,0145
392	0,4	428,867	0,008	426,5	0,0145
404,57	0,4	437,167	0,008	439,817	0,0145
417,12	0,4	445,467	0,008	453,134	0,0145
429,68	0,4	453,733	0,008	466,467	0,0145
442,25	0,4	467,017	0,008	479,784	0,0145
454,82	0,4	480,317	0,008	493,1	0,0145
467,37	0,4	493,567	0,008	506,434	0,0145

Fortsetzung R_{2A}					
600 °C Z1_196		750 °C Z1_198		900 °C Z1_197	
Zeit/h	$R_{2A}/\Omega cm^2$	Zeit/h	$R_{2A}/\Omega cm^2$	Zeit/h	$R_{2A}/\Omega cm^2$
479,93	0,4	506,833	0,008	519,75	0,0145
492,5	0,4	520,083	0,008	533,067	0,0145
505,05	0,4	533,333	0,008	546,384	0,0145
517,62	0,4	546,617	0,008	559,717	0,0145
530,18	0,4	559,9	0,008	573,034	0,0145
542,75	0,4	573,2	0,008	586,367	0,0145
555,3	0,4	586,467	0,008	599,684	0,0145
567,85	0,4	599,767	0,008	613,017	0,0145
580,42	0,4	613,033	0,008	626,35	0,0145
592,97	0,4	626,3	0,008	639,667	0,0145
605,517	0,4	639,55	0,008	706,334	0,0145
618,067	0,4	652,8	0,00813	719,667	0,0145
630,617	0,4	666,083	0,00817	732,984	0,0145
643,167	0,4	679,35	0,00815	746,317	0,0145
655,717	0,4	692,633	0,00815	759,65	0,0145
668,267	0,4	705,883	0,00819	772,984	0,0145
680,817	0,4	719,133	0,00824	786,3	0,0145
693,367	0,4	732,383	0,0082	799,634	0,0145
705,917	0,4	745,6	0,00824	812,95	0,0145
718,467	0,4	758,867	0,00833	826,284	0,0145
731	0,4	772,117	0,00842	839,617	0,0145
743,533	0,4	785,333	0,00864	852,934	0,0145
756,083	0,4	798,567	0,00853	917,25	0,0145
768,617	0,4	811,8	0,00813	1031,917	0,0145
781,15	0,4	825	0,00792		
793,7	0,4	838,233	0,00792		
806,233	0,4	892,5	0,00806		
818,767	0,4	919	0,00797		
831,317	0,4	945,4	0,0079		
843,85	0,4	971,8	0,00801		
856,4	0,4	1012	0,00801		
868,917	0,4				
881,45	0,4				
893,983	0,4				
906,517	0,4				
919,067	0,4				
931,6	0,4				
944,133	0,4				
956,65	0,4				
969,183	0,4				
1033,65	0,4				

R_{3A}					
600 °C		750 °C		900 °C	
Z1_196		Z1_198		Z1_197	
Zeit/h	$R_{3A}/\Omega cm^2$	Zeit/h	$R_{3A}/\Omega cm^2$	Zeit/h	$R_{3A}/\Omega cm^2$
8,867	0,69367	11,867	0,10665	3,617	0,01647
16,433	0,67518	20,183	0,10427	11,934	0,01741
24	0,67287	28,517	0,1024	20,25	0,018
31,583	0,66442	36,85	0,10139	28,584	0,01843
39,15	0,66479	45,167	0,10153	36,917	0,01878
46,733	0,6669	53,5	0,1007	45,234	0,01905
54,317	0,65735	61,833	0,09996	53,55	0,01927
61,9	0,65906	70,15	0,09856	61,884	0,01949
69,483	0,65752	78,483	0,09785	70,217	0,0196
77,05	0,6466	86,817	0,09759	78,534	0,01971
84,633	0,64304	95,133	0,09836	86,85	0,01983
92,217	0,65358	103,467	0,09757	95,184	0,01992
99,8	0,63782	111,783	0,09795	103,5	0,02007
107,383	0,63339	120,117	0,09773	111,834	0,02014
114,967	0,63763	128,45	0,09814	120,15	0,02019
122,533	0,63568	204,5	0,09779	128,484	0,02027
130,117	0,62593	212,867	0,09066	136,8	0,02034
137,7	0,63257	221,167	0,09172	145,117	0,02038
145,267	0,63322	229,5	0,09237	153,434	0,02043
152,85	0,62502	237,8	0,09207	161,75	0,02049
160,433	0,62869	246,133	0,09368	170,084	0,02057
168	0,62744	254,417	0,09413	178,4	0,02074
175,583	0,61225	262,717	0,0938	186,717	0,02073
183,15	0,61301	271,05	0,09377	203,367	0,02001
190,733	0,62383	279,383	0,09409	211,7	0,02004
198,317	0,65185	287,7	0,09394	220,017	0,02007
205,883	0,63273	296,017	0,09504	228,334	0,02019
213,467	0,64224	304,35	0,0957	236,667	0,02028
221,033	0,64275	312,667	0,09531	244,984	0,0203
228,617	0,63134	320,983	0,09513	253,3	0,02037
241,183	0,63158	329,3	0,09584	266,617	0,02041
253,75	0,63189	337,633	0,09569	279,95	0,02044
266,317	0,63202	345,933	0,09563	293,284	0,02047
278,9	0,63589	354,25	0,0967	306,6	0,0205
291,47	0,6456	362,533	0,09651	319,917	0,02053
304,03	0,63485	370,817	0,09631	333,25	0,02058
316,6	0,63948	379,1	0,09703	346,567	0,02061
329,17	0,63758	387,367	0,09681	359,884	0,02065
341,73	0,6289	395,683	0,09743	373,2	0,02064
354,3	0,63734	403,983	0,09782	386,534	0,02066
366,87	0,64098	412,25	0,09742	399,85	0,02066
379,43	0,63027	420,55	0,09793	413,184	0,02068
392	0,62602	428,867	0,09802	426,5	0,02079
404,57	0,62602	437,167	0,09776	439,817	0,02075
417,12	0,62602	445,467	0,09761	453,134	0,02078
429,68	0,62602	453,733	0,09786	466,467	0,02083
442,25	0,62602	467,017	0,09834	479,784	0,02088
454,82	0,62602	480,317	0,0984	493,1	0,02087
467,37	0,62602	493,567	0,09896	506,434	0,02095

Fortsetzung R_{3A}					
600 °C		750 °C		900 °C	
Z1_196		Z1_198		Z1_197	
Zeit/h	$R_{3A}/\Omega cm^2$	Zeit/h	$R_{3A}/\Omega cm^2$	Zeit/h	$R_{3A}/\Omega cm^2$
479,93	0,62602	506,833	0,09889	519,75	0,02096
492,5	0,62602	520,083	0,09943	533,067	0,02096
505,05	0,62602	533,333	0,0992	546,384	0,02097
517,62	0,62602	546,617	0,10044	559,717	0,02097
530,18	0,62602	559,9	0,10074	573,034	0,02097
542,75	0,62602	573,2	0,10066	586,367	0,02105
555,3	0,62602	586,467	0,10017	599,684	0,02104
567,85	0,62602	599,767	0,09979	613,017	0,02106
580,42	0,62602	613,033	0,10032	626,35	0,02109
592,97	0,62602	626,3	0,09949	639,667	0,02111
605,517	0,62602	639,55	0,10066	706,334	0,02112
618,067	0,62602	652,8	0,10065	719,667	0,02114
630,617	0,62602	666,083	0,09981	732,984	0,02122
643,167	0,62602	679,35	0,09955	746,317	0,02125
655,717	0,62602	692,633	0,09945	759,65	0,02124
668,267	0,62602	705,883	0,09919	772,984	0,02126
680,817	0,62602	719,133	0,09904	786,3	0,02126
693,367	0,62602	732,383	0,09978	799,634	0,02119
705,917	0,62602	745,6	0,10001	812,95	0,02121
718,467	0,62602	758,867	0,10005	826,284	0,02127
731	0,62602	772,117	0,10432	839,617	0,02131
743,533	0,62602	785,333	0,10414	852,934	0,02135
756,083	0,62602	798,567	0,10436	917,25	0,02123
768,617	0,62602	811,8	0,1054	1031,917	0,02121
781,15	0,62602	825	0,10511		
793,7	0,62602	838,233	0,10519		
806,233	0,62602	892,5	0,10524		
818,767	0,62602	919	0,10532		
831,317	0,57031	945,4	0,10522		
843,85	0,57458	971,8	0,10529		
856,4	0,56593	1012	0,10511		
868,917	0,56699				
881,45	0,56597				
893,983	0,56673				
906,517	0,56246				
919,067	0,56668				
931,6	0,56537				
944,133	0,5567				
956,65	0,55893				
969,183	0,5606				
1033,65	0,55149				

$R_{anode,gesamt}$					
600 °C		750 °C		900 °C	
Z1_196		Z1_198		Z1_197	
Zeit/h	$R_{anode,gesamt}/\Omega cm^2$	Zeit/h	$R_{anode,gesamt}/\Omega cm^2$	Zeit/h	$R_{anode,gesamt}/\Omega cm^2$
8,867	1,1441	11,867	0,19173	3,617	0,09141
16,433	1,09887	20,183	0,1891	11,934	0,09103
24	1,11758	28,517	0,18771	20,25	0,0908
31,583	1,11029	36,85	0,18472	28,584	0,09058
39,15	1,11857	45,167	0,18475	36,917	0,09031
46,733	1,15965	53,5	0,18189	45,234	0,09021
54,317	1,1224	61,833	0,17937	53,55	0,08979
61,9	1,14446	70,15	0,18049	61,884	0,08993
69,483	1,15679	78,483	0,17818	70,217	0,09003
77,05	1,11812	86,817	0,17632	78,534	0,08995
84,633	1,10645	95,133	0,17874	86,85	0,08993
92,217	1,16438	103,467	0,17765	95,184	0,08967
99,8	1,09221	111,783	0,17648	103,5	0,08973
107,383	1,08954	120,117	0,178	111,834	0,08952
114,967	1,0972	128,45	0,17845	120,15	0,08951
122,533	1,10729	204,5	0,17472	128,484	0,0894
130,117	1,07239	212,867	0,17107	136,8	0,08949
137,7	1,10682	221,167	0,16934	145,117	0,08934
145,267	1,12529	229,5	0,16846	153,434	0,08936
152,85	1,07575	237,8	0,16891	161,75	0,08924
160,433	1,11568	246,133	0,16853	170,084	0,08923
168	1,11323	254,417	0,16779	178,4	0,08904
175,583	1,05465	262,717	0,16686	186,717	0,08905
183,15	1,06642	271,05	0,16755	203,367	0,0891
190,733	1,12922	279,383	0,16755	211,7	0,08897
198,317	1,08185	287,7	0,16639	220,017	0,08907
205,883	1,06273	296,017	0,16891	228,334	0,08917
213,467	1,07224	304,35	0,16782	236,667	0,0888
221,033	1,07275	312,667	0,16779	244,984	0,08905
228,617	1,06134	320,983	0,16919	253,3	0,08903
241,183	1,06158	329,3	0,16844	266,617	0,08895
253,75	1,06189	337,633	0,1691	279,95	0,08911
266,317	1,06202	345,933	0,16789	293,284	0,08899
278,9	1,06589	354,25	0,16938	306,6	0,08902
291,47	1,0756	362,533	0,16909	319,917	0,08902
304,03	1,06485	370,817	0,16867	333,25	0,08893
316,6	1,06948	379,1	0,17019	346,567	0,08904
329,17	1,06758	387,367	0,16975	359,884	0,08889
341,73	1,0589	395,683	0,16886	373,2	0,0888
354,3	1,06734	403,983	0,17159	386,534	0,08874
366,87	1,07098	412,25	0,1708	399,85	0,08874
379,43	1,06027	420,55	0,1702	413,184	0,08855
392	1,05602	428,867	0,17252	426,5	0,08855
404,57	1,05602	437,167	0,17201	439,817	0,08858
417,12	1,05602	445,467	0,17099	453,134	0,08864
429,68	1,05602	453,733	0,17332	466,467	0,08866
442,25	1,05602	467,017	0,17176	479,784	0,08871
454,82	1,05602	480,317	0,17374	493,1	0,0887
467,37	1,05602	493,567	0,17429	506,434	0,08871

Fortsetzung $R_{anode,gesamt}$					
600 °C Z1_196		750 °C Z1_198		900 °C Z1_197	
Zeit/h	$R_{anode,gesamt}/\Omega cm^2$	Zeit/h	$R_{anode,gesamt}/\Omega cm^2$	Zeit/h	$R_{anode,gesamt}/\Omega cm^2$
479,93	1,05602	506,833	0,17469	519,75	0,0888
492,5	1,05602	520,083	0,17665	533,067	0,08881
505,05	1,05602	533,333	0,17716	546,384	0,08879
517,62	1,05602	546,617	0,17843	559,717	0,08871
530,18	1,05602	559,9	0,17853	573,034	0,08869
542,75	1,05602	573,2	0,17924	586,367	0,08886
555,3	1,05602	586,467	0,17915	599,684	0,08898
567,85	1,05602	599,767	0,17984	613,017	0,08888
580,42	1,05602	613,033	0,17976	626,35	0,08879
592,97	1,05602	626,3	0,17794	639,667	0,08867
605,517	1,05602	639,55	0,17841	706,334	0,08881
618,067	1,05602	652,8	0,17778	719,667	0,0889
630,617	1,05602	666,083	0,17215	732,984	0,089
643,167	1,05602	679,35	0,17648	746,317	0,08887
655,717	1,05602	692,633	0,178	759,65	0,08886
668,267	1,05602	705,883	0,18425	772,984	0,0887
680,817	1,05602	719,133	0,18031	786,3	0,08864
693,367	1,05602	732,383	0,17834	799,634	0,08867
705,917	1,05602	745,6	0,17972	812,95	0,08875
718,467	1,05602	758,867	0,17745	826,284	0,08869
731	1,05602	772,117	0,18406	839,617	0,08886
743,533	1,05602	785,333	0,17861	852,934	0,08873
756,083	1,05602	798,567	0,18602	917,25	0,08864
768,617	1,05602	811,8	0,18175	1031,917	0,08879
781,15	1,05602	825	0,18824		
793,7	1,05602	838,233	0,18825		
806,233	1,05602	892,5	0,18093		
818,767	1,05602	919	0,18289		
831,317	1,00031	945,4	0,19279		
843,85	1,00458	971,8	0,19363		
856,4	0,99593	1012	0,18708		
868,917	0,99699				
881,45	0,99597				
893,983	0,99673				
906,517	0,99246				
919,067	0,99668				
931,6	0,99537				
944,133	0,9867				
956,65	0,98893				
969,183	0,9906				
1033,65	0,98149				

R_{2C}					
600 °C		750 °C		900 °C	
Z1_196		Z1_198		Z1_197	
Zeit/h	$R_{2C}/\Omega cm^2$	Zeit/h	$R_{2C}/\Omega cm^2$	Zeit/h	$R_{2C}/\Omega cm^2$
8,867	0,17255	11,867	0,0149	3,617	0,0071
16,433	0,24805	20,183	0,0152	11,934	0,00704
24	0,20194	28,517	0,01564	20,25	0,00698
31,583	0,21793	36,85	0,01596	28,584	0,00697
39,15	0,19502	45,167	0,01653	36,917	0,00707
46,733	0,11991	53,5	0,01689	45,234	0,00708
54,317	0,1819	61,833	0,01724	53,55	0,00729
61,9	0,1453	70,15	0,01843	61,884	0,00719
69,483	0,12049	78,483	0,01847	70,217	0,00711
77,05	0,1837	86,817	0,01906	78,534	0,00714
84,633	0,22109	95,133	0,01959	86,85	0,00713
92,217	0,10196	103,467	0,02031	95,184	0,00729
99,8	0,25126	111,783	0,02051	103,5	0,00721
107,383	0,26169	120,117	0,02199	111,834	0,0073
114,967	0,23392	128,45	0,02231	120,15	0,00726
122,533	0,22895	204,5	0,0353	128,484	0,00734
130,117	0,29969	212,867	0,04081	136,8	0,00726
137,7	0,23903	221,167	0,042	145,117	0,00737
145,267	0,22142	229,5	0,04168	153,434	0,0073
152,85	0,31206	237,8	0,04449	161,75	0,00739
160,433	0,24239	246,133	0,04779	170,084	0,00738
168	0,25329	254,417	0,0439	178,4	0,00752
175,583	0,38358	262,717	0,04714	186,717	0,00752
183,15	0,32837	271,05	0,04611	203,367	0,00745
190,733	0,23091	279,383	0,04643	211,7	0,00761
198,317	0,25501	287,7	0,04702	220,017	0,00753
205,883	0,34327	296,017	0,04812	228,334	0,00747
213,467	0,30907	304,35	0,04661	236,667	0,00786
221,033	0,37524	312,667	0,04784	244,984	0,00775
228,617	0,30994	320,983	0,05186	253,3	0,00777
241,183	0,37134	329,3	0,04749	266,617	0,00787
253,75	0,40908	337,633	0,0502	279,95	0,00777
266,317	0,40888	345,933	0,0526	293,284	0,0078
278,9	0,42059	354,25	0,04827	306,6	0,00786
291,47	0,38046	362,533	0,04827	319,917	0,00782
304,03	0,44423	370,817	0,05074	333,25	0,00784
316,6	0,42363	379,1	0,05619	346,567	0,0078
329,17	0,44908	387,367	0,04899	359,884	0,00784
341,73	0,4983	395,683	0,05427	373,2	0,00777
354,3	0,47874	403,983	0,05243	386,534	0,00777
366,87	0,46807	412,25	0,05019	399,85	0,00777
379,43	0,53332	420,55	0,05459	413,184	0,00785
392	0,57212	428,867	0,05147	426,5	0,00791
404,57	0,56251	437,167	0,05198	439,817	0,00785
417,12	0,64216	445,467	0,05309	453,134	0,00783
429,68	0,58047	453,733	0,05252	466,467	0,00785
442,25	0,60999	467,017	0,05309	479,784	0,00789
454,82	0,60098	480,317	0,05252	493,1	0,00787
467,37	0,67098	493,567	0,05275	506,434	0,00798

| Fortsetzung R_{2C} | | | | | |
| 600 °C Z1_196 | | 750 °C Z1_198 | | 900 °C Z1_197 | |
Zeit/h	$R_{2C}/\Omega cm^2$	Zeit/h	$R_{2C}/\Omega cm^2$	Zeit/h	$R_{2C}/\Omega cm^2$
479,93	0,65098	506,833	0,05485	519,75	0,00791
492,5	0,72198	520,083	0,05665	533,067	0,00791
505,05	0,84198	533,333	0,05266	546,384	0,00789
517,62	0,79998	546,617	0,05936	559,717	0,00792
530,18	0,84098	559,9	0,05286	573,034	0,00788
542,75	0,80098	573,2	0,05531	586,367	0,00799
555,3	0,81998	586,467	0,0529	599,684	0,00791
567,85	0,92998	599,767	0,05516	613,017	0,00798
580,42	0,94598	613,033	0,05645	626,35	0,00798
592,97	0,92798	626,3	0,05686	639,667	0,00801
605,517	0,98798	639,55	0,05769	706,334	0,00803
618,067	1,05898	652,8	0,05867	719,667	0,00798
630,617	1,03798	666,083	0,05867	732,984	0,0081
643,167	1,10898	679,35	0,06318	746,317	0,00814
655,717	1,10698	692,633	0,05806	759,65	0,00805
668,267	1,19698	705,883	0,05837	772,984	0,0081
680,817	1,30598	719,133	0,05861	786,3	0,00805
693,367	1,23598	732,383	0,05857	799,634	0,00791
705,917	1,29398	745,6	0,05859	812,95	0,00795
718,467	1,34598	758,867	0,05875	826,284	0,00809
731	1,47298	772,117	0,0588	839,617	0,0081
743,533	1,46398	785,333	0,05839	852,934	0,00811
756,083	1,50298	798,567	0,05837	917,25	0,00802
768,617	1,56398	811,8	0,05803	1031,917	0,008
781,15	1,66598	825	0,05826		
793,7	1,64398	838,233	0,05828		
806,233	1,77098	892,5	0,05772		
818,767	1,80398	919	0,05752		
831,317	1,87169	945,4	0,05787		
843,85	1,85342	971,8	0,05808		
856,4	1,94307	1012	0,05811		
868,917	1,95201				
881,45	2,02403				
893,983	2,04727				
906,517	2,12254				
919,067	2,14132				
931,6	2,19163				
944,133	2,3413				
956,65	2,34907				
969,183	2,3574				
1033,65	2,82251				

Abbildung 5.15 Alterungsverhalten der Kathodenpolarisationswiderstände für Z1_198 (ohne LSCF Anreicherung der Kathodenluft) und Z1_199 (mit LSCF Anreicherung).

750 °C			
Z1_198		Z1_199	
Zeit/h	$R_{2C}/\Omega cm^2$	Zeit/h	$R_{2C}/\Omega cm^2$
11,867	0,0149	3,616	0,01853
20,183	0,0152	11,933	0,01978
28,517	0,01564	20,25	0,01906
36,85	0,01596	28,583	0,02058
45,167	0,01653	36,9	0,01995
53,5	0,01689	45,233	0,01967
61,833	0,01724	53,566	0,02049
70,15	0,01843	61,883	0,02214
78,483	0,01847	70,2	0,02102
86,817	0,01906	78,533	0,02133
95,133	0,01959	86,85	0,02235
103,467	0,02031	95,166	0,02151
111,783	0,02051	103,5	0,02172
120,117	0,02199	111,816	0,02263
128,45	0,02231	120,15	0,0222
204,5	0,0353	128,466	0,02459
212,867	0,04081	136,8	0,02417
221,167	0,042	145,116	0,02403
229,5	0,04168	161,7	0,02551
237,8	0,04449	170	0,02772
246,133	0,04779	178,4	0,03108
254,417	0,0439	186,7	0,02709
262,717	0,04714	195	0,02808
271,05	0,04611	211,7	0,02905
279,383	0,04643	220	0,03104
287,7	0,04702	228,3	0,0329
296,017	0,04812	236,6	0,02883
304,35	0,04661	245	0,03168
312,667	0,04784	253,3	0,0316
320,983	0,05186	266,6	0,03036
329,3	0,04749	279,9	0,0339
337,633	0,0502	293,2	0,03277
345,933	0,0526	306,6	0,03266
354,25	0,04827	319,9	0,03443
362,533	0,04827	333,2	0,03401
370,817	0,05074	346,5	0,03665
379,1	0,05619	359,8	0,03632
387,367	0,04899	373,2	0,04355
395,683	0,05427	386,5	0,0426
403,983	0,05243	399,8	0,04338
412,25	0,05019	413,1	0,04212
420,55	0,05459	426,5	0,04198
428,867	0,05147	439,8	0,04475
437,167	0,05198	466,4	0,04637
445,467	0,05309	479,7	0,04366
453,733	0,05252	493,1	0,04878

Fortsetzung 750 °C			
Z1_198		Z1_199	
Zeit/h	$R_{2C}/\Omega cm^2$	Zeit/h	$R_{2C}/\Omega cm^2$
467,017	0,05309	506,4	0,04566
480,317	0,05252	519,7	0,0502
493,567	0,05275	533	0,04845
506,833	0,05485	546,4	0,04691
520,083	0,05665	559,7	0,0527
533,333	0,05266	573	0,04702
546,617	0,05936	586,3	0,05155
559,9	0,05286	599,7	0,04822
573,2	0,05531	613	0,05454
586,467	0,0529	626,3	0,05183
599,767	0,05516	639,6	0,05393
613,033	0,05645	653	0,05243
626,3	0,05686	666,3	0,05206
639,55	0,05769	679,6	0,05295
652,8	0,05867	692,9	0,05192
666,083	0,05867	706,2	0,05504
679,35	0,06318	719,6	0,05133
692,633	0,05806	732,9	0,05847
705,883	0,05837	746,2	0,05582
719,133	0,05861	759,5	0,05676
732,383	0,05857	772,8	0,05597
745,6	0,05859	843,2	0,05617
758,867	0,05875	856,6	0,05616
772,117	0,0588	909,8	0,05628
785,333	0,05839	923,1	0,0565
798,567	0,05837	936,4	0,05648
811,8	0,05803	949,8	0,0565
825	0,05826	963,1	0,0565
838,233	0,05828	976,4	0,05651
892,5	0,05772	989,7	0,05653
919	0,05752	1003	0,05655
945,4	0,05787	1016	0,05657
971,8	0,05808		
1012	0,05811		

Abbildung 5.16 Zeitabhängiger Verlauf aller Widerstandswerte der Zelle Z1_199 bei $T = 750\ °C$

750 °C					
Z1_199					
Zeit/h	$R_{pol}/\Omega cm^2$	$R_0/\Omega cm^2$	$R_{1A}/\Omega cm^2$	$R_{2A}/\Omega cm^2$	$R_{3A}/\Omega cm^2$	$R_{2C}/\Omega cm^2$
3,616	0,2089	0,08299	0,06888	0,01833	0,10316	0,01853
11,933	0,20714	0,07988	0,06792	0,0203	0,09914	0,01978
20,25	0,20049	0,07904	0,06705	0,0163	0,09808	0,01906
28,583	0,20304	0,07894	0,06717	0,0183	0,09699	0,02058
36,9	0,19955	0,07887	0,06663	0,01591	0,09706	0,01995
45,233	0,19754	0,0791	0,06596	0,01464	0,09727	0,01967
53,566	0,19888	0,07923	0,06688	0,01525	0,09626	0,02049
61,883	0,20288	0,07969	0,06674	0,01702	0,09698	0,02214
70,2	0,19758	0,07977	0,06595	0,01468	0,09594	0,02102
78,533	0,19785	0,07989	0,06582	0,0147	0,09601	0,02133
86,85	0,20014	0,08028	0,06574	0,01566	0,09639	0,02235
95,166	0,19722	0,08035	0,0655	0,01357	0,09664	0,02151
103,5	0,19698	0,0805	0,06559	0,01311	0,09656	0,02172
111,816	0,19859	0,08089	0,06514	0,01443	0,09639	0,02263
120,15	0,19745	0,08105	0,06556	0,01334	0,09635	0,0222
128,466	0,20247	0,08142	0,06568	0,01545	0,09675	0,02459
136,8	0,20077	0,08156	0,06487	0,01504	0,09668	0,02417
145,116	0,20035	0,08168	0,06585	0,0136	0,09688	0,02403
161,7	0,20257	0,0821	0,06478	0,01499	0,09728	0,02551
170	0,20671	0,08229	0,06673	0,01495	0,09731	0,02772
178,4	0,20899	0,0826	0,06512	0,01558	0,09721	0,03108
186,7	0,20397	0,08268	0,06474	0,01479	0,09734	0,02709
195	0,2062	0,0828	0,06606	0,01453	0,09753	0,02808
211,7	0,20559	0,08316	0,06474	0,01435	0,09746	0,02905
220	0,2087	0,08335	0,06527	0,01475	0,09764	0,03104
228,3	0,2099	0,08355	0,06503	0,01442	0,09755	0,0329
236,6	0,20529	0,08358	0,06468	0,01334	0,09845	0,02883
245	0,2089	0,08387	0,06488	0,01417	0,09817	0,03168
253,3	0,20876	0,08404	0,065	0,01398	0,09818	0,0316
266,6	0,20648	0,08409	0,06494	0,013	0,09818	0,03036
279,9	0,20977	0,08459	0,06388	0,01355	0,09845	0,0339
293,2	0,20986	0,08471	0,06471	0,01315	0,09923	0,03277
306,6	0,20879	0,08492	0,06429	0,01254	0,09929	0,03266
319,9	0,21116	0,08523	0,06438	0,01261	0,09975	0,03443
333,2	0,21004	0,08536	0,06398	0,01181	0,10024	0,03401
346,5	0,21384	0,08561	0,06495	0,01244	0,0998	0,03665
359,8	0,2123	0,08582	0,06438	0,01161	0,09999	0,03632
373,2	0,21918	0,08643	0,06376	0,01237	0,0995	0,04355
386,5	0,21942	0,08645	0,06515	0,01207	0,09959	0,0426
399,8	0,21776	0,08682	0,0632	0,01178	0,09941	0,04338
413,1	0,2188	0,0868	0,06496	0,01131	0,10041	0,04212
426,5	0,21701	0,08706	0,06335	0,01139	0,10029	0,04198
439,8	0,22157	0,08719	0,06496	0,01136	0,1005	0,04475
466,4	0,22283	0,08766	0,06417	0,01123	0,10106	0,04637

Fortsetzung 750 °C						
Z1_199						
Zeit/h	$R_{pol}/\Omega cm^2$	$R_0/\Omega cm^2$	$R_{1A}/\Omega cm^2$	$R_{2A}/\Omega cm^2$	$R_{3A}/\Omega cm^2$	$R_{2C}/\Omega cm^2$
479,7	0,21976	0,08762	0,06432	0,01038	0,10139	0,04366
493,1	0,22464	0,08805	0,06418	0,01077	0,10091	0,04878
506,4	0,22152	0,08795	0,06399	0,01048	0,10138	0,04566
519,7	0,22457	0,08838	0,06262	0,01077	0,10099	0,0502
533	0,22493	0,08833	0,06518	0,0102	0,10111	0,04845
546,4	0,22169	0,0885	0,06287	0,01029	0,10162	0,04691
559,7	0,22826	0,08882	0,06396	0,01024	0,10136	0,0527
573	0,22205	0,08872	0,06293	0,00984	0,10226	0,04702
586,3	0,22716	0,0891	0,06392	0,01001	0,10169	0,05155
599,7	0,22362	0,08902	0,06311	0,00948	0,10281	0,04822
613	0,2304	0,08948	0,06362	0,00977	0,10248	0,05454
626,3	0,22825	0,08957	0,06414	0,00964	0,10263	0,05183
639,6	0,22895	0,08985	0,06258	0,00993	0,10251	0,05393
653	0,2294	0,08995	0,06436	0,00971	0,1029	0,05243
666,3	0,22772	0,09005	0,06357	0,00932	0,10277	0,05206
679,6	0,22919	0,0903	0,06321	0,00963	0,10341	0,05295
692,9	0,22778	0,09039	0,06299	0,00947	0,1034	0,05192
706,2	0,23138	0,09079	0,06333	0,00955	0,10347	0,05504
719,6	0,2281	0,09074	0,06348	0,00903	0,10426	0,05133
732,9	0,2348	0,0913	0,06353	0,00928	0,10352	0,05847
746,2	0,23274	0,0912	0,06369	0,0092	0,10403	0,05582
759,5	0,23232	0,09145	0,06245	0,00936	0,10375	0,05676
772,8	0,23244	0,09152	0,06325	0,009	0,10422	0,05597
843,2	0,2353	0,09216	0,06397	0,00923	0,10593	0,05617
856,6	0,23167	0,09239	0,06037	0,00922	0,10592	0,05616
909,8	0,23081	0,09356	0,05904	0,00912	0,106	0,05628
923,1	0,24576	0,09308	0,07315	0,00887	0,107	0,0565
936,4	0,23479	0,09364	0,06197	0,00889	0,107	0,05648
949,8	0,23885	0,09367	0,06571	0,00872	0,108	0,0565
963,1	0,23632	0,09396	0,06308	0,00875	0,10799	0,0565
976,4	0,23453	0,09426	0,06129	0,0086	0,108	0,05651
989,7	0,24044	0,09444	0,06697	0,0086	0,10834	0,05653
1003	0,23352	0,09472	0,06006	0,0085	0,10841	0,05655
1016	0,23877	0,0949	0,06513	0,00844	0,109	0,05657
Haltezeit bei T = 900 °C für t = 160 h						
1374	0,21441	0,09752	0,05545	0,01	0,139	0,01022

Abbildung 5.17 k^δ - und D^δ - Werte der Messungen bei a) T = 750 °C und b) während der Haltezeit bei T = 900 °C

a)

750 °C					
Z1_199					
Zeit/h	log k/m/s	log D/m²/s	R_{2C}/Ωcm²	log k/m/s Bouwmeester	log D/m²/s Bouwmeester
3,616	-4,84443	-8,47317	0,01853	-4,9	-9,36
11,933	-4,86307	-8,51124	0,01978		
20,25	-4,84128	-8,50082	0,01906		
28,583	-4,8545	-8,55425	0,02058		
36,9	-4,85063	-8,53111	0,01995		
45,233	-4,84346	-8,52601	0,01967		
53,566	-4,84564	-8,5593	0,02049		
61,883	-4,84924	-8,62298	0,02214		
70,2	-4,82895	-8,59817	0,02102		
78,533	-4,83544	-8,6044	0,02133		
86,85	-4,83409	-8,64632	0,02235		
95,166	-4,82629	-8,62084	0,02151		
103,5	-4,82343	-8,63214	0,02172		
111,816	-4,82442	-8,6668	0,02263		
120,15	-4,81674	-8,65782	0,0222		
128,466	-4,82674	-8,73664	0,02459		
136,8	-4,80909	-8,73932	0,02417		
145,116	-4,81154	-8,73183	0,02403		
161,7	-4,80819	-8,78709	0,02551		
170	-4,79291	-8,87454	0,02772		
178,4	-4,81432	-8,9525	0,03108		
186,7	-4,79675	-8,85072	0,02709		
195	-4,79742	-8,88123	0,02808		
211,7	-4,78631	-8,92184	0,02905		
220	-4,80142	-8,96428	0,03104		
228,3	-4,7949	-9,02135	0,0329		
236,6	-4,78415	-8,91739	0,02883		
245	-4,79506	-8,98837	0,03168		
253,3	-4,78722	-8,99401	0,0316		
266,6	-4,7838	-8,96266	0,03036		
279,9	-4,78767	-9,05458	0,0339		
293,2	-4,79588	-9,01693	0,03277		
306,6	-4,78431	-9,02559	0,03266		
319,9	-4,79331	-9,06242	0,03443		
333,2	-4,78924	-9,05583	0,03401		
346,5	-4,80498	-9,10503	0,03665		
359,8	-4,79107	-9,11108	0,03632		
373,2	-4,82212	-9,23771	0,04355		
386,5	-4,81416	-9,22652	0,0426		
399,8	-4,79836	-9,25808	0,04338		
413,1	-4,80199	-9,22884	0,04212		
426,5	-4,79434	-9,2336	0,04198		

Fortsetzung 750 °C					
Z1_199					
Zeit/h	log k/m/s	log D/m²/s	$R_{2C}/\Omega cm^2$	log k/m/s Bouwmeester	log D/m²/s Bouwmeester
439,8	-4,81696	-9,26648	0,04475		
466,4	-4,82629	-9,28804	0,04637		
479,7	-4,8009	-9,26113	0,04366		
493,1	-4,82712	-9,33122	0,04878		
506,4	-4,81298	-9,28795	0,04566		
519,7	-4,83617	-9,34709	0,0502		
533	-4,81518	-9,33726	0,04845		
546,4	-4,80729	-9,31709	0,04691		
559,7	-4,84611	-9,37937	0,0527		
573	-4,8064	-9,32003	0,04702		
586,3	-4,83246	-9,37385	0,05155		
599,7	-4,81782	-9,33049	0,04822		
613	-4,85492	-9,40037	0,05454		
626,3	-4,83364	-9,37738	0,05183		
639,6	-4,84645	-9,39907	0,05393		
653	-4,83488	-9,38614	0,05243		
666,3	-4,8194	-9,39547	0,05206		
679,6	-4,83657	-9,39302	0,05295		
692,9	-4,82519	-9,38733	0,05192		
706,2	-4,8468	-9,41641	0,05504		
719,6	-4,81804	-9,38456	0,05133		
732,9	-4,86602	-9,44971	0,05847		
746,2	-4,84611	-9,42933	0,05582		
759,5	-4,85174	-9,4382	0,05676		
772,8	-4,84088	-9,43689	0,05597		
843,2	-4,85704	-9,42382	0,05617		
856,6	-4,85734	-9,42337	0,05616		
909,8	-4,78151	-9,50106	0,05628		
923,1	-4,79036	-9,4956	0,0565		
936,4	-4,79583	-9,48982	0,05648		
949,8	-4,80152	-9,48443	0,0565		
963,1	-4,80825	-9,47771	0,0565		
976,4	-4,8155	-9,4706	0,05651		
989,7	-4,81972	-9,46669	0,05653		
1003	-4,82834	-9,45838	0,05655		
1016	-4,8309	-9,45613	0,05657		

b)

900 °C			
Z1_199			
Zeit/h	log k/m/s	log D/m²/s	$R_{2C}/\Omega cm^2$
1180,15	-4,05199	-8,61762	0,00569
1181,433	-3,99568	-8,67443	0,0057
1182,75	-4,04317	-8,67067	0,00599
1184,05	-4,01043	-8,65959	0,0057
1185,35	-4,01603	-8,6578	0,00572
1186,666	-4,02833	-8,65701	0,0058
1187,966	-4,0331	-8,65244	0,0058
1189,283	-4,0439	-8,64932	0,00585
1190,583	-4,04308	-8,63611	0,00576
1191,9	-4,04829	-8,62083	0,00569
1193,2	-4,04792	-8,61836	0,00567
1194,5	-4,05357	-8,6233	0,00574
1195,816	-4,0391	-8,61815	0,00561
1197,116	-4,04664	-8,60403	0,00557
1198,433	-4,04362	-8,60171	0,00554
1199,733	-4,03865	-8,59418	0,00546
1201,05	-4,0439	-8,58744	0,00545
1202,35	-4,03955	-8,57421	0,00534
1203,666	-4,03964	-8,57005	0,00531
1204,866	-4,03169	-8,55777	0,00519
1206,266	-4,02571	-8,55528	0,00514
1207,583	-4,02536	-8,54047	0,00505
1208,883	-4,0192	-8,52851	0,00495
1210,2	-4,02492	-8,51929	0,00493
1211,516	-4,00716	-8,50809	0,00477
1212,816	-4,00266	-8,49211	0,00466
1214,133	-4,01433	-8,47842	0,00464
1215,433	-4,00791	-8,46512	0,00454
1216,733	-4,00532	-8,4671	0,00454
1218,05	-3,99162	-8,44595	0,00436
1219,35	-3,98505	-8,43651	0,00428
1220,666	-3,9807	-8,42444	0,0042
1221,966	-3,99138	-8,40663	0,00416
1223,283	-3,9818	-8,39413	0,00406
1224,583	-3,95748	-8,39579	0,00396
1225,9	-3,95509	-8,37531	0,00385
1227,2	-3,97756	-8,35689	0,00387
1228,516	-3,9607	-8,34509	0,00375
1229,816	-3,94766	-8,32882	0,00362
1231,133	-3,94817	-8,32042	0,00359
1232,433	-3,94244	-8,29866	0,00348
1233,733	-3,94028	-8,2957	0,00346
1235,05	-3,9293	-8,28981	0,00339
1236,35	-3,93218	-8,27023	0,00332
1237,666	-3,94635	-8,25318	0,00331
1238,966	-3,94215	-8,24617	0,00327

Fortsetzung 900 °C			
Z1_199			
Zeit/h	log k/m/s	log D/m^2/s	R$_{2C}$/Ωcm^2
1240,283	-3,91425	-8,23784	0,00314
1241,583	-3,93387	-8,21533	0,00313
1242,9	-3,91818	-8,21533	0,00307
1244,2	-3,92533	-8,1862	0,00299
1245,516	-3,92478	-8,16561	0,00292
1246,816	-3,93148	-8,13993	0,00286
1248,133	-3,91418	-8,12039	0,00274
1249,433	-3,90595	-8,1301	0,00275
1250,75	-3,92168	-8,09834	0,0027
1252,05	-3,9415	-8,05753	0,00263
1253,363	-3,92285	-8,06713	0,0026
1254,683	-3,8967	-8,05641	0,0025
1255,983	-3,89431	-8,04195	0,00245
1257,3	-3,90337	-8,02232	0,00242
1258,6	-3,9171	-8,00365	0,0024
1259,916	-3,91068	-8,00789	0,0024
1261,216	-3,91682	-7,9916	0,00237
1262,533	-3,90344	-7,97408	0,00229
1263,833	-3,89431	-7,95791	0,00222
1265,15	-3,90212	-7,96042	0,00225
1266,45	-3,871	-7,95942	0,00217
1267,766	-3,89013	-7,95542	0,0022
1269,066	-3,87971	-7,93421	0,00213
1270,383	-3,85391	-7,91972	0,00203
1271,683	-3,85651	-7,89842	0,00199
1273	-3,84645	-7,89376	0,00195
1274,3	-3,86778	-7,87901	0,00197
1275,616	-3,86121	-7,84802	0,00188
1276,916	-3,8442	-7,86405	0,00188
1278,233	-3,84976	-7,8489	0,00186
1279,033	-3,86409	-7,83924	0,00187
1281,85	-3,84709	-7,81811	0,00179
1284,15	-3,85942	-7,78795	0,00175
1286,466	-3,84976	-7,77731	0,00171
1288,766	-3,84031	-7,76922	0,00168
1291,083	-3,87723	-7,72561	0,00167
1293,383	-3,86127	-7,69808	0,00159
1295,7	-3,85433	-7,68738	0,00155
1298	-3,84541	-7,67104	0,00151
1300,316	-3,83776	-7,65889	0,00148
1302,616	-3,84374	-7,63096	0,00144
1304,933	-3,82103	-7,63302	0,0014
1307,233	-3,84283	-7,60257	0,00139
1309,55	-3,85104	-7,58414	0,00137
1311,85	-3,85221	-7,59265	0,00139
1314,15	-3,82668	-7,59298	0,00135
1316,466	-3,8274	-7,54999	0,00129
1318,766	-3,83112	-7,5709	0,00132
1321,083	-3,85686	-7,60024	0,00141

Fortsetzung 900 °C			
Z1_199			
Zeit/h	log k/m/s	log D/m²/s	$R_{2C}/\Omega cm^2$
1323,383	-3,79851	-7,56451	0,00126
1325,7	-3,80079	-7,62959	0,00137
1328	-3,78471	-7,58969	0,00128
1330,316	-3,79352	-7,60724	0,00132
1332,616	-3,79944	-7,5966	0,00131
1334,933	-3,76209	-7,57927	0,00123
1337,233	-3,77396	-7,55659	0,00122
1339,55	-3,73956	-7,60223	0,00123
1341,85	-3,71458	-7,71646	0,00137
1344,166	-3,6999	-7,72217	0,00135

Abbildung 5.26 Zeitabhängiges Verhalten der Kathodenpolarisationswiderstände für Z1_198 und Z1_194 bei $T_{Messung}= 750$ °C

750°C			
Z1_198		Z1_194	
Zeit/h	$R_{2C}/\Omega cm^2$	Zeit/h	$R_{2C}/\Omega cm^2$
11,867	0,0149	3,84	0,01521
20,183	0,0152	12,04	0,01434
28,517	0,01564	20,42	0,0139
36,85	0,01596	28,84	0,01381
45,167	0,01653	37,14	0,0137
53,5	0,01689	45	0,01362
61,833	0,01724	53,64	0,01358
70,15	0,01843	61,94	0,01341
78,483	0,01847	69,84	0,01356
86,817	0,01906	78,74	0,01375
95,133	0,01959	87,04	0,01348
103,467	0,02031	98,94	0,0136
111,783	0,02051	103,54	0,01373
120,117	0,02199	112,04	0,01347
128,45	0,02231	120,24	0,01371
204,5	0,0353	128,64	0,01378
212,867	0,04081	136,94	0,01367
221,167	0,042	145,24	0,0138
229,5	0,04168	153,54	0,01396
237,8	0,04449	161,94	0,01389
246,133	0,04779	170,24	0,01399
254,417	0,0439	178,54	0,01405
262,717	0,04714	248,8	0,01502
271,05	0,04611	256,5	0,01476
279,383	0,04643	264,8	0,01523
287,7	0,04702	273,1	0,01582
296,017	0,04812	318,1	0,01617
304,35	0,04661	344,8	0,01723

Fortsetzung 750°C			
Z1_198		Z1_194	
Zeit/h	$R_{2C}/\Omega\text{cm}^2$	Zeit/h	$R_{2C}/\Omega\text{cm}^2$
312,667	0,04784	419,4	0,01864
320,983	0,05186	432,7	0,01992
329,3	0,04749	459,4	0,01978
337,633	0,0502	486,8	0,02066
345,933	0,0526	500,2	0,02075
354,25	0,04827	526,6	0,0224
362,533	0,04827	540,1	0,02761
370,817	0,05074	567,7	0,02437
379,1	0,05619	581	0,03149
387,367	0,04899	594,4	0,02377
395,683	0,05427	607,7	0,03036
403,983	0,05243	621	0,02466
412,25	0,05019	634,3	0,02993
420,55	0,05459	647,6	0,02787
428,867	0,05147	661	0,03185
437,167	0,05198	674,3	0,02893
445,467	0,05309	687,6	0,02835
453,733	0,05252	700,9	0,02963
467,017	0,05309	727,5	0,03042
480,317	0,05252	740,8	0,02976
493,567	0,05275	754,1	0,03077
506,833	0,05485	767,4	0,03155
520,083	0,05665	780,7	0,03316
533,333	0,05266	794	0,03506
546,617	0,05936	808,1	0,03147
559,9	0,05286	821,4	0,03525
573,2	0,05531	834,7	0,03393
586,467	0,0529	848	0,03456
599,767	0,05516	861,3	0,03401
613,033	0,05645	874,6	0,03648
626,3	0,05686	887,9	0,03577
639,55	0,05769	901,2	0,03821
652,8	0,05867	914,5	0,03426
666,083	0,05867	927,8	0,037
679,35	0,06318	941,1	0,03584
692,633	0,05806	954,4	0,03688
705,883	0,05837	967,7	0,04028
719,133	0,05861	981	0,03633
732,383	0,05857	1015	0,03564
745,6	0,05859		
758,867	0,05875		
772,117	0,0588		
785,333	0,05839		
798,567	0,05837		
811,8	0,05803		
825	0,05826		
838,233	0,05828		
892,5	0,05772		
919	0,05752		
945,4	0,05787		

Fortsetzung 750 °C			
Z1_198		Z1_194	
Zeit/h	$R_{2C}/\Omega cm^2$	Zeit/h	$R_{2C}/\Omega cm^2$
971,8	0,05808		
1012	0,05811		

Abbildung 5.27 Zeitabhängiges Verhalten der $k\delta$ - und $D\delta$ - Werte der Zellen Z1_194 (PVD - GCO) und Z1_198 (Siebdruck - GCO) bei T = 750 °C

750 °C					
Z1_198			Z1_194		
Zeit/h	log k/m/s	log D/m²/s	Zeit/h	log k/m/s	log D/m²/s
11,867	-4,77745	-8,35068	3,84	-4,48428	-8,66159
20,183	-4,78086	-8,36476	12,04	-4,43318	-8,66159
28,517	-4,8074	-8,36266	20,42	-4,40614	-8,66159
36,85	-4,80576	-8,38209	28,84	-4,40093	-8,66159
45,167	-4,80592	-8,41245	37,14	-4,39354	-8,66159
53,5	-4,80492	-8,4321	45	-4,38847	-8,66159
61,833	-4,79245	-8,46251	53,64	-4,38606	-8,66159
70,15	-4,81913	-8,49373	61,94	-4,37538	-8,66159
78,483	-4,80989	-8,50482	69,84	-4,38447	-8,66159
86,817	-4,80278	-8,53929	78,74	-4,39681	-8,66159
95,133	-4,82768	-8,53839	87,04	-4,3799	-8,66159
103,467	-4,81615	-8,58102	98,94	-4,38707	-8,66159
111,783	-4,81079	-8,59507	103,54	-4,39537	-8,66159
120,117	-4,81042	-8,65605	112,04	-4,37931	-8,66159
128,45	-4,81734	-8,66159	120,24	-4,39456	-8,66159
204,5	-4,78556	-9,09179	128,64	-4,39866	-8,66159
212,867	-4,75731	-9,24611	136,94	-4,3915	-8,66159
221,167	-4,74827	-9,28014	145,24	-4,40031	-8,66159
229,5	-4,75389	-9,26783	153,54	-4,40994	-8,66159
237,8	-4,76462	-9,31371	161,94	-4,40593	-8,66159
246,133	-4,7662	-9,37429	170,24	-4,41184	-8,66159
254,417	-4,75128	-9,31555	178,54	-4,41568	-8,66159
262,717	-4,76252	-9,36605	248,8	-4,47337	-8,66159
271,05	-4,76195	-9,34748	256,5	-4,45845	-8,66159
279,383	-4,76491	-9,35055	264,8	-4,48554	-8,66159
287,7	-4,76664	-9,35981	273,1	-4,51875	-8,66159
296,017	-4,79449	-9,35209	318,1	-4,46201	
304,35	-4,7925	-9,32631	344,8	-4,47117	
312,667	-4,80314	-9,33835	419,4	-4,49935	-8,73742
320,983	-4,82934	-9,38222	432,7	-4,48128	
329,3	-4,80529	-9,32968	446	-4,49085	-8,78315
337,633	-4,81961	-9,3637	459,4	-4,47656	-8,82344
345,933	-4,82757	-9,39627	486,8	-4,47313	-8,89905
354,25	-4,81053	-9,33873	500,2	-4,46705	
362,533	-4,81053	-9,33873	513,5	-4,49264	-8,89768
370,817	-4,82492	-9,36761	526,6	-4,4594	-8,939
379,1	-4,86199	-9,41924	540,1	-4,46874	-8,94886
387,367	-4,81951	-9,34252	554,4	-4,48857	-9,23361
395,683	-4,84865	-9,40237	567,7	-4,45421	-9,02277
403,983	-4,83963	-9,38143	581	-4,49341	-9,1952
412,25	-4,83713	-9,34595	594,4	-4,45609	-9,26331
420,55	-4,85853	-9,39749	607,7	-4,47953	-9,10125
428,867	-4,83651	-9,36839	621	-4,45656	-9,28475
437,167	-4,8521	-9,36137	634,3	-4,47069	-9,07765

Fortsetzung 750 °C					
Z1_198			Z1_194		
Zeit/h	log k/m/s	log D/m²/s	Zeit/h	log k/m/s	log D/m²/s
445,467	-4,85356	-9,37825	647,6	-4,46441	-9,26679
453,733	-4,84265	-9,37984	661	-4,47264	-9,10935
467,017	-4,85356	-9,37825	674,3	-4,46899	-9,26331
480,317	-4,84265	-9,37984	687,6	-4,4613	-9,20781
493,567	-4,85639	-9,36996	700,9	-4,47239	-9,31555
506,833	-4,86481	-9,39546	727,5	-4,4685	-9,23562
520,083	-4,88103	-9,40727	740,8	-4,4685	-9,22559
533,333	-4,84929	-9,37548	754,1	-4,46826	-9,25295
546,617	-4,88809	-9,4407	767,4	-4,47558	-9,27978
559,9	-4,85268	-9,37548	780,7	-4,47706	-9,26053
573,2	-4,86596	-9,40155	794	-4,4873	-9,28975
586,467	-4,86241	-9,36644	808,1	-4,45445	-9,30419
599,767	-4,87494	-9,39022	821,4	-4,47509	-9,34595
613,033	-4,86181	-9,42341	834,7	-4,45892	-9,38422
626,3	-4,8936	-9,39789	848	-4,47681	-9,32333
639,55	-4,88651	-9,41758	861,3	-4,47166	-9,40114
652,8	-4,86259	-9,45617	874,6	-4,47929	-9,38422
666,083	-4,86723	-9,45141	887,9	-4,47681	-9,38222
679,35	-4,89859	-9,48438	901,2	-4,48831	-9,3735
692,633	-4,8535	-9,45617	914,5	-4,46802	-9,42675
705,883	-4,85539	-9,45878	927,8	-4,47632	-9,4122
719,133	-4,84935	-9,4684	941,1	-4,47435	-9,45791
732,383	-4,85058	-9,46664	954,4	-4,47484	-9,38342
745,6	-4,85309	-9,46445	967,7	-4,49136	-9,44198
758,867	-4,86067	-9,45921	981	-4,46753	-9,41634
772,117	-4,90219	-9,41841	1015	-4,46657	-9,4407
785,333	-4,8848	-9,42969	1028	-4,47656	-9,50066
798,567	-4,87909	-9,43518	1041	-4,46923	-9,43476
811,8	-4,87605	-9,43306	1055	-4,48428	-9,41924
825	-4,87401	-9,43857	1068	-4,48378	-9,47946
838,233	-4,87723	-9,4356	1081	-4,48831	-9,45878
892,5	-4,83793	-9,46664	1094	-4,48629	-9,50707
919	-4,84265	-9,45878			
945,4	-4,85669	-9,45012			
971,8	-4,85811	-9,45185			
1012	-4,86887	-9,44155			

8 Verzeichnisse

8.1 Symbole

α	thermischer Ausdehnungskoeffizient (1/K) bzw. Wärmeübergangszahl ($Wm^{-2}K^{-1}$)
η	Polarisations-/ Überspannung der Elektrode (V)
η_K	Polarisations-/ Überspannung der Kathode (V)
σ_{el}	elektrische Leitfähigkeit (S/m)
σ_m	mechanische Spannung (N/m^2)
τ	Relaxationszeit/ Zeitkonstante (s)
ω	Kreisfrequenz (1/s)
A	Fläche (m^2)
ASR	flächenspezifischer Widerstand/ Area Specific Resistance (Ωm^2)
D_{50}	Median der Partikelanzahl-Größenverteilung (m)
e	Elementarladungsmenge ($e = 1{,}6022 \cdot 10^{-19}$ C)
E_A	Aktivierungsenergie (J oder eV)
f	Frequenz (Hz)
F	Faraday-Konstante ($F = e\,N_A = 96485{,}3383$ C/mol)
G_0	Reaktionsenthalpie
k	Boltzmannkonstante ($k = 1{,}3807 \cdot 10^{-23}$ J/K)
N_A	Avogadrozahl ($N_A = 6{,}0221 \cdot 10^{23}$ 1/mol)
OCV	Leerlaufspannung/ Open Circuit Voltage (V)
pH_2	Wasserstoffpartialdruck (Pa oder atm)
pH_2O	Wasserdampfpartialdruck (Pa oder atm)
pO_2	Sauerstoffpartialdruck (Pa oder atm)
P	Leistung (W)
U_0	Leerlaufspannung (V)
U_N	Nernstspannung/ elektromotorische Kraft (V)
U_Z	Zell-/ Arbeitsspannung (V)
R	Allgemeine/ Universelle Gaskonstante ($R = k\,N_A = 8{,}3145$ J $mol^{-1}K^{-1}$)
T	Temperatur (K oder °C)
Z	komplexe Impedanz (Ω)

8.2 Abkürzungen

8YSZ	8 mol% Y_2O_3 stabilisiertes ZrO_2 → siehe YSZ
10Sc1CeSZ	10 mol% Sc_2O_3 1 mol% CeO_2 stabilisiertes ZrO_2 → siehe ScSZ
A	Anode
APU	Auxiliary Power Unit (dt. Hilfsaggregat)
ASC	Anode Supported Cell (dt. anodengestützte (Einzel)Zelle)
ASR	Area Specific Resistance (dt. flächenspezifischer Widerstand)
BE	Back-Scattered Electron (dt. Rückstreuelektron)
BG	Brenngas
BSZ	Brennstoffzelle
CPE	Constant Phase Element (dt. Konstantphasenelement)
E	Elektrolyt
EELS	Elektronen - Energieverlustspektroskopie
EDX	Energiedispersive Röntgenanalyse (Energy Dispersive X-ray analysis)
EM	Elektronenmikroskopie
EMK	Elektromotorische Kraft
FIB	Focussed Ion Beam (dt. fokussierter Ionenstrahl)
FRA	Frequency Response Analyser (dt. Frequenzganganalysator/ Impedanzmessgerät)
FSZ	Fully Stabilised Zirconia (dt. vollstabilisiertes Zirkonoxid)
GCO	Gadolinium dotiertes Ceroxid (z.B. 10GCO: $Ce_{0.9}Gd_{0.1}O_{1.95}$)
GF	Grenzfläche
IS	Impedanzspektroskopie
IT-SOFC	Intermediate Temperature SOFC (dt. SOFC für abgesenkte Betriebstemperaturen)
IWE	Institut für Werkstoffe der Elektrotechnik, Karlsruher Institut für Technologie (KIT)
JCPDS	Joint Committee on Powder Diffraction Standards
K	Kathode
LEM	Laboratorium für Elektronenmikroskopie, Karlsruher Institut für Technologie (KIT)
LL	elektrischer Leerlauf
LM	Lichtmikroskopie
LSC	$La_{1-x}Sr_xCoO_3$ (Lanthan-Strontium-Kobaltat)
LSCF	$La_{1-x}Sr_xCo_{1-y}Fe_yO_3$ (Lanthan-Strontium-Kobalt-Ferrit)
LSGM	z.B. LSGM8282 $La_{0.8}Sr_{0.2}Ga_{0.8}Mg_{0.2}O_3$ (Lanthan-Strontium-Gadolinium- Manganat)
LSM	$La_{1-x}Sr_xMnO_3$ (Lanthan-Strontium-Manganat)
LSM/YSZ	Komposit Kathodenmaterial $La_{1-x}Sr_xMnO_3$/ 8mol% Y_2O_3 stabilisiertes ZrO_2
LZO	$La_2Zr_2O_7$ (Lanthanzirkonat)
MALT	Materials Orientated Little Thermodynamic Database
MEA	Membrane-Electrode Assembly (dt. Membran-Elektroden-Verbund)
MIEC	Mixed Ionic-Electronic Conductor (dt. Mischleiter)
MOD	Metal-Organic Deposition (dt. metall-organische Abscheidung)

Ni/YSZ   Cermet Anodenmaterial: (Nickel/ YSZ)

NLGS   Nichtlineares Gleichungssystem

OCV   Open Circuit Voltage (dt. Leerlaufspannung)

OM   Oxidationsmittel

ppm   Parts Per Million (dt. Teile pro Million)

REM   Rasterelektronenmikroskop/ -mikroskopie

SE   Secondary Electron (dt. Sekundärelektron)

sl/min   Standardliter pro Minute (bei 0 °C und 1 atm)

sccm   Standard Kubikzentimeter

ScSZ   mit Scandiumoxid stabilisiertes Zirkonoxid $\rightarrow$ siehe 10Sc1CeSZ

SOFC   Solid Oxide Fuel Cell (dt. Hochtemperatur-Festoxid-Brennstoffzelle)

SZO $SrZrO_3$ (Strontiumzirkonat)

TEM   Transmissionselektronenmikroskop/ -mikroskopie

TPB   Three-Phase Boundary (dt. Dreiphasengrenze)

TZP   Tetragonal Zirconia Polycrystals (dt. tetragonal stabilisiertes Zirkonoxid)

UI   U-I-Kennlinie

ULSM $La_{0,75}Sr_{0,2}MnO_3$ (LSM mit Unterstöchiometrie auf A-Platz)

XRD   X-Ray Diffraction Analysis (dt. Röntgenbeugungsanalyse)

YSZ   mit Yttriumoxid stabilisiertes Zirkonoxid $\rightarrow$ siehe 8YSZ

8.3 Abbildungen

8.4 Tabellen

8.5 Betreute Arbeiten

- Schweikert, Nina, "Charakterisierung mischleitender LSCF-Kathoden auf CGO Festelektrolyten", Diplomarbeit, IWE, Universität Karlsruhe (TH), 2009.

- Holzer, Lukas, "Charakterisierung nanoskaliger CGO Elektrolytschichten als Sr-Diffusionssperre", Studienarbeit, IWE, Universität Karlsruhe (TH), 2009.

- Weynandt, Vincent, "Langzeituntersuchungen an symmetrischen Zellen zur Bestimmung der Stabilitätsgrenze von mischleitenden Kathoden", Diplomarbeit, IWE, Universität Karlsruhe (TH), 2008.

- Gasse, Liliane, "Stabilitätsuntersuchung von LSCF", Studienarbeit, IWE, Universität Karlsruhe (TH), 2007.

8.6 Eigene Veröffentlichungen

Rezensierte Beiträge und Konferenzbände

[1] C. Endler-Schuck, A. Weber, E. Ivers-Tiffee, U. Guntow, J. Ernst und J. Ruska "Nanoscale Gd-doped CeO2 Buffer Layer for a High Performance Solid Oxide Fuel Cell", *Journal of Fuel Cell Science and Technology,* in Druck.

[2] C. Endler-Schuck, A. Leonide, A. Weber, S. Uhlenbruck, F. Tietz und E. Ivers-Tiffee, " Performance analysis of MIEC cathodes in anode supported cells ", *Journal of Power Sources,* in Druck, DOI: 10.1016/j.jpowsour.2010.11.079, (2010).

[3] C. Endler, A. Weber and E. Ivers-Tiffée, "Nanoscale Gd-doped CeO$_2$ thin film layers for intermediate-temperature solid oxide fuel cells", in -- (Ed.), *First International Conference on Materials for Energy, Extended Abstracts - Book A*, Karlsruhe, Germany: Dechema e.V., pp. 98-100 (2010).

[4] C. Endler, A. Leonide, A. Weber, F. Tietz, E. Ivers-Tiffee, *Performance of Mixed ionic-electronic conducting Cathode in Intermediate Temperature Solid Oxide Fuel Cells,* ", in -- (Ed.), *First International Conference on Materials for Energy, Extended Abstracts - Book A*, Karlsruhe, Germany: Dechema e.V., pp. 97 (2010).

[5] C. Endler, A. Leonide, B. Rüger, A. Weber, E. Ivers-Tiffée, "Oxygen Surface Exchange and Bulk Diffusion Coefficients Evaluated from Porous Mixed Ionic-Electronic Conducting Cathodes", *ECS Trans.* **28**, pp. 71-80 (2010).

[6] C. Endler, A. Leonide, A. Weber, F. Tietz and E. Ivers-Tiffee, "Time-Dependent Electrode Performance Changes in Intermediate Temperature Solid Oxide Fuel Cells", *J. Electrochem. Soc.* **157**, p. B292-B298 (2010).

[7] C. Endler, A. Leonide, A. Weber, S. Uhlenbruck, F. Tietz and E. Ivers-Tiffée, "Performance Analysis of MIEC Cathodes in Anode Supported Cells", in J. T. S. Irvine and U. Bossel (Eds.), *Proceedings of the 9th European Solid Oxide Fuel Cell Forum*, p. 10-33 (2010).

[8] C. Endler, A. Leonide, A. Weber, E. Ivers-Tiffée and F. Tietz, "Long-Term Study of MIEC Cathodes for intermediate temperature Solid Oxide Fuel Cells", *ECS Trans.* **25**, pp. 2381-2390 (2009).

[9] C. Endler, A. Weber, E. Ivers-Tiffée, U. Guntow, S. Stolz and J. Ernst, "Nanoscale Gd-doped CeO$_2$ Buffer Layer for a High Performance Solid Oxide Fuel Cell", in R. Steinberger-Wilckens and U. Bossel (Eds.), *Proceedings of the 8th European Solid Oxide Fuel Cell Forum*, p. A0618 (2008).

[10] C. Endler, A. Weber and E. Ivers-Tiffée, "Evaluation of Electrodes for Single Chamber SOFC", in J. A. Kilner and U. Bossel (Eds.), *Proceedings of the 7th European Solid Oxide Fuel Cell Forum*, p. P0307-Endler (2006).

Tagungsbeiträge

[1] C. Endler, A. Leonide, A. Weber, F. Tietz, E. Ivers-Tiffee, *Performance of Mixed ionic-electronic conducting Cathode in Intermediate Temperature Solid Oxide Fuel Cells*, First International Conference on Materials for Energy (Karlsruhe, Germany), 04.07. - 08.07.2010

[2] C. Endler, A. Weber, E. Ivers-Tiffee, *Nanoscale Gd-doped CeO$_2$ thin film layers for intermediate-temperature solid oxide fuel cells*, First International Conference on Materials for Energy (Karlsruhe, Germany), 04.07. - 05.07.2010

[3] C. Endler, A. Leonide, A. Weber, S. Uhlenbruck, F. Tietz, E. Ivers-Tiffee, *Performance analysis of MIEC cathodes in anode supported cells*, 9th EUROPEAN SOFC FORUM (Lucerne, Switzerland), 29.06. - 02.07.2010

[4] C. Endler, A. Leonide, A. Weber, E. Ivers-Tiffee, *Long-Term Study of MIEC Cathodes for intermediate temperature Solid Oxide Fuel Cells*, 5th Forum on New Materials, CIMTEC (Montecatini Terme, Italy), 13.06. - 18.06.2010

[5] C. Endler, A. Leonide, B. Rüger, A. Weber, E. Ivers-Tiffee, *Oxygen Surface Exchange and Bulk Diffusion Coefficients evaluated from porous mixed ionic-electronic conducting Cathodes*, 217th Meeting of The Electrochemical Society (Vancouver, Canada), 26.04. - 30.04.2010

[6] C. Endler, A. Leonide, B. Rüger, A. Weber, E. Ivers-Tiffée, *Time-Dependent Study of k^δ- and D^δ- Values of Mixed Ionic-Electronic Conducting Cathodes*, 17th International Conference on Solid State Ionics (SSI-17) (Toronto, Canada), 28.06. - 03.07.2009

[7] C. Endler, A. Weber, E. Ivers-Tiffée, *Degradation Study of Mixed Ionic Electronic Conducting Materials: Oxygen Surface Exchange k and Bulk Diffusion Coefficient D*, 10.Jülicher Werkstoffsymposium (Jülich, Germany), 15.06. - 16.06.2009

[8] C. Endler, A. Leonide, A. Weber, E. Ivers-Tiffée, F. Tietz, *Long-Term Study of MIEC Cathodes for intermediate temperature Solid Oxide Fuel Cells*, SOFC XI (Vienna, Austria), 04.10. - 09.10.2009

[9] C. Endler, A. Weber, E. Ivers-Tiffée, U. Guntow, J. Ernst, S. Stolz, *Nanoscale Gd-doped CeO$_2$ Buffer Layer for a High Performance Solid Oxide Fuel Cell*, 8th EUROPEAN SOFC FORUM (Lucerne, Switzerland), 30.06. - 04.07.2008

[10] C. Endler, A. Weber, E. Ivers-Tiffée, J. Ernst, S. Stolz, *Sol-Gel thin film deposition for high performance solid oxide fuel cells*, Electroceramics XI (Manchester, Great Britain). - 04.09.2008

[11] C. Endler, A. Weber, E. Ivers-Tiffée, U. Guntow, *Nanoscale Gd-doped CeO$_2$ buffer layer for a high performance solid oxide fuel cell*, MRS Spring Meeting 2007 (San Francisco, USA), 09.04. - 13.04.2007

[12] C. Endler, A. Weber, E. Ivers-Tiffée, *Evaluation of Electrodes for Single Chamber SOFC*, 7th EUROPEAN SOFC FORUM (Lucerne, Switzerland), 03.07. - 07.07.2006

[13] T. Schneider, C. Peters, C. Endler, B. Szöke, W. Menesklou, E. Ivers-Tiffée, *Stability limitations of Sr(Ti,Fe)O$_{3-\delta}$ for exhaust gas sensors*, 15th International Conference on Solid State Ionics (SSI-15) (Baden-Baden, Germany), 17.07. - 22.07.2005

9 Literatur

[1] E. Ivers-Tiffée, "Brennstoffzellen Und Batterien WS 05/06", in , Universität Karlsruhe (TH): 2005.

[2] L. Blum, H. P. Buchkremer, S. M. Gross, B. de Haart, W. J. Quaddakers, U. Reisgen, R. Steinberger-Wilckens, R. W. Steinbrech und F. Tietz, "Overview of the Development of Solid Oxide Oxide Fuel Cells at Forschungszentrum Jülich", in S. C. Singhal u.a. (Hrsg.), SOFC IX, Band 1, S. 39-47, 2005.

[3] M. Becker,"Parameterstudie zur Langzeitbeständigkeit von Hochtemperaturbrennstoffzellen (SOFC)", Aachen: Verlag Mainz, 2007.

[4] L. G. J. de Haart, I. C. Vinke, A. Janke, H. Ringel und F. Tietz, "New Developments on Stack Technology for Anode Substrate Based SOFC", in H. Yokokawa u.a. (Hrsg.), Soldi Oxide Fuel Cells VII (SOFC-VII), Pennington, NJ: S. 111-119, 2001.

[5] A. Mai, M. Becker, W. Assenmacher, F. Tietz, D. Hathiramani, E. Ivers-Tiffée, D. Stöver und W. Mader, "Time-Dependent Performance of Mixed-Conducting SOFC Cathodes", in Solid State Ionics, Band 177, Heft 19-25, S. 1965-1968, 2006.

[6] A. Mai, V. A. C. Haanappel, S. Uhlenbruck, F. Tietz und D. Stöver, "Ferrite-Based Perovskites As Cathode Materials for Anode-Supported Solid Oxide Fuel Cells Part I. Variation of Composition", in Solid State Ionics, Band 176, Heft 15-16, S. 1341-1350, 2005.

[7] A. Leonide,"SOFC Modeling and Parameter Identification by Means of Impedance Spectroscopy", Karlsruhe: Universitätsverlag Karlsruhe, 2010.

[8] M. J. Heneka,"Alterung der Festelektrolyt-Brennstoffzelle unter thermischen und elektrischen Lastwechseln", Aachen: Verlag Mainz, 2006.

[9] D. Fouquet,"Einsatz von Kohlenwasserstoffen in der Hochtemperatur-Brennstoffzelle SOFC", Aachen: Verlag Mainz, 2005.

[10] S. P. S. Badwal, "Zirconia-Based Solid Electrolytes: Microstructure, Stability and Ionic Conductivity", in Solid State Ionics, Band 52, S. 23-32, 1992.

[11] F. Tietz, "Thermal Expansion of SOFC Materials", in Ionics, Band 5, Heft 1-2, Forschungszentrum Julich GmbH, Germany., S. 129-139, 1999.

[12] O. Yamamoto, "Solid Oxide Fuel Cells: Fundamental Aspects and Prospects", in Electrochimica Acta, Band 45, Heft 15-16, S. 2423-2435, 2000.

[13] E. Ivers-Tiffée, "Electrolytes | Solid: Oxygen Ions", in J. Garche (Hrsg.), Encyclopedia of Electrochemical Power Sources, Kapitel 2, Amsterdam: Elsevier, S. 181-187, 2009.

[14] B. C. H. Steele, "Appraisal of $Ce_{1-y}Gd_yO_{2-y/2}$ Electrolytes for IT-SOFC Operation at 500 °C", in Solid State Ionics, Band 129, Heft 1-4, S. 95-110, 2000.

[15] T. Ishihara, "Development of New Fast Oxide Ion Conductor and Applicationfor Intermediate Temperature Solid Oxide Fuel Cells", in Bull.Chem.Soc.Jpn, Band 79, S. 1155-1166, 2006.

[16] B. Cales und J. F. Baumard, "Transport Properties and Defect Structure of Nonstoichiometric Yttria Doped Ceria", in Journal of Physics & Chemistry of Solids, Band 45, Heft 8-9, Centre de Recherches sur la Phys. des Hautes Temperatures, CNRS, Orleans, France, S. 929-935, 1984.

[17] K. Yamaji, H. Negishi, T. Horita, N. Sakai und H. Yokokawa, "Vaporization Process of Ga From Doped LaGaO3 Electrolytes in Reducing Atmospheres", in Solid State Ionics, Band 135, Heft 1-4, S. 389-396, 2000.

[18] A. Weber, "Entwicklung und Charakterisierung von Werkstoffen und Komponenten für die Hochtemperatur-Brennstoffzelle SOFC", Dissertation, Universität Karlsruhe (TH), 2002.

[19] S. B. Adler und W. G. Bessler, "Elementary kinetic modeling of solid oxide fuel cell electrode reactions", in W. Vielstich u.a. (Hrsg.), Handbook of Fuel Cells - Fundamentals, Technology and Applications, Kapitel 5, Chichester: John Wiley & Sons Ltd, S. 441-462, 2009.

[20] A. C. Müller, "Mehrschicht-Anode für die Hochtemperatur-Brennstoffzelle (SOFC)", Dissertation, Universität Karlsruhe (TH), 2004.

[21] A. C. Müller, "Verlust- und Degradationsmechanismen in Anodenstrukturen der Hochtemperatur-Festelektrolyt-Brennstoffzelle (SOFC) bei hoher Brenngasausnutzung", Diplomarbeit, Universität Karlsruhe (TH), 1998.

[22] E. Ivers-Tiffée, W. Wersing und M. Schießl, "Ceramic and Metallic Components for a Planar SOFC", in Berichte der Bunsengesellschaft fur Physikalische Chemie, Band 94, Heft 9, S. 978-981, 1990.

[23] B. Rüger, "Mikrostrukturmodellierung von Elektroden für die Festelektrolytbrennstoffzelle", Karlsruhe: Universitätsverlag Karlsruhe, 2009.

[24] L. W. Tai, M. M. Nasrallah, H. U. Anderson, D. M. Sparlin und S. R. Sehlin, "Structure and Electrical-Properties of $La_{1-x}Sr_xCo_{1-y}Fe_yO_3$ 1. the System $La_{0.8}Sr_{0.2}Co_{1-y}Fe_yO_3$", in Solid State Ionics, Band 76, Heft 3-4, S. 259-271, 1995.

[25] L. W. Tai, M. M. Nasrallah, H. U. Anderson, D. M. Sparlin und S. R. Sehlin, "Structure and Electrical-Properties of $La_{1-x}Sr_xCo_{1-y}Fe_yO_3$ 2. the System $La_{1-x}Sr_xCo_{0.2}Fe_{0.8}O_3$", in Solid State Ionics, Band 76, Heft 3-4, S. 273-283, 1995.

[26] A. Mai, "Katalytische und elektrochemische Eigenschaften von eisen- und kobalthaltigen Perowskiten als Kathoden für die oxidkeramische Brennstoffzelle (SOFC)", Jülich: Forschungszentrum Jülich GmbH, 2004.

[27] G. C. Kostogloudis und C. Ftikos, "Properties of A-Site-Deficient $La_{0.6}Sr_{0.4}Co_{0.2}Fe_{0.8}O_{3-Delta}$-Based Perovskite Oxides", in Solid State Ionics, Band 126, Heft 1-2, S. 143-151, 1999

[28] D. Waller, J. A. Lane, J. A. Kilner und B. C. H. Steele, "The Structure of and Reaction of A-Site Deficient $La_{0.6}Sr_{0.4-x}Co_{0.2}Fe_{0.8}O_{3-\delta}$", in Materials Letters, Band 27, Heft 4-5, S. 225-228, 1996.

[29] H. Y. Tu, Y. Takeda, N. Imanishi und O. Yamamoto, "$Ln_{0.4}Sr_{0.6}Co_{0.8}Fe_{0.2}O_{3-\delta}$ (Ln = La, Pr, Nd, Sm, Gd) for the Electrode in Solid Oxide Fuel Cells", in Solid State Ionics, Band 117, Heft 3-4, S. 277-281, 1999.

[30] F. Tietz, A. Mai und D. Stover, "From Powder Properties to Fuel Cell Performance - A Holistic Approach for SOFC Cathode Development", in Solid State Ionics, Band 179, Heft 27-32, S. 1509-1515, 2008.

[31] J. Mizusaki, T. Sasamoto, W. R. Cannon und H. K. Bowen, "Electronic Conductivity, Seebeck Coefficient, and Defect Structure of $LaFeO_3$", in Journal of the American Ceramic Society, Band 65, Heft 8, S. 363-368, 1982.

[32] J. Mizusaki, T. Sasamoto, W. R. Cannon und H. K. Bowen, "Electronic Conductivity, Seebeck Coefficient, and Defect Structure of $La_{1-x}Sr_xFeO_3(X=0.1,0.25)$", in Journal of the American Ceramic Society, Band 66, Heft 4, S. 247-252, 1983.

[33] J. Mizusaki, M. Yoshihiro, S. Yamauchi und K. Fueki, "Nonstoichiometry and Defect Structure of the Perovskite-Type Oxides $La_{1-x}Sr_xFeO_{3-\delta}$", in Journal of Solid State Chemistry, Band 58, Heft 2, Dept. of Ind. Chem., Tokyo Univ., Japan., S. 257-266, 1985.

[34] T. Ishigaki, S. Yamauchi, K. Kishio, J. Mizusaki und K. Fueki, "Diffusion of Oxide Ion Vacancies in Perovskite-Type Oxides", in Journal of Solid State Chemistry, Band 73, Heft 1, S. 179-187, 1988.

[35] Y. Teraoka, H. M. Zhang, K. Okamoto und N. Yamazoe, "Mixed Ionic-Electronic Conductivity of $La_{1-x}Sr_xCo_{1-y}Fe_yO_{3-\delta}$ Perovskite-Type Oxides", in Materials Research Bulletin, Band 23, Heft 1, Dept. of Mater. Sci. & Technol., Kyushu Univ., Fukuoka, Japan., S. 51-58, 1988.

[36] Y. Teraoka, T. Nobunaga, K. Okamoto, N. Miura und N. Yamazoe, "Influence of Constituent Metal Cations in Substituted $LaCoO_3$ on Mixed Conductivity and Oxygen Permeability", in Solid State Ionics, Band 48, S. 207-212, 1991.

[37] J. Mizusaki, J. Tabuchi, T. Matsuura, S. Yamauchi und K. Fueki, "Electrical Conductivity and Seebeck Coefficient of Nonstoichiometric $La_{1-x}Sr_xCoO_{3-\delta}$", in Journal of the Electrochemical Society, Band 136, Heft 7, Inst. of Environ. Sci. & Technol., Yokohama Nat. Univ., Japan, S. 2082-2088, 1989.

[38] H. U. Anderson, J. H. Kuo und D. M. Sparlin, "Review of Defect Chemistry of $LaMnO_3$ and $LaCrO_3$", in S. C. Singhal (Hrsg.), Proceedings of the First International Symposium on Solid Oxide Fuel Cells (SOFC-I), S. 111-128, 1989.

[39] H. U. Anderson, "Review of P-Type Doped Perovskite Materials for SOFC and Other Applications", in Solid State Ionics, Band 52, Heft 1-3, S. 33-41, 1992.

[40] S. Carter, A. Selcuk, J. Chater, J. A. Kajda, J. A. Kilner und B. C. H. Steele, "Oxygen Transport in Selected Nonstoichiometric Pervskite-Structure Oxides", in Solid State Ionics, Band 53-56, S. 597-605, 1992.

[41]   J. A. Lane, S. J. Benson, D. Waller und J. A. Kilner, "Oxygen Transport in $La_{0.6}Sr_{0.4}Co_{0.2}Fe_{0.8}O_{3-\delta}$", in Solid State Ionics, Band 121, Heft 1-4, S. 201-208, 1999.

[42]   J. A. Kilner, R. A. de Souza und I. C. Fullarton, "Surface Exchange of Oxygen in Mixed Conducting Perovskite Oxides", in Solid State Ionics, Band 86-8, S. 703-709, 1996.

[43]   J. E. ten Elshof, M. H. R. Lankhorst und H. J. M. Bouwmeester, "Chemical Diffusion and Oxygen Exchange of $La_{0.6}Sr_{0.4}Co_{0.6}Fe_{0.4}O_{3-\delta}$", in Solid State Ionics, Band 99, Heft 1-2, S. 15-22, 1997.

[44]   J. W. Stevenson, T. R. Armstrong, R. D. Carneim, L. R. Pederson und W. J. Weber, "Electrochemical Properties of Mixed Conducting Perovskites $La_{(1-x)}M_{(x)}Co_{(1-y)}Fe_{(y)}O_{(3-\delta)}$ (M=Sr,Ba,Ca)", in Journal of the Electrochemical Society, Band 143, Heft 9, S. 2722-2729, 1996.

[45]   B. C. H. Steele und J. M. Bae, "Properties of $La_{0.6}Sr_{0.4}Co_{0.2}Fe_{0.8}O_{3-x}$ (LSCF) Double Layer Cathodes on Gadolinium-Doped Cerium Oxide (CGO) Electrolytes - II. Role of Oxygen Exchange and Diffusion", in Solid State Ionics, Band 106, Heft 3-4, S. 255-261, 1998.

[46]   A. Petric, P. Huang und F. Tietz, "Evaluation of La-Sr-Co-Fe-O Perovskites for Solid Oxide Fuel Cells and Gas Separation Membranes", in Solid State Ionics, Band 135, Heft 1-4, S. 719-725, 2000.

[47]   S. Wang, P. A. W. van der Heide, C. Chavez, A. J. Jacobson und S. B. Adler, "An Electrical Conductivity Relaxation Study of $La_{0.6}Sr_{0.4}Fe_{0.8}CO_{0.2}O_{3-\delta}$", in Solid State Ionics, Band 156, Heft 1-2, S. 201-208, 2003.

[48]   L. Dieterle, D. Bach, R. Schneider, H. Störmer, D. Gerthsen, U. Guntow, E. Ivers-Tiffée, A. Weber, C. Peters und H. Yokokawa, "Structural and Chemical Properties of Nanocrystalline $La_{0.5}Sr_{0.5}CoO_{3-\delta}$ Layers on Yttria-Stabilized Zirconia Analyzed by Transmission Electron Microscopy", in Journal of Materials Science, Band 43, S. 3135-3143, 2008.

[49]   C. Peters, "Grain-size Effects in Nanoscaled Electrolyte and Cathode Thin Films for Solid Oxide Fuel Cells (SOFC)", Karlsruhe: Universitätsverlag Karlsruhe, 2009.

[50]   T. Kawada, J. Suzuki, M. Sase, A. Kaimai, K. Yashiro, Y. Nigara, J. Mizusaki, K. Kawamura und H. Yugami, "Determination of Oxygen Vacancy Concentration in a Thin Film of $La_{0.6}Sr_{0.4}CoO_{3-\delta}$ by an Electrochemical Method", in Journal of the Electrochemical Society, Band 149, Heft 7, S. E252-E259, 2002.

[51]   F. P. F. van Berkel, S. Brussel, M. van Tuel, G. Schoemakers, B. Rietveld und P. V. Aravind, "Development of Low Temperature Cathode Materials", in J. A. Kilner (Hrsg.), Proceedings of the 7th European Solid Oxide Fuel Cell Forum, S. 1, 2006.

[52]   H. J. M. Bouwmeester, M. W. den Otter und B. A. Boukamp, "Oxygen Transport in $La_{0.6}Sr_{0.4}Co_{1-y}Fe_yO_{3-\delta}$", in Journal of Solid State Electrochemistry, Band 8, Heft 9, S. 599-605, 2004.

[53]   A. Mineshige, J. Izutsu, M. Nakamura, K. Nigaki, J. Abe, M. Kobune, S. Fujii und T. Yazawa, "Introduction of A-Site Deficiency into $La_{0.6}Sr_{0.4}Co_{0.2}Fe_{0.8}O_{3-\delta}$ and Its Effect on Structure and Conductivity", in Solid State Ionics, Band 176, Heft 11-12, S. 1145-1149, 2005.

[54] F. S. Baumann, J. Fleig, H. U. Habermeier und J. Maier, "Impedance Spectroscopic Study on Well-Defined (La,Sr)(Co,Fe)O$_{3-\delta}$ Model Electrodes", in Solid State Ionics, Band 177, Heft 11-12, S. 1071-1081, 2006.

[55] F. Tietz, Q. Fu, V. A. C. Haanappel, A. Mai, N. H. Menzler und S. Uhlenbruck, "Materials Development for Advanced Planar Solid Oxide Fuel Cells", in International Journal of Applied Ceramic Technology, Band 4, Heft 5, S. 436-445, 2007.

[56] D. Beckel, U. P. Muecke, T. Gyger, G. Florey, A. Infortuna und L. J. Gauckler, "Electrochemical Performance of LSCF Based Thin Film Cathodes Prepared by Spray Pyrolysis", in Solid State Ionics, Band 178, Heft 5-6, S. 407-415, 2007.

[57] S. R. Wang, M. Katsuki, M. Dokiya und T. Hashimoto, "High Temperature Properties of La$_{0.6}$Sr$_{0.4}$Co$_{0.8}$Fe$_{0.2}$O$_{3-\delta}$ Phase Structure and Electrical Conductivity", in Solid State Ionics, Band 159, Heft 1-2, S. 71-78, 2003.

[58] J. B. Macchesn, R. C. Sherwood und J. F. Potter, "Electric and Magnetic Properties of Strontium Terrates", in Journal of Chemical Physics, Band 43, Heft 6, S. 1907, 1965.

[59] B. C. H. Steele, "Oxygen Ion Conductors and Their Technological Applications", in Materials Science and Engineering B-Solid State Materials for Advanced Technology, Band 13, Heft 2, S. 79-87, 1992.

[60] T. Kawada und J. Mizusaki, "Current electrolytes and catalysts", in W. Vielstich und H. A. Gasteiger (Hrsg.), Handbook of Fuel Cells, Chichester: John Wiley & Sons, S. 987, 2003.

[61] K. Gaur, S. C. Verma und H. B. Lal, "Defects and Electrical Conduction in Mixed Lanthanum Transition Metal Oxides", in Journal of Materials Science, Band 23, Heft 5, Dept. of Phys., Gorakhpur Univ., India, S. 1725-1728, 1988.

[62] H. Schichlein, "Experimentelle Modellbildung für die Hochtemperatur-Brennstoffzelle SOFC", Aachen: Verlag Mainz, 2003.

[63] R. A. de Souza, "Ionic Transport in Acceptor-Doped Perovskites", Dissertation, Imperial College of Science, Technology and Medicine, 1996.

[64] S. B. Adler, J. A. Lane und B. C. H. Steele, "Electrode Kinetics of Porous Mixed-Conducting Oxygen Electrodes", in Journal of the Electrochemical Society, Band 143, Heft 11, S. 3554-3564, 1996.

[65] J. Hayd, "Stabilität der Grenzfläche Kathode-Elektrolyt im Betrieb der Hochtemperaturbrennstoffzelle", Diplomarbeit, Universität Karlsruhe (TH), 2005.

[66] J. Maier, "On the Correlation of Macroscopic and Microscopic Rate Constants in Solid State Chemistry", in Solid State Ionics, Band 112, Heft 3-4, S. 197-228, 1998.

[67] A. Esquirol, J. Kilner und N. Brandon, "Oxygen Transport in La$_{0.6}$Sr$_{0.4}$Co$_{0.2}$Fe$_{0.8}$O$_{3-\delta}$/Ce$_{0.8}$Ge$_{0.2}$O$_{2-x}$ Composite Cathode for IT-SOFCs", in Solid State Ionics, Band 175, Heft 1-4, S. 63-67, 2004.

[68] S. Wang, A. Verma, Y. L. Yang, A. J. Jacobson und B. Abeles, "The Effect of the Magnitude of the Oxygen Partial Pressure Change in Electrical Conductivity Relaxation Measurements: Oxygen Transport Kinetics in $La_{0.5}Sr_{0.5}CoO_{3-\delta}$", in Solid State Ionics, Band 140, Heft 1-2, S. 125-133, 2001.

[69] M. Søgaard, P. V. Hendriksen, T. Jacobsen und M. Mogensen, "Modelling of the Polarization Resistance From Surface Exchange and Diffusion Coefficient Data", in J. A. Kilner (Hrsg.), Proceedings of the 7th European Solid Oxide Fuel Cell Forum, S. B064, 2006.

[70] P. Ried, E. Bucher, W. Preis, W. Sitte und P. Holtappels, "Characterisation of $La_{0.6}Sr_{0.4}Co_{0.2}Fe_{0.8}O_{3-\delta}$ and $Ba_{0.5}Sr_{0.5}Co_{0.8}Fe_{0.2}O_{3-\delta}$ As Cathode Materials for the Application in Intermediate Temperature Fuel Cells", in K. Euchi u.a. (Hrsg.), ECS Transactions, Band 7, S. 1217-1224, 2007.

[71] H. Yokokawa, H. Y. Tu, B. Iwanschitz und A. Mai, "Fundamental Mechanisms Limiting Solid Oxide Fuel Cell Durability", in Journal of Power Sources, Band 182, Heft 2, S. 400-412, 2008.

[72] W. Baukal, "Kinetics of Aging in A Solid Zro2 Electrolyte As A Function of Partial Pressure of Oxygen", in Electrochimica Acta, Band 14, S. 1071-1080, 1969.

[73] C. Haering, "Degradation der Leitfähigkeit von stabilisiertem Zirkoniumoxid in Abhängigkeit von der Dotierung und den damit verbundenen Defektstrukturen", Dissertation, Universität Erlangen-Nürnberg, 2001.

[74] J. Kondoh, S. Kikuchi, Y. Tomii und Y. Ito, "Effect of Aging on Yttria-Stabilized Zirconia. III. A Study of the Effect of Local Structures on Conductivity", in Journal of the Electrochemical Society, Band 145, Heft 5, Dept. of Energy Sci. & Eng., Kyoto Univ., Japan., S. 1550-1560, 1998.

[75] J. Kondoh, S. Kikuchi, Y. Tomii und Y. Ito, "Effect of Aging on Yttria-Stabilized Zirconia. II. A Study of the Effect of the Microstructure on Conductivity", in Journal of the Electrochemical Society, Band 145, Heft 5, Div. of Energy Sci. & Eng., Kyoto Univ., Japan., S. 1536-1550, 1998.

[76] J. Kondoh, T. Kawashima, S. Kikuchi, Y. Tomii und Y. Ito, "Effect of Aging on Yttria-Stabilized Zirconia. I. A Study of Its Electrochemical Properties", in Journal of the Electrochemical Society, Band 145, Heft 5, Div. of Energy Sci. & Eng., Kyoto Univ., Japan., S. 1527-1536, 1998.

[77] F. T. Ciacchi und S. P. S. Badwal, "The System Y_2O_3-Sc_2O_3-ZrO_2: Phase Stability and Ionic Conductivity Studies", in Journal of the European Ceramic Society, Band 7, Heft 3, Div. of Mater. Sci. & Technol., CSIRO, Clayton, Vic., Australia., S. 197-206, 1991.

[78] O. Yamamoto, Y. Takeda, R. Kanno und K. Kohno, "Electric Conductivity of Tetragonal Stabilized Zirconia", in Journal of Materials Science, Band 25, Heft 6, Fac. of Eng., Mie Univ., Tsu, Japan, S. 2805-2808, 1990.

[79] S. P. S. Badwal, "Yttria Tetragonal Zirconia Polycrystalline Electrolytes for Solid State Electrochemical Cells", in Applied Physics A, Band 50, Heft 5, Div. of Mater. Sci. & Technol., CSIRO, Clayton, Vic., Australia, S. 449-462, 1990.

[80]   C. C. Appel, N. Bonanos, A. Horsewell und S. Linderoth, "Ageing Behaviour of Zirconia Stabilised by Yttria and Manganese Oxide", in Journal of Materials Science, Band 36, Heft 18, Dept. of Mater. Res., Riso Nat. Lab., Roskilde, Denmark, S. 4493-4501, 2001.

[81]   B. Butz, P. Kruse, H. Störmer, D. Gerthsen, A. C. Müller, A. Weber und E. Ivers-Tiffée, "Correlation Between Microstructure and Degradation in Conductivity for Cubic Y_2O_3-Doped ZrO_2", in Solid State Ionics, Band 177, Heft 37-38, S. 3275-3284, 2006.

[82]   A. C. Müller, A. Weber und E. Ivers-Tiffée, "Degradation of Zirconia Electrolytes", in M. Mogensen (Hrsg.), Proceedings of the 6th European Solid Oxide Fuel Cell Forum, Band 3, S. 1231, 2004.

[83]   A. Tsoga, A. Naoumidis und D. Stöver, "Total Electrical Conductivity and Defect Structure of ZrO_2-CeO_2-Y_2O_3-Gd_2O_3 Solid Solutions", in Solid State Ionics, Band 135, Heft 1-4, S. 403-409, 2000.

[84]   C. Endler, A. Weber, E. Ivers-Tiffée, U. Guntow, S. Stolz und J. Ernst, "Nanoscale Gd-Doped CeO_2 Buffer Layer for a High Performance Solid Oxide Fuel Cell", in R. Steinberger-Wilckens u.a. (Hrsg.), Proceedings of the 8th European Solid Oxide Fuel Cell Forum, S. A0618, 2008.

[85]   F. W. Poulsen und N. van der Puil, "Phase Relations and Conductivity of Sr- and La-Zirconates", in Solid State Ionics, Band 53-56, S. 777-783, 1991.

[86]   T. S. Zhang, J. Ma, L. B. Kong, P. Hing, S. H. Chan und J. A. Kilner, "High-Temperature Aging Behavior of Gd-Doped Ceria", in Electrochemical and Solid State Letters, Band 7, Heft 6, S. J13-J15, 2004.

[87]   T. S. Zhang, J. Ma, L. B. Kong, S. H. Chan und J. A. Kilner, "Aging Behavior and Ionic Conductivity of Ceria-Based Ceramics: a Comparative Study", in Solid State Ionics, Band 170, Heft 3-4, S. 209-217, 2004.

[88]   A. Hagen, R. Barfod, P. V. Hendriksen, Y. L. Liu und S. Ramousse, "Degradation of Anode Supported SOFCs As a Function of Temperature and Current Load", in Journal of the Electrochemical Society, Band 153, Heft 6, S. A1165-A1171, 2006.

[89]   D. Simwonis, F. Tietz und D. Stöver, "Nickel Coarsening in Annealed Ni/8YSZ Anode Substrates for Solid Oxide Fuel Cells", in Solid State Ionics, Band 132, Heft 3-4, Inst. fuer Werkstoffe und Verfahren der Energietech 1, Forschungszentrum Juelich, Germany., S. 241-251, 2000.

[90]   T. Iwata, "Characterization of Ni-YSZ Anode Degradation for Substrate-Type Solid Oxide Fuel Cells", in Journal of the Electrochemical Society, Band 143, Heft 5, Enviton. & Energy Lab., Fuji Electr. Corp. Res. & Dev. Ltd., Yokosuka, Japan., S. 1521-1525, 1996.

[91]   D. Fouquet, A. C. Müller, A. Weber und E. Ivers-Tiffée, "Kinetics of Oxidation and Reduction of Ni/YSZ Cermets", in J. Huijmans (Hrsg.), Proceedings of the 5th European Solid Oxide Fuel Cell Forum, S. 467, 2002.

[92]   J. Sfeir, "Alternative anode materials for methane oxidation in solid oxide fuel cells", Dissertation, Ecole polytechnique fédérale de Lausanne EPFL, 2001.

[93]   M. Gong, X. Liu, J. Trembly und C. Johnson, "Sulfur-Tolerant Anode Materials for Solid Oxide Fuel Cell Application", in Journal of Power Sources, Band 168, Heft 2, S. 289-298, 2007.

[94] Y. Matsuzaki und I. Yasuda, "The Poisoning Effect of Sulfur-Containing Impurity Gas on a SOFC Anode Part I. Dependence on Temperature, Time, and Impurity Concentration", in Solid State Ionics, Band 132, Heft 3-4, Fundamental Technol. Lab., Tokyo Gas Co., Japan., S. 261-269, 2000.

[95] M. Mogensen, K. V. Jensen, M. J. J°rgensen und S. r. Primdahl, "Progress in Understanding SOFC Electrodes", in Solid State Ionics, Band 150, Heft 1-2, S. 123-129, 2002.

[96] K. V. Jensen, R. Wallenberg, I. Chorkendorff und M. Mogensen, "Effect of Impurities on Structural and Electrochemical Properties of the Ni-YSZ Interface", in Solid State Ionics, Band 160, Heft 1-2, S. 27-37, 2003.

[97] Y. L. Liu, S. Primdahl und M. Mogensen, "Effects of Impurities on Microstructure in Ni/YSZ-YSZ Half-Cells for SOFC", in Solid State Ionics, Band 161, Heft 1-2, S. 1-10, 2003.

[98] S. Koch, P. V. Hendriksen, M. Mogensen, Y. Liu, N. Dekker, B. Rietveld, B. de Haart und F. Tietz, "Solid Oxide Fuel Cell Performance Under Severe Operating Conditions", in Fuel Cells, Band 6, Heft 2, S. 130-136, 2006.

[99] V. Sonn und E. Ivers-Tiffée, "Degradation in Ionic Conductivity of Ni/YSZ Anode Cermets", in R. Steinberger-Wilckens u.a. (Hrsg.), Proceedings of the 8th European Solid Oxide Fuel Cell Forum, S. B1005, 2008.

[100] A. Hauch, S. D. Ebbesen, S. H. Jensen und M. Mogensen, "Solid Oxide Electrolysis Cells: Microstructure and Degradation of the Ni/Yttria-Stabilized Zirconia Electrode", in Journal of the Electrochemical Society, Band 155, Heft 11, S. B1184-B1193, 2008.

[101] D. Waldbillig, A. Wood und D. G. Ivey, "Electrochemical and Microstructural Characterization of the Redox Tolerance of Solid Oxide Fuel Cell Anodes", in Journal of Power Sources, Band 145, Heft 2, S. 206-215, 2005.

[102] D. Fouquet, A. C. Müller, A. Weber und E. Ivers-Tiffée, "Kinetics of Oxidation and Reduction of Ni/YSZ Cermets", in Ionics, Band 9, Heft 1-2, S. 103-108, 2003.

[103] T. Klemenso, C. Chung, P. H. Larsen und M. Mogensen, "The Mechanism Behind Redox Instability of Anodes in High-Temperature SOFCs", in Journal of the Electrochemical Society, Band 152, Heft 11, S. A2186-A2192, 2005.

[104] S. P. Simner, M. D. Anderson, M. H. Engelhard und J. W. Stevenson, "Degradation Mechanisms of La-Sr-Co-Fe-O$_3$ SOFC Cathodes", in Electrochemical and Solid State Letters, Band 9, Heft 10, S. A478-A481, 2006.

[105] A. Mai und F. Tietz, "Schlussbericht zum Projekt: Neue katalytisch aktive Kathodenwerkstoffe für SOFC mit abgesenkter Betriebstemperatur", 2005.

[106] M. J. Heneka und E. Ivers-Tiffée, "Accelerated Life Tests for Fuel Cells", in ECS Transactions, Band 1, S. 1206-1213, 2005.

[107] E. Konysheva, H. Penkalla, E. Wessel, J. Mertens, U. Seeling, L. Singheiser und K. Hilpert, "Chromium Poisoning of Perovskite Cathodes by the ODS Alloy Cr$_5$Fe$_1$Y$_{(2)}$O$_{(3)}$ and the High Chromium Ferritic Steel Crofer22APU", in Journal of the Electrochemical Society, Band 153, Heft 4, S. A765-A773, 2006.

[108] J. Y. Kim, V. L. Sprenkle, N. L. Canfield, K. D. Meinhardt und L. A. Chick, "Effects of Chrome Contamination on the Performance of $La_{0.6}Sr_{0.4}Co_{0.2}Fe_{0.8}O_3$ Cathode Used in Solid Oxide Fuel Cells", in Journal of the Electrochemical Society, Band 153, Heft 5, S. A880-A886, 2006.

[109] S. J. Benson, D. Waller und J. A. Kilner, "Degradation of $La_{0.6}Sr_{0.4}Fe_{0.8}Co_{0.2}O_{3-\delta}$ in Carbon Dioxide and Water Atmospheres", in Journal of the Electrochemical Society, Band 146, Heft 4, S. 1305-1309, 1999.

[110] P. Hjalmarsson, M. Sogaard und M. Mogensen, "Electrochemical Performance and Degradation of $(La_{0.6}Sr_{0.4})_{(0.99)}CoO_{3-\delta}$ As Porous SOFC-Cathode", in Solid State Ionics, Band 179, Heft 27-32, S. 1422-1426, 2008.

[111] F. P. F. van Berkel, G. Schoemakers, Y. Zhang-Steenwinkel und B. Rietveld, "Enhanced ASC Performance (600-800°C) by Cathode-Electrolyte Interface Engineering", in R. Steinberger-Wilckens u.a. (Hrsg.), Proceedings of the 8th European Solid Oxide Fuel Cell Forum, S. 1, 2008.

[112] A. Hagen, Y. L. Liu, R. Barfod und P. V. Hendriksen, "Assessment of the Cathode Contribution to the Degradation of Anode-Supported Solid Oxide Fuel Cells", in Journal of the Electrochemical Society, Band 155, Heft 10, S. B1047-B1052, 2008.

[113] H. P. Buchkremer, U. Diekmann und D. Stöver, "Components Manufacturing and Stack Integration of an Anode Supported Planar SOFC System", in B. Thorstensen (Hrsg.), Proceedings of the 2nd European Solid Oxide Fuel Cell Forum, Band 1, S. 221-228, 1996.

[114] A. Weber, A. C. Müller, D. Herbstritt und E. Ivers-Tiffée, "Characterization of SOFC Single Cells", in H. Yokokawa u.a. (Hrsg.), Proceedings of the Seventh International Symposium on Solid Oxide Fuel Cells (SOFC-VII), S. 952-962, 2001.

[115] A. Leonide, V. Sonn, A. Weber und E. Ivers-Tiffée, "Evaluation and Modeling of the Cell Resistance in Anode-Supported Solid Oxide Fuel Cells", in Journal of the Electrochemical Society, Band 155, Heft 1, S. B36-B41, 2008.

[116] A. V. Virkar, J. Chen, C. W. Tanner und J. W. Kim, "The Role of Electrode Microstructure on Activation and Concentration Polarizations in Solid Oxide Fuel Cells", in Solid State Ionics, Band 131, Heft 1-2, S. 189-198, 2000.

[117] J. W. Kim, A. V. Virkar, K. Z. Fung, K. Mehta und S. C. Singhal, "Polarization Effects in Intermediate Temperature, Anode-Supported Solid Oxide Fuel Cells", in Journal of the Electrochemical Society, Band 146, Heft 1, S. 69-78, 1999.

[118] E. A. Mason und A. P. Malinauskas, "Gas transport in porous media: the dusty-gas model", Amsterdam: Elsevier, 1983.

[119] R. Jackson, "Transport in Porous Catalysts", Amsterdam: Elsevier, 1977.

[120] R. Reid, J. Prausnitz und T. Sherwood, "The Properties of Gases and Liquids", 3rd. Auflage, New York: McGraw Hill, S. 548, 1977.

[121] M. Schumacher, "Elektrochemische Untersuchungen an SOFC-Anoden bei Betrieb mit regenerativen Brenngasen aus hydrothermaler Vergasung", Diplomarbeit, Universität Karlsruhe (TH), 2008.

[122] J. Geyer, H. Kohlmuller, H. Landes und R. Stubner, "Investigations into the Kinetics of the Ni-YSZ-Cermet-Anode of a Solid Oxide Fuel Cell", in U. Stimming u.a. (Hrsg.), Proceedings of the Fifth International Symposium on Solid Oxide Fuel Cells (SOFC-V), Stimming, U.; Singhal, Subash C.; Tagawa, H.; Lehnert, Werner, S. 585-593, 1997.

[123] E. Ivers-Tiffée, A. Weber und H. Schichlein, "Electrochemical impedance spectroscopy", in W. Vielstich u.a. (Hrsg.), Handbook of Fuel Cells - Fundamentals, Technology and Applications, Kapitel 2, Chichester: John Wiley & Sons Ltd, S. 220-235, 2003.

[124] K. Freund, "Impedanzspektroskopie mit Referenzelektroden zur Identifikation von Verlustprozessen der Hochtemperaturbrennstoffzelle", Diplomarbeit, Universität Karlsruhe (TH), 2004.

[125] A. Leonide, "Electrochemical Characterization of composite Anodes for solid Oxide Fuel Cells", Studienarbeit, Universität Karlsruhe (TH), 2004.

[126] S. H. Jensen, J. Hjelm, A. Hagen und M. Mogensen, "Electrochemical impedance spectroscopy as diagnostic tool", in W. Vielstich u.a. (Hrsg.), Handbook of Fuel Cells-Fundamentals, Technology and Applications, Kapitel 6, Chichester: John Wiley& Sons Ltd., S. 792-804, 2009.

[127] D. Vladikova, P. Zoltowski, E. Makowska und Z. Stoynov, "Selectivity Study of the Differential Impedance Analysis - Comparison With the Complex Non-Linear Least-Squares Method", in Electrochimica Acta, Band 47, Heft 18, S. 2943-2951, 2002.

[128] H. Schichlein, A. C. Müller, M. Voigts, A. Krügel und E. Ivers-Tiffée, "Deconvolution of Electrochemical Impedance Spectra for the Identification of Electrode Reaction Mechanisms in Solid Oxide Fuel Cells", in Journal of Applied Electrochemistry, Band 32, Heft 8, Inst. fur Werkstoffe der Elektrotechnik, Karlsruhe Univ., Germany., S. 875-882, 2002.

[129] A. L. Smirnova, K. R. Ellwood und G. M. Crosbie, "Application of Fourier-Based Transforms to Impedance Spectra of Small-Diameter Tubular Solid Oxide Fuel Cells", in Journal of the Electrochemical Society, Band 148, Heft 6, S. A610-A615, 2001.

[130] R. Barfod, M. Mogensen, T. Klemenso, A. Hagen, Y. L. Liu und P. V. Hendriksen, "Detailed Characterization of Anode-Supported SOFCs by Impedance Spectroscopy", in Journal of the Electrochemical Society, Band 154, Heft 4, S. B371-B378, 2007.

[131] S. H. Jensen, A. Hauch, P. V. Hendriksen, M. Mogensen, N. Bonanos und T. Jacobsen, "A Method to Separate Process Contributions in Impedance Spectra by Variation of Test Conditions", in Journal of the Electrochemical Society, Band 154, Heft 12, S. B1325-B1330, 2007.

[132] V. Sonn, "In-situ Schadensdiagnose an Hochtemperatur-Brennstoffzellen-Stacks", Diplomarbeit, Universität Karlsruhe (TH), 2003.

[133] A. Esquirol, N. P. Brandon, J. A. Kilner und M. Mogensen, "Electrochemical Characterization of $La_{0.6}Sr_{0.4}Co_{0.2}Fe_{0.8}O_3$ Cathodes for Intermediate-Temperature SOFCs", in Journal of the Electrochemical Society, Band 151, Heft 11, S. A1847-A1855, 2004.

[134] N. Grunbaum, L. Dessemond, J. Fouletier, F. Prado und A. Caneiro, "Electrode Reaction of $Sr_{1-x}La_xCo_{0.8}Fe_{0.2}O_{3-\delta}$ With X=0.1 and 0.6 on $Ce_{0.9}Gd_{0.1}O_{1.95}$ at $600 <= T <= 800\,°C$", in Solid State Ionics, Band 177, Heft 9-10, S. 907-913, 2006.

[135] J. D. Kim, G. D. Kim, J. W. Moon, Y. Park, H. W. Le, K. Kobayashi, M. Nagai und C. E. Kim, "Characterization of LSM-YSZ Composite Electrode by Ac Impedance Spectroscopy (Vol 143, Pg 379, 2001)", in Solid State Ionics, Band 144, Heft 3-4, S. 387, 2001.

[136] A. Leonide, S. Ngo Dinh, A. Weber und E. Ivers-Tiffée, "Performance Limiting Factors in Anode Supported SOFC", in R. Steinberger-Wilckens u.a. (Hrsg.), Proceedings of the 8th European Solid Oxide Fuel Cell Forum, S. A0501, 2008.

[137] A. Leonide, V. Sonn, A. Weber und E. Ivers-Tiffée, "Evaluation and Modelling of the Cell Resistance in Anode Supported Solid Oxide Fuel Cells", in ECS Transactions, Band 7, S. 521-531, 2007.

[138] V. Brichzin, J. Fleig, H. U. Habermeier, G. Cristiani und J. Maier, "The Geometry Dependence of the Polarization Resistance of Sr-Doped $LaMnO_3$ Microelectrodes on Yttria-Stabilized Zirconia", in Solid State Ionics, Band 152, S. 499-507, 2002.

[139] J. R. Macdonald, "Impedance Spectroscopy", New York: John Wiley & Sons, 1987.

[140] K. S. Cole und R. H. Cole, "Dispersion and Absorption in Dielectrics I. Alternating Current Characteristics", in The Journal of Chemical Physics, Band 9, Heft 4, AIP, S. 341-351, 1941.

[141] U. Moissl, P. Wabel, S. Leonhardt und R. Isermann, "Modellbasierte Analyse Von Bioimpedanz-Verfahren", in Automatisierungstechnik, Band 52, S. 270-279, 2004.

[142] A. Leonide, "Impedanzanalyse von Ni/CerMet-Anoden", Diplomarbeit, Universität Karlsruhe (TH), 2005.

[143] B. de Boer, "SOFC Anode Hydrogen oxidation at porous nickel and nickel/yttriastabilised zirconia cermet electrodes", Enschede, Niederlande: Thesis Enschede, 1998.

[144] J. Bisquert, G. G. Belmonte, F. F. Santiago, N. S. Ferriols, M. Yamashita und E. C. Pereira, "Application of a Distributed Impedance Model in the Analysis of Conducting Polymer Films", in Electrochemistry Communications, Band 2, Heft 8, S. 601-605, 2000.

[145] J. Bisquert, G. Garcia-Belmonte, F. Fabregat-Santiago und A. Compte, "Anomalous Transport Effects in the Impedance of Porous Film Electrodes", in Electrochemistry Communications, Band 1, Heft 9, S. 429-435, 1999.

[146] C. Endler, A. Leonide, A. Weber, F. Tietz und E. Ivers-Tiffee, "Time-Dependent Electrode Performance Changes in Intermediate Temperature Solid Oxide Fuel Cells", in Journal of the Electrochemical Society, Band 157, Heft 2, S. B292-B298, 2010.

[147] S. B. Adler, "Limitations of Charge-Transfer Models for Mixed-Conducting Oxygen Electrodes", in Solid State Ionics, Band 135, S. 603-612, 2000.

[148] M. Søgaard, P. V. Hendriksen und M. Mogensen, "Oxygen Nonstoichiometry and Transport Properties of Strontium Substituted Lanthanum Ferrite", in Journal of Solid State Chemistry, Band 180, Heft 4, S. 1489-1503, 2007.

[149] B. Rüger, A. Weber und E. Ivers-Tiffée, "3D-Modelling and Performance Evaluation of Mixed Conducting (MIEC) Cathodes", in ECS Transactions, Band 7, S. 2065-2074, 2007.

[150] D. Mantzavinos, A. Hartley, I. S. Metcalfe und M. Sahibzada, "Oxygen Stoichiometries in $La_{1-x}Sr_xCo_{1-y}Fe_yO_{3-\delta}$ Perovskites at Reduced Oxygen Partial Pressures", in Solid State Ionics, Band 134, Heft 1-2, S. 103-109, 2000.

[151] M. W. den Otter, "A study of oxygen transport in mixed conducting oxides using isotopic exchange and conductivity relaxation", Enschede: Febodruk, 2000.

[152] M. Kuznecov, P. Otschik, K. Eichler und W. Schaffrath, "Stabilität Der $La_{0.8}Sr_{0.2}MnO_3$-Dickschichtkathode in Der SOFC", in P. Otschik (Hrsg.), Langzeitverhalten von Funktionskeramiken, Frankfurt/ Main, Deutschland: Werkstoff-Informationsgesellschaft, S. 215-228, 1997.

[153] P. A. Tipler, "Physik", Heidelberg, Berlin, Oxford: Spektrum Akademischer Verlag, 1995.

[154] H. Timmermann, W. Sawady, D. Campbell, A. Weber, R. Reimert und E. Ivers-Tiffée, "Coke Formation in Hydrocarbons Containing Fuel Gas and Effects on SOFC Degradation Phenomena", in ECS Transactions, Band 7, S. 1429-1435, 2007.

[155] C. Endler, A. Leonide, A. Weber, E. Ivers-Tiffée und F. Tietz, "Long-Term Study of MIEC Cathodes for Intermediate Temperature Solid Oxide Fuel Cells", in ECS Transactions, Band 25, Heft 2, S. 2381-2390, 2009.

[156] A. Tsoga, A. Gupta, A. Maoumidis und P. Nikolopoulos, "Gadolinia-Doped Ceria and Yttria Stabilized Zirconia Interfaces: Regarding Their Application for SOFC Technology", in Acta Materialia, Band 18-19, S. 4709-4714, 2000.

[157] C. Endler-Schuck, A. Weber, E. Ivers-Tiffee, U. Guntow, J. Ernst und J. Ruska, "Nanoscale Gd-Doped CeO2 Buffer Layer for a High Performance Solid Oxide Fuel Cell", in Journal of Fuel Cell Science and Technology, in Druck.

[158] S. Primdahl und M. Mogensen, "Gas Diffusion Impedance in Characterization of Solid Oxide Fuel Cell Anodes", in Journal of the Electrochemical Society, Band 146, Heft 8, Dept. of Mater. Res., Riso Nat. Lab., Roskilde, Denmark., S. 2827-2833, 1999.

[159] C. Endler, A. Leonide, A. Weber, S. Uhlenbruck, F. Tietz und E. Ivers-Tiffee, "Performance Analysis of MIEC Cathodes in Anode Supported Cells", in Journal of Power Sources, zur Veröffentlichung angenommen.

[160] C. Endler, A. Leonide, A. Weber, S. Uhlenbruck, F. Tietz und E. Ivers-Tiffée, "Performance Analysis of MIEC Cathodes in Anode Supported Cells", in J. T. S. Irvine u.a. (Hrsg.), Proceedings of the 9th European Solid Oxide Fuel Cell Forum, S. 10-33-10-42, 2010.

[161] S. Uhlenbruck, T. Moskalewicz, N. Jordan, H. J. Penkalla und H. P. Buchkremer, "Element Interdiffusion at Electrolyte-Cathode Interfaces in Ceramic High-Temperature Fuel Cells", in Solid State Ionics, Band 180, Heft 4-5, S. 418-423, 2009.

[162] Y. P. Xiong, K. Yamaji, T. Horita, H. Yokokawa, J. Akikusa, H. Eto und T. Inagaki, "Sulfur Poisoning of SOFC Cathodes", in Journal of the Electrochemical Society, Band 156, Heft 5, S. B588-B592, 2009.

[163] C. Endler, A. Leonide, B. Rüger, A. Weber und E. Ivers-Tiffée, "Oxygen Surface Exchange and Bulk Diffusion Coefficients Evaluated From Porous Mixed Ionic-Electronic Conducting Cathodes", in ECS Transactions, Band 28, Heft 11, S. 71-80, 2010.

[164] A. Iberl, H. von Philipsborn, M. Schießl, E. Ivers-Tiffée, W. Wersing und G. Zorn, "Temperature Expansion in (La,Sr)(Mn,Co)O$_3$-Cathode Materials for Solid Oxide Fuel Cells", in Materials Science Forum, Band 79-82, S. 869-874, 1991.

[165] J. M. Serra, V. B. Vert, M. Betz, V. A. C. Haanappel, W. A. Meulenberg und F. Tietz, "Screening of A-Substitution in the System A$_{(0.68)}$Sr$_{(0.3)}$Fe$_{(0.8)}$Co$_{(0.2)}$O$_{(3-\delta)}$ for SOFC Cathodes", in Journal of the Electrochemical Society, Band 155, Heft 2, S. B207-B214, 2008.